O. Meixner / R. Haas
Wissensmanagement und Entscheidungstheorie

Oliver Meixner / Rainer Haas

Wissensmanagement und Entscheidungstheorie

Mit 48 Abbildungen
und 35 Tabellen

facultas.wuv

Ao. Univ.-Prof. Dr. Oliver Meixner
Ao. Univ.-Prof. Dr. Rainer Haas
Universität für Bodenkultur Wien, Institut für Marketing & Innovation
Feistmantelstraße 4, 1180 Wien, Austria
www.boku.ac.at

Copyright © 2010
Facultas Verlags- und Buchhandels AG,
facultas.wuv Universitätsverlag, Berggasse 5, 1090 Wien, Austria
Alle Rechte, insbesondere das Recht der Vervielfältigung und der Verbreitung
sowie der Übersetzung sind vorbehalten.
Satz und Umschlaggestaltung: O. Meixner
Illustration: O. Meixner und R. Haas
Druck: Facultas Verlags- und Buchhandels AG
Printed in Austria
ISBN 978-3-7089-0587-7

"Where is the knowledge, we have lost in information"

Thomas Stearns Eliot (1888-1965), englischsprachiger Lyriker, Dramatiker, 1948 Literaturnobelpreis. Aus „Choruses from the Rock", 1934 („The Eagle soars in the summit of Heaven, The Hunter with his dogs pursues his circuit. ... Where is the wisdom we have lost in knowledge? Where is the knowledge we have lost in information? ...").

"The art of good decision making lies in systematic thinking"

Hammond et al. (Hammond, J. S., Keeney, R. L. und Raiffa, H. [1999]: Smart Choices. A Practical Guide to Making Better Decisions) über die Wichtigkeit systematischen Denkens bei der Entscheidungsfindung.

"We can only see a short distance ahead, but we can see plenty there that needs to be done"

Alan Mathison Turing (1912-1954), einer der einflussreichsten Theoretiker der frühen Computertechnologie. Das nach ihm benannte Modell der „Turingmaschine" kann als Basis der modernen Informationstechnologie angesehen werden. Aus Turing, A. M. (1950): Computing Machinery and Intelligence. Mind, 59, 433-460.

Inhaltsverzeichnis

Vorwort   1

(A) Wissensmanagement   **3**

1   Einleitung   3

2   Grundbegriffe zum Wissensmanagement   6

3   Wissen als Objekt versus Wissen als Prozess   8

4   Wissensmanagement-Modell   11

5   Kondratieff, New Economy und Informationstechnologie   16

6   Arbeitswelt im Wandel   32
6.1 Wissensökonomie   33
6.2 Psychologische Auswirkungen der Telearbeit   35

7   Beruflicher Alltag von Führungskräften und Einfluss auf das
    Entscheidungsverhalten   37
7.1 Führungskraft als Pfleger zwischenmenschlicher
    Beziehungen   42
7.2 Führungskraft als Informationsdrehscheibe   43
7.3 Führungskraft als Entscheidungsträger   44

8   Kommunikation und virtuelle Teamarbeit   47
8.1 Auswirkungen der „Nicht-Kommunikation"   49
8.2 Inhalts- und Beziehungsaspekt der Kommunikation   51
8.3 Digitale und analoge Modalitäten der Kommunikation   54
8.4 Die Interpunktion der Kommunikation als Konfliktpotenzial   58
8.5 Attributionstheorie   59
8.6 Zur Symmetrie oder Komplementarität der Kommunikation   62

9   Unternehmensportale   63

(B) Decision Support Systems (DSS)   **71**

1   Vorbemerkungen   71

2   Der Entscheidungsprozess   76
2.1 Objekt- und Metaphase im Entscheidungsprozess   77

2.2 Präzise Formulierung des zu lösenden Problems   78
2.3 Festlegung der Ziele – Ableitung der Kriterien   83
2.4 Die Suche nach Alternativen   89
2.5 Entscheiden – Umsetzen – Kontrollieren   98

3   Die Bedeutung der Komplexität für unser
     Entscheidungsverhalten   100
3.1 Denkschema zur Bestimmung komplexer
     Entscheidungssituationen   101
3.2 Auswirkung der Komplexität auf das
     Entscheidungsverhalten   105

4   Evaluationstaktiken von Führungskräften   107
4.1 Erfolgsquoten der unterschiedlichen Evaluationstaktiken 112
4.2 Analytische Methoden und deren Erfolge   116
4.3 Subjektive Methoden und deren Erfolge   118
4.4 Verhandeln als Evaluationstaktik   121
4.5 Intuitives Urteilen   122

5   Bedeutung von Decision Support Systemen für die berufliche
     Praxis   126
5.1 Typologie von Management Support Systemen   127
5.2 Data Support Systeme   129
5.3 Decision Support Systeme (DSS)   131
5.4 Erfolgsfaktoren für den Einsatz von Decision Support
     Systemen   138
5.5 Vorteile von Decision Support Systemen   143
5.6 Nachteile von Decision Support Systemen   146

6   Bewertungsverfahren / DSS   150
6.1 Nutzwertanalyse   151
6.2 Multiattributive Nutzentheorie   156
6.3 Wirtschaftlichkeitsanalysen am Beispiel des Discounted
     Cashflow   160

(C) Der Analytische Hierarchieprozess   **169**

1   Einleitung   169

2   AHP Methodik   171
2.1 AHP – eine Einführung   171
2.2 Axiome des AHP   175

2.3 Prinzipien des hierarchischen Denkens   176
2.4 Flexibilität beim AHP   181
2.5 Grundstruktur des AHP   185
2.6 Kritische Anmerkungen zur Methode   186

3   Problemlösung mit dem AHP   189
3.1 Einführung   189
3.2 Ablauf des Analytischen Hierarchieprozesses   197
3.3 Problemdefinition und Hierarchiebildung   200
3.4 Die AHP-Skala   201
3.5 Prioritätenschätzung   205
3.6 Partialgewichtsberechnung bei mehreren Hierarchiestufen   223
3.7 Die Behandlung quantitativer Daten im AHP   228
3.8 Errechnung und Interpretation der Gesamtgewichte   230
3.9 Konsistenzprüfung   237
3.10 Sensitivitätsanalyse   243
3.11 Interpretation des Ergebnisses   248

4   Computergestützter Einsatz des AHP   251

5   Spezifika der Entscheidungsfindung mittels AHP   258
5.1 Ratings   259
5.2 Kosten/Nutzen-Analyse   261
5.3 Kosten/Nutzen/Risiko-Analyse   271
5.4 Gruppenentscheidungen   273

6   Zusammenfassung zum AHP und Ausblick   280

(D) Expertensysteme   **287**

(E) Anhang   **295**

1   Lösungsansätze zu Fallbeispielen   295
1.1 Fallbeispiel 14, S. 208   295
1.2 Fallbeispiel 17, S. 222   295
1.3 Fallbeispiel 18, S. 228   296
1.4 Fallbeispiel 19, S. 232   296
1.5 Fallbeispiel 21, S. 243   296
1.6 Fallbeispiel 28, S. 279   297
1.7 Fallbeispiel 29, S. 285: Lösungsansatz zum
     zusammenfassenden Beispiel zur Anwendung des AHP   297

2   Abkürzungsverzeichnis   303

3   Abbildungsverzeichnis   304

4   Tabellenverzeichnis   306

5   Glossar   307

6   Literaturverzeichnis   313

Vorwort

Im Rahmen des vorliegenden Buches werden Erkenntnisse aus dem Wissensmanagement mit Erkenntnissen aus der Entscheidungstheorie und zu Decision Support Systemen verknüpft. Die Ausführungen sind das Ergebnis umfangreicher empirischer Beschäftigung mit dem Wissensmanagement (als zusammenfassendes Kompendium vgl. HAAS, 2004), der Entscheidungstheorie (MEIXNER und HAAS, 2002) und Decision Support Systemen (MEIXNER, 2003; MEIXNER und HAAS, 2002), als auch Ergebnis einer umfangreichen Aufarbeitung der Literatur zu diesen Themengebieten. Dadurch werden alle interessierten Leserinnen und Leser in die Lage versetzt, selbst Problemstellungen zu bearbeiten, Lösungsvorschläge mithilfe adäquater Methoden zu erarbeiten und zu evaluieren und das damit einhergehende Wissen für die weitere Anwendung bereitzustellen. Die Erkenntnisse, die im Rahmen dieses Buches aufbereitet wurden, stellen naturgemäß nur einen Ausschnitt dessen dar, was auf wissenschaftlichem Gebiet und in der Praxis zu diesen Themen bereits erreicht und geleistet wurde. Doch wenn wir uns an das Zitat von T.S. Eliot halten, wo all das Wissen sei, welches wir in der Information verloren haben, dann wird ersichtlich, dass es heute kaum gelingen kann, ein Thema in all seinen Facetten zu erfassen und aufzubereiten. Der „Mut zur Lücke" dient der übersichtlichen Darstellung komplexer Sachverhalte und damit letztlich dem Wissenstransfer. So wurde beispielsweise auf die Einarbeit weiterer Methoden der Entscheidungsunterstützung als jener, die im Buch erfasst sind, verzichtet; einige Themengebiete sind nur stark verkürzt in das Buch aufgenommen worden (z.B. Wirtschaftlichkeitsanalysen zur Entscheidungsunterstützung, Regeln bei Entscheidungen unter Unsicherheit). Die Schwerpunktsetzung auf eine spezifische Methodik (dem Analytischen Hierarchieprozess) ist mit dem Forschungsschwerpunkt der Autoren und den spezifischen Vorteilen dieses Decision Support Systems begründbar. Zur weiteren Vertiefung des Verständnisses wurden ausgewählte Fallbeispiele aufgenommen, deren Lösungsansätze dem Anhang zu entnehmen sind. Dadurch soll einerseits ein (eingeschränkter) Überblick über entscheidungsunterstützende Methoden gegeben werden. Andererseits soll aufbauend auf diesem Überblick ein vertiefendes Verständnis für eine in der Praxis und im wissenschaftlichen Diskurs weit verbreitete und diskutierte Methodik geschaffen werden.

Oliver Meixner und Rainer Haas
Wien, im Jänner 2010

(A) Wissensmanagement

> *„Die größte Herausforderung vor der Manager*
> *in den Industrienationen dieser Welt stehen*
> *ist es, die Produktivität des Wissens ... zu steigern"*
> (Übersetzung nach Peter F. Drucker
> im Harvard Business Review, Nov./Dez. 1991)

I Einleitung

Nachdem die Wirtschaft Inputfaktoren wie Rohstoffe, Energie, Arbeit und Kapital mehr oder weniger erfolgreich seit Jahrhunderten „managed"[1], hat sie als jüngsten Inputfaktor das *Wissen*[2] entdeckt. Ursprünge des Wissensmanagements im engeren Sinne sind in den 1960iger Jahren zu sehen, mit den ersten Publikationen, die eine Beziehung zwischen wirtschaftlichem Erfolg und Wissen diskutieren. Diese Phase stellte aber theoretisch gesehen nur ein erstes „Aufflackern" dar. Intensiver wurde die Management-Diskussion ab den 1980iger Jahren geführt, als sich Autoren mit dem Themen „lernende Organisation" und „organisatorisches Lernen" beschäftigten (vgl. HUBER, 1991 oder den Klassiker von Peter Senge „The Fifth Discipline: The Art and Practise of the Learning Organization", 1990). Ab den 1990iger Jahren wurde Wissensmanagement zu einem „Buzzword", zu einem der am häufigsten diskutierten und publizierten Begriffe in der Managementliteratur (vgl. LEHNER, 2008, 30). Einer der Gründe für die gestiegene Bedeutung des Wissensmanagements liegt in der

---

[1] In dem Wort Management steckt das lateinische Wort „manus", welches „Hand" bedeutet. „Manus agere" bedeutet „an der Hand führen" (im Italienischen „maneggiare"). Management lässt sich also frei mit „handeln" oder „handhaben" bzw. „führen, anleiten" übersetzen.

[2] Die folgenden Ausführungen stellen eine Erweiterung von HAAS (2004) zum Thema Wissensmanagement und E-Collaboration dar.

Vermutung, dass nur etwa 20 bis 30% des verfügbaren Unternehmenswissens auch tatsächlich genutzt werden (vgl. SCHÜPPEL, 1996, 87).

Die Wissensökonomie ist gekennzeichnet durch drei wesentliche Rahmenbedingungen:

- einer exponentiellen Zunahme der verfügbaren Informationen (Expansion)
- einer Fragmentierung des Wissens
- einer Globalisierung des Wissens

Nach der Erfindung der Druckerpresse durch Gutenberg dauerte es 300 Jahre, bis sich die Zahl der Informationsmedien verdoppelte. Inzwischen erfolgt eine Verdoppelung der Informationsmedien alle 5 Jahre. Zwischen 1950 und 1975 wurden in 25 Jahren ebensoviele Bücher produziert wie in den 500 Jahren, die seit Gutenbergs revolutionärer Erfindung vergangen waren (vgl. PROBST et al., 2003; Gutenberg hat die erste Auflage der Vulgata 1453 gedruckt.). Ebenso rasant stieg die Zahl der verfügbaren Patente an. Allein für die Produktion eines Mobiltelefons „... braucht man Lizenzen für hunderte Patente der großen Hersteller" (HÜRTER, 2004, 20). Lagen 1985 die internationalen Patentanmeldungen noch unter 10.000 Anmeldungen pro Jahr, betrugen diese im Jahr 2002 bereits rund 115.000 Anmeldungen weltweit (vgl. HÜRTER, 2004, 28; siehe auch die folgende Abbildung, die die Bevölkerungsentwicklung und wichtige Erfindungen im Zeitverlauf darstellt). Der rasante Anstieg der Weltbevölkerung, der durch die zweite Agrarische Revolution[3] zur Mitte des 18. Jahrhunderts ermöglich wurde, geht mit einer rasanten Zunahme an Erfindungen und damit Informationen und Wissen einher.

---

[3] Die zweite Agrarische Revolution geht nicht auf eine einzelne Erfindung, sondern auf eine Summe von neuen Errungenschaften wie Mechanisierung der Arbeits- und Ernteverfahren zurück und steht mit dem Anbau von Mais in großem Umfang in Verbindung (vgl. HOFREITHER, 2005).

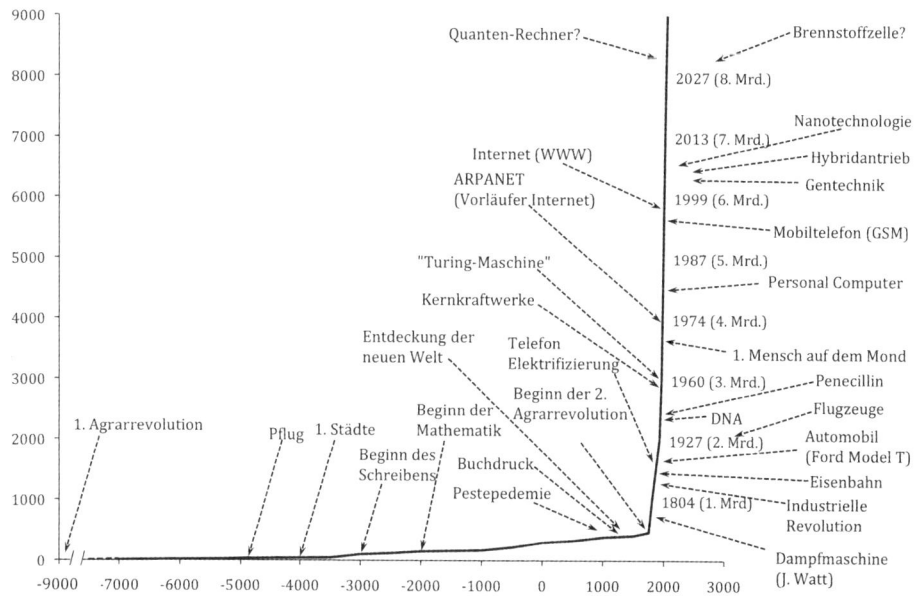

Abbildung 1: Das Wachstum der Weltbevölkerung und wichtige Ereignisse der Technologiegeschichte
Quelle: In Anlehnung an FOGEL, 1999

Die rasche Zunahme der Erfindungen und der Patente, sowie das exponentielle Wachstum der Informationen zeigt, dass die Menschheit anscheinend Opfer Ihrer eigenen Kreativität wird. Um es mit den Worten von LEHNER (2008, 8) zu sagen: „Die Vermehrung von Informationen und Wissen ist keine Lösung, sondern ein neues Problem!".

Mit der exponentiellen Zunahme der Information geht gleichzeitig aber auch eine *Fragmentierung* des Wissens einher und ein Zwang zur Spezialisierung in den wissenschaftlichen Disziplinen. Vor einem Jahrhundert konnte ein Universalgelehrter noch einen Gesamtüberblick über den Stand nahezu aller wissenschaftlichen

Forschungsgebiete gewinnen. Heutzutage treten bereits innerhalb eines Fachgebiets Verständigungsschwierigkeiten zwischen
den Mitgliedern auf. Die erste Auflage der Encyclopedia Britanni-
ca wurde von nur zwei Wissenschaftlern erstellt. Heute arbeiten
zehntausend Experten an einer Ausgabe.
Die Globalisierung der Wirtschaft führte zwangsläufig auch zu
einer *Globalisierung des Wissens*. In den 1970iger Jahren hatte die
USA einen Anteil von 70% an der weltweiten Produktion von
neuen Technologien, heute verteilen sich die Zentren wissenschaftlichen und technologischen Fortschritts über den ganzen
Globus. War früher Silicon Valley das einzige bedeutende Zentrum für die Computerindustrie, so findet man heute in China
oder Indien (Bangalore) ebenso boomende Zentren für die Soft-
wareproduktion. Allgemein ist eine zunehmende Internationalisierung der Forschung zu beobachten. In Westeuropa liegt der
Anteil internationaler Forschung bei ca. 30%, in der Schweiz und
in den Niederlanden bei rund 50%.

2   Grundbegriffe zum Wissensmanagement

Die zentralen Grundbegriffe des Wissensmanagements (WM)
sind *Zeichen, Daten, Informationen* und *Wissen*. Diese Begriffe
sind in einem hierarchischen Zusammenhang zu sehen. Begin-
nend mit dem Begriff „Zeichen", steigt die Komplexität und der
Bedeutungsumfang von „Daten" zu „Information" und letztendlich „Wissen". So sind Zeichen Symbole, die aufgrund einer semantischen Übereinkunft eine bestimmte Bedeutung haben, also
z.B. das arabische Ziffernsystem oder lateinische Schriftzeichen.
Natürlich hängt deren Bedeutung vom Wissensstand des Wahr-
nehmenden ab. Für einen Menschen, der noch nie etwas über
Ziffern gelernt hat, sind diese laut Kommunikationstheorie „Rau-
schen". Werden *Zeichen* durch eine *Syntax* verknüpft – im Sinne
von Regeln, die einzelne Zeichen zu einem größeren Ganzen verbinden, beim Alphabet ist dies die Grammatik – dann spricht

man von Daten. 127 Meter sind Daten, die eine bestimmte Distanz festlegen; eine Höhe, Tiefe, Länge oder Breite. Bringt man diese 127 Meter in den Kontext „Turmhöhe", spricht man von *Informationen*. Wird diese Information vernetzt mit anderen Daten und Informationen, um z.B. die Statikeigenschaften eines Turmes zu berechnen, spricht man von *Wissen*.

Zusammenfassend kann man feststellen, dass *Zeichen* durch Syntaxregeln zu *Daten* werden, welche in einem gewissen Kontext interpretierbar sind und damit für den Empfänger *Informationen* darstellen. Die Vernetzung der Informationen ermöglicht deren Nutzung in einem bestimmten Handlungsfeld, welches als *Wissen* bezeichnet wird. Wichtig ist, dass Zeichen, Daten und Informationen analog oder digital gespeichert werden können und vor allem dazu dienen, mittels Informationstechnologie (IT) gespeichert und verarbeitet zu werden. Lediglich das explizite Wissen kann mittels IT verarbeitet werden, aber nicht das implizite (tacit) Wissen (siehe weiter unten).

Die Vertreter der wissenstheoretischen Ansätze verwenden eine Vielzahl von differenzierten Wissenstermini. So ist zunächst zwischen *objektorientierten* und *prozessorientierten* Auffassungen des Wissens zu unterscheiden (vgl. NONAKA, 1994). TSOUKAS (1996) bezeichnet den *objektorientierten* Zugang die „taxonomische Schule des Wissensmanagements", welche Wissen in Kategorien einteilt. Häufig gebräuchliche Kategorien sind implizites versus explizites, kodiertes versus nicht-kodiertes Wissen, Know-what versus Know-how usw. Im Gegensatz dazu konstituiert sich für die *prozessorientierte Wissensschule* das Wissen einer Organisation und der Individuen in den alltäglichen Handlungen: „... our knowing is ordinarily tacit, implicit in our pattern of action and in our feel for the stuff with which we are dealing. It seems right to say that our knowing is in our action" (SCHÖN, 1983; zit. nach ORLIKOWSKI, 2002). Das in die Handlung eingebettete Wissen wird von Vertretern dieses Paradigmas auch als „Knowledge in Practice", „Actional Knowledge", „Embedded Knowledge" oder „Embodied Knowledge" bezeichnet – alles

Termini für spezifische Formen von implizitem Wissen (vgl. CRAMTON, 2001; CRAMTON, 2002; MAZNEVSKI und CHUDOBA, 2000; ORLIKOWSKI, 2002; VAN MANEN, 2002).

Unabhängig von der Unterscheidung zwischen objekthaftem oder prozessualem Wissen steht im Zentrum des allgemeinen Forschungsinteresses das implizite Wissen, eine Form des Wissens, die nicht vollständig explizit erklärt werden kann. „We know more than we can tell" (vgl. MADHAVAN und GROVER, 1998, 1f.) und weiter „... tacitness is residing in the inability of even a skilled individual to spell out explicitly the decision rules and protocols that form the basis of performance". Es ist folglich bei implizitem Wissen nicht möglich, die Entscheidungsregeln und inneren Abläufe, die zu individuellen Handlungen führen, zu artikulieren.

Im Gegensatz dazu ist explizites Wissen einfach zu artikulieren, zu kommunizieren und zwischen Organisationen und Individuen zu transferieren. Auffallend sind hier die Parallelen zwischen digitaler und analoger Kommunikation nach WATZLAWICK et al. (2003). Explizites Wissen ist in enger Verbindung mit digitaler Kommunikation und implizites Wissen mit analoger Kommunikation zu sehen (siehe Kapitel A8 über virtuelle Teamarbeit, S. 47ff.).

3 Wissen als Objekt versus Wissen als Prozess

In Praxis und Theorie sind zwei *Paradigmen*[4] *des WM* anzutreffen. Ein Paradigma, welches Wissen überwiegend als *Objekt* (technologischer Ansatz) und ein anderes Paradigma, welches Wissen als Resultat eines *Prozesses* (humanorientierter Ansatz)

---

[4] Ein Paradigma ist eine Denkschule, ein Sinnbild, ein Denkmuster. Paradigmen haben einen großen Nachteil, die zugehörigen Vertreter sind sich oft nicht bewusst, auf welchem Paradigma ihre weiteren Überlegungen aufbauen, oder dass sie überhaupt ein Paradigma verwenden.

ansieht. Die Art des vorherrschenden Paradigmas hat Einfluss auf die bevorzugt zum Einsatz gelangenden WM-Methoden.

Der *technologische Ansatz* („Management **von** Wissen") fokussiert auf den Einsatz von Informationstechnologien, Datenbanken, Expertensystemen und Software. Im Vordergrund steht dabei, Informationen zu speichern, aufzubereiten, zu verwalten und zu verteilen, um darauf aufbauende Entscheidungen oder Arbeitsprozesse optimal zu unterstützen. Der humanorientierte Ansatz wird dabei in aller Regel vernachlässigt (vgl. LEHNER, 2008, 34). Der technologische Ansatz konzentriert sich auf die Kodierung von implizitem und explizitem Wissen, damit dieses einer entsprechenden Dokumentenverwaltung zugeführt werden kann.

Der *humanorientierte Ansatz* („Management **für** Wissen") sieht den Mensch im Mittelpunkt des Wissensmanagements. Die WM-Methoden sollen die Kommunikationsprozesse der MitarbeiterInnen optimal unterstützen und deren kognitiven und emotionalen Potenziale zur vollen Entfaltung bringen. Hier kommen schwerpunktmäßig psychologische und soziologische Theorien zur Anwendung. Im Vordergrund steht die Schaffung einer optimalen Unternehmenskultur durch organisatorischen Wandel (vgl. LEHNER, 2008, 34). Die Unternehmenskultur stellt einen wesentlichen Erfolgsfaktor des Wissensmanagements dar. Weitere Aspekte wären die Schaffung optimaler Lernprozesse sowie Aufbau und Pflege sozialer Netzwerke. Die Überführung des impliziten Wissens in digitale Informationsträger, die unabhängig von den MitarbeiterInnen gespeichert und/oder weiter verarbeitet werden können, wird hierbei oft vernachlässigt. Das humanorientierte WM setzt sich als Ziel, den interpersonellen Kommunikationsprozess durch entsprechende Methoden zu verbessern und zu fördern.

Ziel eines ganzheitlichen WM sollte aber ein *integratives Wissensmanagement* sein (LEHNER, 2008, 34). Darunter ist eine Kombination aus humanorientiertem und technologieorientiertem WM zu verstehen. Die individuellen Fähigkeiten der MitarbeiterInnen werden im integrativen WM-Zugang sowohl auf interpersoneller, kommunikativer Ebene durch entsprechende WM-Methoden wie Communities of Practice, Mentor-Lehrling Systeme, Jobrotationen oder dem Wissen förderliche Architektur unterstützt, als auch durch zeitgemäße IT-Systeme wie Unternehmensportale, Wikis, Expertensysteme oder elektronische Kooperationssysteme (e-collaboration) gefördert.

Für ein grundlegendes Verständnis für das Wissensmanagement muss Folgendes berücksichtigt werden: Wissensmanagement bezieht sich weniger auf die Inhalte des Wissens, sondern vielmehr auf die *Gestaltung der Rahmenbedingungen, Strukturen und Prozesse* in Organisationen im Zusammenhang mit Wissen. Es geht um die Entwicklung und Anwendung von Methoden, die dazu beitragen, dass Wissen bewusst

- identifiziert,
- generiert,
- verteilt,
- angewendet und
- gespeichert wird.

Wissensmanagement fokussiert dabei auf die optimale Gestaltung von drei Bereichen:

(1) *organisatorische Einheiten* wie z.B. die Aufbauorganisation von Unternehmen sowie die Infrastruktur des WM;

(2) Identifizierung, Entwicklung, Speicherung und Verteilung von *Artefakten des Wissens*, z.B. Patente, Handbücher, Produkte, Rezepturen, Formeln etc.;

(3) optimale Gestaltung von *Kommunikations- und Entscheidungsprozessen*, d.h. wie Menschen im Unternehmen mit Wissensprozessen umgehen (Informationsaustausch, Entscheidungsfindung, Kommunikationsstrukturen usw.).

4 Wissensmanagement-Modell

Es gibt eine Vielfalt an Modellen und Konzepten des WM, deren Heterogenität einerseits ein Indikator für die relative „Neuheit" des WM und andererseits typisch für das breit gefächerte Aufgabengebiet des WM ist. Ganzheitliche Modelle, die den integrativen WM-Ansatz verfolgen, sind z.B. das Modell von PROBST et al. (2003), das Modell von BECERRA-FERNANDEZ et al. (2004) oder das Modell von NONAKA und TAKEUCHI (1997).

Innerhalb der wissenschaftlichen Diskussion stellt das letztgenannte Modell von NONAKA und TAKEUCHI (1997) einen wesentlichen Wendepunkt dar, weil es den seinerzeit vorherrschenden Fokus westlicher Unternehmen auf das explizite Wissen um ein bewusstes Management des impliziten Wissens erweiterte.

POLANYI unterschied bereits 1966 in seinem Buch „The Tacit Dimension" (Verlag, Routledge and Kegan, London) zwischen explizitem und implizitem (tacit[5]) Wissen. NONAKA und TAKEUCHI (1997) erkannten, dass das Geheimnis für ein erfolgreiches WM in einem dynamischen Wechselspiel von implizitem und explizitem Wissen liegt. Vom Standpunkt der interkulturellen Forschung ist es nebenbei bemerkt nicht überraschend, dass die Betonung der Bedeutung des impliziten Wissens von zwei japanischen Forschern stammt. Die japanische Kultur ist im Unterschied zu vielen westlichen Kulturen eine „high context culture". Kulturen mit hohem Kontext zeichnen sich dadurch aus, dass viele Dinge ungesagt bleiben, ein Großteil wichtiger Verhaltensregeln und Werte bleibt unausgesprochen, weil deren Bedeutung aus dem Kontext für den Eingeweihten klar ist (vgl. HALL, 1997). Deshalb sind schriftliche Verträge in Japan in der Regel kürzer als in den USA. Die USA sind eine typische „low context" Kultur;

---

[5] Das englische Wort „tacit" geht auf die lateinische Wurzel von „tacere" (schweigen) zurück.

eine Kultur in der nicht gilt, was nicht gesagt oder schriftlich niedergelegt wurde, deshalb die langen Verträge. Das explizite Wissen repräsentiert die logische, rationale Komponente des Wissens, die in Form mathematischer Regeln, in Form von Anweisungen oder Berichten weitergegeben werden kann (explizites Wissen ist dem Orientierungs-, Quell- oder Erklärungswissen nach Helmut Spinner zuzuordnen; vgl. WEBER et al. 2002). Das implizite Wissen ist nicht ohne weiteres sprachlich artikulierbar, baut sehr stark auf Erfahrungen auf, steht in Bezug zu persönlichen Wertvorstellungen und Meinungen, und weist starke Bezüge zur Intuition und dem persönlichen Können/der Könnerschaft auf (entspricht dem Handlungswissen nach Spinner). Aus der Interaktion dieser beiden Wissensarten entsteht neues Wissen. NONAKA und TAKEUCHI (1997) beschreiben in dem integrativen WM-Modell einen sozialen Prozess, der vier verschiedene Arten der Wissensumwandlung unterscheidet:

1. Sozialisation
2. Externalisierung
3. Kombination
4. Internalisierung

Sozialisation: Im Zuge dieses Prozesses erfolgt der Austausch von implizitem Wissen zwischen einzelnen Individuen z.B. in Form von Beobachtung oder Nachahmung. Wissensumwandlung: implizit zu implizit.

Externalisierung: Mündliche oder schriftliche Kodierung des impliziten Wissens. Dies kann in Form von schriftlichen Berichten, Handbüchern, Best Practices, Metaphern oder Analogien in Erzählungen (Story Telling) oder z.B. grafischen Modellen erfolgen. Der Dialog zwischen Individuen führt zur Externalisierung. Wissensumwandlung: implizit zu explizit.

Kombination: Vorhandenes explizites Wissen wird neu kombiniert. Patente, technische Anweisungen, mentale Modelle, mündliche Berichte werden zu neuem Wissen zusammengefügt.

„Learning by doing" verbindet die Individuen im Zuge der Kombination. Wissensumwandlung: explizit zu explizit.

Internalisierung: Explizites Wissen wird in Folge eines Lernprozesses zu implizitem Wissen umgewandelt. Theoretisches oder Einzelfall-Wissen wird verinnerlicht. Das Individuum lernt indem es explizites Wissen anwendet, Beobachtungen anstellt, Erfahrungen sammelt, Rückschlüsse zieht und verinnerlicht. Ein Sportler, der seine Bewegungsabläufe nach expliziten Regeln der Biomechanik variiert und durch gleichbleibende Übungsabläufe solange wiederholt, bis er diese intuitiv beherrscht, bis er ein inneres Bild des Vorgangs besitzt, welches er nur schwer verbalisieren kann, durchläuft einen Prozess der Internalisierung. Wissensumwandlung: explizit zu implizit.

Die vier genannten Prozesse betreffen sowohl Prozesse in Individuen als auch zwischen Individuen. Ein Team, welches an einem gemeinsamen Projekt arbeitet, durchläuft dynamisch die Prozesse der Sozialisation, Externalisierung, Kombination und Internalisierung. Alle vier Prozesse führen dazu, dass gemeinsame mentale Modelle und gemeinsame Arbeitsroutinen entstehen und letztendlich eine gemeinsame Bewältigung der Projektaufgaben erreicht wird. Dieses dynamische Zusammenwirken der vier Prozesse, die zu einer wechselweisen Umwandlung des impliziten Wissens zu explizitem Wissen und vice versa führt, bezeichnen NONAKA und TAKEUCHI (1997) als *Wissensspirale*. Sie betonen aber, dass es auch noch eine zweite Wissensspirale gibt, die das generierte Wissen gleich einer Förderschnecke in einer Fabrik von der Ebene der Individuen auf die Ebene des Teams, von dort auf die Abteilungsebene und schließlich bis zur Unternehmensebene und in manchen Fällen sogar über die Unternehmensgrenze hinweg befördert.

Fallbeispiel 1

Beispiel Produktentwicklung: Zunächst würde auf Teamebene ein Produktkonzept erstellt werden, dann in Zusammenarbeit mit der Produktionsabteilung ein Prototyp, schließlich – wenn alle Hürden erfolgreich überwunden wurden – wird ein marktfähiges Produkt entwickelt, welches sich dann am Markt bewähren muss (vgl. LEHNER, 2008, 64f.). Je nach Erfolg oder Misserfolg des Produktes entsteht eine Feedbackschleife, die von der Unternehmensebene wieder in aller untergeordneten Bereiche des Unternehmen die Erfahrungen zurückspielt und zu einer Modifikation des Unternehmens-, Abteilungs-, Team- und Individual-Wissens führt.

Die erfolgreiche Umsetzung der Wissensspirale erfordert fünf Bedingungen (vgl. LEHNER, 2008, 65):

1. Strategisches Management (Intention)
2. Autonomie
3. Fluktuation und kreatives Chaos
4. Redundanz und
5. interne Vielfalt (Flexibilität).

Intention bezeichnet den Willen, die Absicht des Unternehmens, gesetzte Ziele erreichen zu wollen. Das mag trivial klingen, im Grunde genommen steht dahinter ein Unternehmen, welches die klassische Vorgehensweise des strategischen Managements verfolgt. Strategisches Management bedeutet, dass ausgehend von einer Unternehmensvision Strategien definiert, davon Ziele abgeleitet und taktisch, operative Maßnahmen schriftlich festgelegt und/oder durch emergente Verhaltensmuster gelebt und umgesetzt werden (vgl. MINTZBERG et al., 1999). Intention, ist damit nichts anderes als ein Oberbegriff für ein gelebtes strategisches Management, welches naturgemäß Wissensmanagement als wesentliche Komponente in den Strategieplan festschreiben sollte. Denn die Unterstützung des Top-Managements für WM Projekte ist ein wesentlicher Erfolgsfaktor.

Unter *Autonomie* ist die Autonomie der MitarbeiterInnen bei der Bewältigung ihrer Aufgaben zu verstehen. Eine Regel guter Mitabeiterführung besagt, dass Vorgesetzte die Ziele und Aufgaben ihrer MitarbeiterInnen zwar festlegen sollen, aber diesen unter keinen Umständen vorschreiben sollen, *wie* sie ihre Aufgaben zu erledigen haben. Dezentrale horizontale Strukturen und selbstorganisierende Teams entsprechen der Erkenntnis der Chaostheorie, dass selbstorganisierende Systeme in vielen Situationen effizienter agieren als zentral gesteuerte Organisationseinheiten.

Fluktuation sollte im Sinne von „Störungen" der täglichen Routine der Unternehmensabläufe verstanden werden. Diese Veränderung der Rahmenbedingungen kann durch äußere Umstände wie geänderte Marktverhältnisse eintreten, z.B. ein neuer Konkurrent erobert Marktanteile, oder durch eine künstliche, intern geschaffene „Bedrohung" ausgelöst werden, z.B. durch neue Zielvorgaben des Vorstands. Im Idealfall sollten die gewohnten Abläufe so sehr gestört werden, dass die MitarbeiterInnen alte Denkmuster und Routinen aufgeben und ihr Potenzial in „kreativem Chaos" neu entfalten (vgl. LEHNER, 2008, 65).

Redundanz bezeichnet allgemein Überfluss oder Doppelgleisigkeiten. In der Gentechnik sind damit z.B. mehrere Gene gemeint, die dieselben Eigenschaften kodieren. Im Falle des WM ist die Kommunikationstheorie aber passender. In dieser bezeichnet Redundanz das mehrfache Vorhandensein derselben Information oder das überschüssige Vorhandensein von Information. Das Interessante an der Redundanz in der persönlichen Kommunikation ist, dass sie *vertrauensbildend* wirkt (siehe Kapitel A8, S. 47ff.). Jemand, der mehr mitteilt, als zur Erfüllung einer Aufgabe unbedingt notwendig ist, kommuniziert redundant, schafft aber gleichzeitig Vertrauen. Das größte Hindernis für erfolgreiches WM ist, dass Unternehmen stark hierarchisch organisiert sind, und MitarbeiterInnen sehr schnell lernen, dass sie eher die Karriereleiter hinaufsteigen, wenn sie Informationen zurückhalten. Sie machen sich unersetzlich, wenn sie ihr Wissen nicht weitergeben. Redundanz in Unternehmen wird durch eine positive Unternehmenskultur oder z.B. durch Jobrotation gefördert (vgl. LEHNER, 2008, 65).

Die letzte Bedingung, die *interne Vielfalt* ist eine wesentliche Voraussetzung, dass Unternehmen flexibel auf sich rasch ändernde Umweltbedingungen reagieren können. Die Flexibilität der MitarbeiterInnen wird gefördert durch ein Aufweichen starrer hierarchischer Strukturen, durch organisatorischen Wandel, durch Jobrotation und gleichberechtigten Zugang zu Informationen.

5 Kondratieff, New Economy und Informationstechnologie

> *"... the rate at which individuals and organizations learn*
> *may become the only sustainable competitive advantage,*
> *especially in knowledge-intensive industries"*
> (McKenna, 1995, 211)

Da die Informationstechnologie ein wesentliches Instrument des Wissensmanagements darstellt, beschreibt dieses Kapitel die Antriebskräfte der Wissensgesellschaft und die Entwicklungen und Veränderungen der Informationstechnologie (IT) und deren Einsatz in den Unternehmen der letzten 30 Jahre. Ebenso wird auf die Hintergründe der New Economy eingegangen. Ein Verständnis dieser fundamentalen Veränderungen liefert eine solide Basis für die weiteren Ausführungen.

Das Phänomen der Unternehmensnetzwerke und des Collaborative Commerce, die das Wissensmanagement vor neue Herausforderungen stellen, ist Teil umfassender Veränderungen unserer Gesellschaft, die auf Innovationen der Informations- und Kommunikationstechnologien (IKT) zurückzuführen sind. Nach NEFIODOW (1991) befinden wir uns seit den 1970er-Jahren innerhalb des fünften Kondratieffzyklus, dessen Ursache in den umfassenden Innovationen innerhalb der IKT zu finden ist. Diese Sichtweise ist nicht unbestritten. Andere Autoren sehen in der

Entwicklung von 1871 bis 1996 eine einzige lange symmetrische Welle, die von den großen Erfindungen des ausgehenden 19. Jahrhunderts geprägt ist (vgl. GORDON, 2000). Was auch immer die wahren Ursachen für die Veränderung sein mögen, unbestritten ist, dass die Verbreitung des Computers in Unternehmen wie in privaten Haushalten, die ubiquitäre Präsenz des Internets und die zunehmend raschere Verbreitung neuer Technologien (siehe Abbildung 2) unser Leben in vielen Bereichen wesentlich verändert haben.

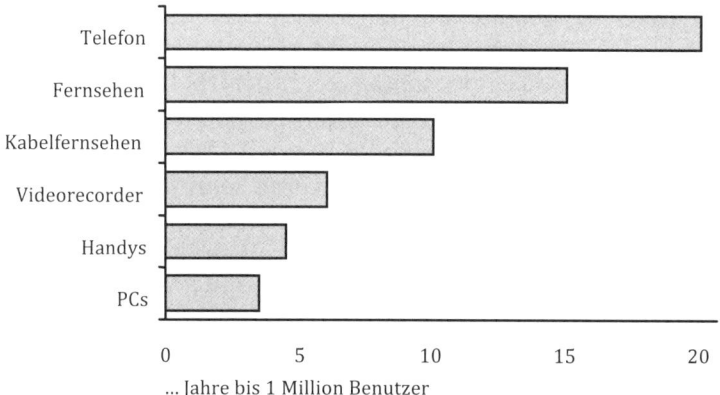

... Jahre bis 1 Million Benutzer

Abbildung 2: Adoptionsrate innovativer Technologien
Quelle: McKENNA (1995, 23)

Seit Aufkommen des Computers hat es eine Fülle an Prognosen gegeben, wie IT die Arbeit in Unternehmen verändern wird. Optimistische Prognosen entwarfen Mensch-Computer-Symbiosen, die von einer Erhöhung der Informationsverarbeitungskapazität des Menschen ausgingen. Pessimistische Prognosen prophezeiten in den 1970er-Jahren den Kollaps der Arbeitswelt und befürchteten Big-Brother-Szenarien (vgl. EASON, 2001, 323). Die zunehmende Verbreitung von Computern könnte zu Kündigungswellen führen und gleichzeitig die restlichen Angestellten einer totalen Überwachung unterziehen. Diese Prophezeiungen sind ebenso wenig eingetroffen wie die Prognosen über die Verbreitung des papierlosen Büros oder die permanente Sprachsteuerung des Computers.

Die modernen Gesellschaften sind heute weder zu „Sklaven" des Computers geworden, noch hat dieser althergebrachte Arbeitsweisen zur Gänze ersetzt, sehr wohl aber hat sich die Wirtschaftstätigkeit der Unternehmen in den letzten dreißig Jahren in den Bereichen Kommunikation und Informationsaustausch drastisch verändert. Die Informationstechnologie ist ein nicht mehr wegzudenkender Bestandteil der Unternehmenskultur geworden. Allein die Zunahme der E-mail-Kommunikation zeigt, wie sehr sich der Unternehmensalltag verändert hat. Die Zahl der zwischen Unternehmen ausgetauschten E-mails wurde 2002 auf 403 Millionen geschätzt und für 2006 mit 744 Millionen veranschlagt (RADICATI GROUP, 2003, 3).[6] In nur zehn Jahren hat sich E-mail von einem Nischen-Kommunikationsmittel – primär bevorzugt von Wissenschaftern – hin zu einem Massenmedium entwickelt. „In fact, email use is now so ingrained into our way of communication, that some wonder how we ever conducted business without it" (RADICATI GROUP, 2003, 3).

Begrifflicher Stellvertreter des neuen Wirtschaftens ist die „New Economy". Mitte der 1990er-Jahre wurde der Terminus in den USA geprägt und bezeichnete zunächst den Wirtschaftsaufschwung durch den IT-Sektor. Heute steht New Economy für den Wandel der Industriegesellschaft hin zu einer auf Wissen basierenden Gesellschaft (vgl. WIPPERMANN, 2001, 6f.). Verwandte Begriffe mit zum Teil identischen Extensionen wären Digitale Ökonomie (vgl. NEGROPONTE, 1995), Netzwerk-Ökonomie (vgl. KATZ und SHAPIRO, 1985) oder Internet-Ökonomie (vgl. ZERDICK et al., 1999).

---

[6] Tatsächlich wird das derzeitige tägliche E-mail-Aufkommen bereits auf >15 Mrd. täglich geschätzt, wobei lt. Pressetext Austria 90-95% (!) Spam-Mails sein dürften, also unerwünschte Werbebotschaften.

Wissensmanagement, welches auf das Management der Informationsobjekte, also des expliziten Wissens fokussiert, ist auch eine Folge der kontinuierlichen Veränderung der Unternehmensorganisation und Geschäftsprozessabwicklung, begleitet von einem ansteigenden Informatisierungsgrad der Unternehmen – i.e. Zunahme der IT (vgl. ALT et al., 2002a, 3ff.). In den 1970er-Jahren wurden innerhalb einzelner Abteilungen die ersten Personal Computer (PC) installiert. Die anfänglichen Aufgabenbereiche lagen in der Abwicklung der Buchhaltung, des Lagerwesens oder der Fakturierung. Ziel war die Automatisierung einzelner Vorgänge. Die PCs stellten zu diesem Zeitpunkt Insellösungen dar, die in keinerlei Verbindung zu anderen Abteilungen oder Funktionen geschweige denn anderen Unternehmen standen, vergleichbar der bekannten Allegorie eines Autos mitten im Dschungel abseits jeglicher Straße (Nachts konnte man die Scheinwerfer verwenden, um noch ein wenig zu lesen, bei Kälte oder Regen war das Wageninnere eine willkommene Abwechslung, die Bedienungselemente und Armaturen muteten seltsam an, vor allem die Funktion der Räder war noch unklar).

In den 1980er-Jahren begann sich die IT auf gesamte Funktionsbereiche wie Produktion, Finanzbuchhaltung oder Logistik auszuweiten. Ebenso gewannen Netzwerke innerhalb der Unternehmen an Bedeutung. Firmen wie Oracle™ oder Novell™ legten den Grundstein für ihre weltweiten Unternehmenserfolge in dieser Phase. Mit dem Aufkommen der Netzwerkadministratoren in den Unternehmen begann ein sukzessives Zurückdrängen jeglicher Form des „IT-Wildwuchses". Die Nonchalance gegenüber den nebeneinander bestehenden Betriebssystemen innerhalb eines Unternehmens wich der Forderung nach einheitlichen Standards und zentralem Einkauf der IT-Infrastrukturen. Das Unternehmensnetzwerk wurde zum vorherrschenden IT-Paradigma. (Die ersten Straßen wurden im Dschungel verlegt. Sie führten zwar noch nicht viel weiter als bis zur nächsten Abzweigung, aber den Insassen dämmerte nach und nach die Tragweite dieser Erfindung. Andere Autos fuhren an weiter entfernten Stellen des Dschungels einsame Runden.)

Mitte der 1980er-Jahre wurde in der Managementliteratur *Business Process Reengineering* ein dominantes Thema. Die Bestrebungen, interne Geschäftsprozesse effizienter aufeinander abzustimmen, doppelte Dateneingaben zu eliminieren und die vorhandenen IT-Infrastrukturen so umzugestalten, dass sie die tatsächlichen Geschäftsprozesse innerhalb des Unternehmens ohne Medienbruch unterstützen konnten, wurden zu einer der wichtigsten Forderungen des Business Process Reengineerings (vgl. SIMON, 2000, 215ff.). In den 1990er-Jahren entstand Enterprise Ressource Planning Software (ERP) als informationstechnologische Antwort auf diese Anforderungen. ERP Software dient zur funktionsübergreifenden integrierten Abwicklung innerbetrieblicher Geschäftsprozesse wie Warenwirtschaft, Finanzbuchhaltung, Lagerhaltung, Personal- und Produktionsplanung. Das deutsche Unternehmen SAP begründete unter anderem seinen weltweiten Erfolg mit einer ERP-Applikation, die alle betriebswirtschaftlichen Bereiche integriert und eine redundante Erfassung und Anwendung von Daten und Arbeitsschritten verhindert (vgl. RÖHRICHT und SCHLÖGL, 2001, 103).

Einen ähnlichen Ansatz verfolgen Bemühungen, die als *Enterprise Application Integration (EAI)* bezeichnet werden. Hier steht nicht die Programmierung einer allumfassenden ERP Software als „Out of the Box"-Lösung im Vordergrund, sondern die Analyse der bestehenden IT-Infrastruktur und die Schaffung von Schnittstellen, i.e. Konnektoren, die unter einer einheitlichen Oberfläche die historisch gewachsenen unternehmensinternen Applikationen zusammenfassen (vgl. FUTURE NETWORK, 2002). Obwohl EAI-Projekte einen positiven Return on Investment (ROI) aufweisen, sind EAI-Projekte sehr kapitalintensiv und komplex.

Fallbeispiel 2

Zwei Beispiele für EAI-Projekte: Das österreichische EAI-Projekt des Siemens-Konzerns zeigt, von welchen Dimensionen auszugehen ist. Das extern beauftragte Softwareunternehmen ermittelte rund 5.000 (!) unternehmensinterne Datenbanken, die es zu integrieren gilt. Aufgrund inkompatibler Standards wurden Dateneingaben doppelt durchgeführt oder Datensätze von einer Datenbank manuell in eine andere übertragen. Manche Applikationen stammen z.T. auch heute noch aus den 1960er-Jahren, die seinerzeitigen Programmierer sind nicht mehr im Unternehmen und Dokumentationen zu diesen alten Applikationen nicht mehr vorhanden (vgl. FUTURE NETWORK, 2002). Die Kostenintensität vergangener EAI-Projekte lag zu einem Großteil an technologischen Inkompatibilitäten und einem Mangel an einheitlichen Standards.

GLOBE – Global Business Excellence – ist ein 1,8-Mrd.-US$-EAI-Projekt, das größte IT-Reorganisationsprojekt in der Geschichte eines der globalen Weltmarktführers in der Lebensmittelherstellung (Nestlé). Ziel ist der Aufbau einer gemeinsamen IT-Plattform, die eine Standardisierung der globalen Geschäftsprozesse ermöglicht, ohne dass die dezentrale Marketingstruktur des Unternehmens gefährdet wird. Nestlé erwartete sich bis 2006 eine Kostenreduktion in Höhe von 6 Mrd. US $, die Hälfte davon sollte durch GLOBE erwirtschaftet werden (vgl. GUMBEL, 2003).

Globale Warenwirtschaftssysteme sind im Entstehen, die von signifikanten Kostenreduktionen für Informationsaustausch und -verarbeitung profitieren. Peter Brabeck, der Vorstandsvorsitzende von Nestlé, ordnet der Informationstechnologie und der EAI im Konzern (siehe oben) oberste Priorität ein. „There were three big events that changed the traditional picture of how we ran the company ... The first was the creation of economic regions, such as the European Union, Nafta, Asia and Mercosur. The second was the Uruguay round, which had enormous impact on the food industry. ... *The third change was information technology* [Hervorhebung d. Verf.]" (BETTS und HALL, 2002, 7). Dass die Einsparungspotenziale von Portalen noch nicht zur Gänze genutzt werden, belegt eine Studie von CSK Ploenzke AG über Portallösungen von BEA, IBM, Microsoft, Oracle, SAP und Sun (vgl. FRISTER, 2003). Die bewerteten Portale weisen hohe Basisfunktionalitäten bei User Management, Präsentation und Personalisierung auf, verfügen jedoch über Mängel bei Content und Knowledge Management. Der Grund für die mangelnde Realisierung der Kostenersparnisse liegt einerseits in heterogenen Portal-Applikationen und andererseits in einer mangelnden Integration der Geschäftsprozesse mit der Portalapplikation.

Zeitgleich zu den unternehmensinternen Anstrengungen, die IT-Infrastruktur an intraorganisationale Abläufe anzupassen und die ersten unternehmensübergreifenden Kommunikationsstrukturen aufzubauen, entwickelte sich seit Mitte der 1990er-Jahre das Internet zu einem Massenmedium. Das Internet bewirkte, dass bisherige Insellösungen (unsere „Autos im Dschungel") endlich untereinander Informationen austauschen konnten und die Möglichkeit hatten, die gesamte Informationswelt zu nutzen. Durch Entwicklung multimediafähiger Browser und E-Commerce-Applikationen wurden sowohl Wissenschafter wie Praktiker zu überzogenen Vorstellungen über die wirtschaftlichen Möglichkeiten verleitet.
Mitte der 1990er-Jahre waren die Wirtschaftsblätter voll von Prognosen über zukunftsträchtige Start-ups und deren Gewinnaussichten. Venture-Kapitalisten sprangen dankbar auf diesen Zug auf und investierten ohne Kenntnis der angepriesenen Geschäftsmodelle Unsummen in bis vor kurzem noch unbekannte Firmennamen. Der „New Economy-Hype" führte zu überhitzten Aktienmärkten und mit dem 11. September 2001 fand diese hoffnungsvolle Periode den symbolträchtigen Schlusspunkt, der von einer Reihe spektakulärer Firmenkonkurse wie Worldonline.com oder Enron[7] (größter Firmenkonkurs der US-Geschichte)

---

[7] Enron ist ein US Energie-Handelskonzern, der kurz vor seinem Ende auch ins Geschäft der Internet-Breitbanddienste einstieg.

begleitet wurde. Der Konkurs von Worldonline.com führte zur Entlassung von mehr als 5.000 Mitarbeitern, der von Enron zog neben dem Selbstmord eines Vorstandsmitglieds den wirtschaftlichen Ruin von Anderson Consulting, einem weltweit tätigen Wirtschaftsprüfungsunternehmen mit 30.000 Mitarbeitern, nach sich. In Österreich stellten im Jahre 2001 Softwarehäuser wie YLine oder Alpha Thinx z.T. bereits ein Jahr nach Firmengründung Konkursanträge. Das Telekom-Unternehmen CyberTron, welches 1999 an die Wiener Börse ging, musste 2002 mit Schulden von 60 Millionen Euro den Ausgleich anmelden.

Das Medien-Handelshaus Libro schlitterte in die viertgrößte Pleite der österreichischen Wirtschaftsgeschichte, trotz oder wegen seines groß angelegten Engagements im Onlineverkauf von Büchern und Musik-CDs über www.lion.cc (vgl. NIKBAKHSH, 2002, 60ff.). Auch Agrarinitiativen waren vom Einbruch des E-Commerce betroffen. In Deutschland stellte die im September 2000 gegründete Internet-Plattform Agrenius.de, ein agrarischer B2B-Marktplatz, den Dienst mit Jahresende 2001 ein (SPK, 2001, 1). Die Aufzählung der gescheiterten Start-ups zeigt, dass der Übergang zur Wissens- und Informationsgesellschaft nicht friktionsfrei verläuft. Jede Innovation bedingt, dass sowohl die Gesellschaft als auch Unternehmen Lernprozesse auf dem Weg zur effizienten und optimalen Anwendung der IT absolvieren müssen.

Bittere Ironie am Rande und ein weiterer Beleg für den schmerzhaften Lernprozess ist der Sachverhalt, dass Banken und Wertpapieranalysten nur wenige Monate vor dem Konkurs dieser Unternehmen Kaufempfehlungen veröffentlichten: „Cybertron stellt ein viel versprechendes Übernahmeziel für Big Player der Telekom-Branche dar"; und weiter: „'2001 sollte erstmals ein Gewinn erzielt werden können' Erste Bank, 1. März 2000" (NIKBAKHSH, 2002, 64); der Ausgleich von Cybertron erfolgte ein Jahr später im Juni 2002. „'YLine hat sehr gute Zahlen für das erste Quartal vorgelegt. Wir bestätigen unsere Kaufempfehlung mit einem Kursziel von 100 Euro ...' Lehman Brothers [8], 5. Juni 2001" (NIKBAKHSH, 2002, 60). Drei Monate später meldete Yline am 26. September Konkurs an.

US Unternehmen – Marktkapitalisierung in Mrd. $

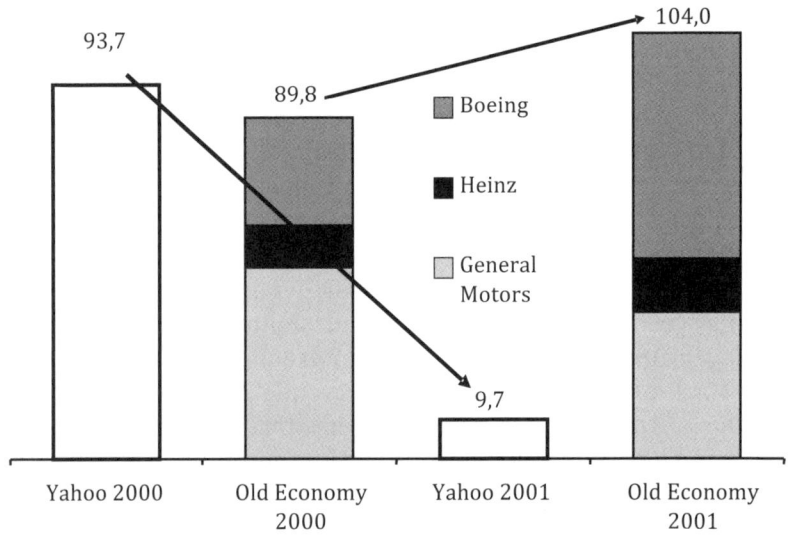

Abbildung 3: New Economy vs. Old Economy
Stichtage: 10.03.2000 und 08.03.2001, Quelle: COGGAN (2001a, 1)

Abbildung 3 zeigt am Beispiel von Yahoo, wie drastisch die Kurseinbrüche innerhalb eines Jahres ausfallen konnten. Die Marktkapitalisierung von Yahoo betrug am 10. März 2000 – zum Zeitpunkt als der Nasdaq-Index auf seinem Rekordhoch angekommen war – 93,7 Mrd. US Dollar. Ein Jahr später, am 8. März

---

8   Lehman Brothers Inc. ist eines der ersten und wohl prominentes Opfer der globalen Finanzkrise 2008/2009 (Insolvenz Sept. 2008; im Sept. 2007n noch 28.600 MitarbeiterInnen).

2001, lag die Marktkapitalisierung bei einem Wert von 9,7 Mrd. US-Dollar. Amazon, das Online-Einzelhandelsunternehmen, fiel im selben Zeitraum von 36,4 Mrd. US-Dollar auf einen Marktwert von 4,2 Mrd. US-Dollar (vgl. JACKSON, 2001, 7).

Beispiel Amazon: Amazon hat erst Ende 2007 wieder einen Aktienkurs in vergleichbarer Höher wie vor 2000 erreicht (de.finance.yahoo.com). Aktienkursentwicklung (Schlusskurse):

- Kurzhoch am 6. Dez. 1999: $107
- Aktienkurs Jän. 2000: $70
- dramatische Kurseinbrüche: April 2001: $8,10, Nov. 2001 $6,60
- langfristige Kurserholung (jeweils Anfang Jänner): 2003: $22, 2005: $43; 2007: $36; 2008: $69
- Kurshoch nach 2000: $94 am 24. Dezember 2007

Praktisch im Gegenzug zum Niedergang der New-Economy-Werte erfolgte eine Besinnung auf die Werte der „Old Economy", wie man an der Veränderung der Aktienwerte für die Unternehmen Boeing, Heinz und General Motors ablesen kann.

Einer der Hauptgründe für die maßlose Überhitzung der Aktienmärkte und die darauf folgenden Kurseinbrüche war die fälschliche Annahme, dass die New Economy „... zu einer neuen Art von Wirtschaft führe, in der die bisher gültigen Gesetzmäßigkeiten aufgehoben seien" (MALIK, 2002, 170). Man träumte von kontinuierlichen Wachstumsraten ohne Inflation und Arbeitslosigkeit, bezahlte die Mitarbeiter mit Aktienoptionen, sparte bei den Löhnen und war von der Annahme beseelt, ohne Wertschöpfung auskommen zu können (vgl. MALIK, 2002, 170).[9]

---

[9] So gesehen ist die damalige Situation durchaus vergleichbar der globalen Finanzkrise 2008/2009, auch wenn die Auslöser der dramatischen Kurseinbrüche an den Börsen, die in der Folge auch die Realwirtschaft erreicht haben, unterschiedlicher Natur sind.

Unterstützung für die „kollektive Realitätsentfremdung" bekam die Wirtschaft einerseits von den Medien, die den Handel mit Aktien zur einem kultartigen „Modern Way of Life" hochstilisierten, und andererseits durch die US Notenbank, die durch kontinuierliche Liquiditätsschaffung und direkter Stützung der Aktienbörsen zu einem „Asset-Bubble gigantischen Ausmaßes" führte (MALIK, 2002, 170). Wie stark die Aktienmärkte überbewertet waren, konnte man auch daran ablesen, dass nach drei Jahren der Einbruch der Aktienmärkte noch immer nicht überwunden war. Jemand, der im Jahr 2000 zum Höhenflug der Aktienmärkte in Investmentfonds investiert hatte, konnte im Durchschnitt im Jahr 2003 mit einem Verlust von 50% aufwarten. Im Vergleich zu vergangenen „Bärenmärkten", liegt der letzte Aktienmarkt-Einbruch ähnlichen Ausmaßes ca. 30 Jahre zurück (i.e. 1974; vgl. COGGAN, 2001b, 18).

Bei aller Ernüchterung muss man dennoch feststellen, dass diese Krise auch ihre positiven Auswirkungen hatte. Einerseits wurde die Generation „rehabilitiert", die in der Überzeugung aufwuchs, dass Erfahrung im Berufsleben einen Wert darstellt und plötzlich „Techno-Mitzwanziger" als Vorgesetzte vorfand. „The collapse of the dotcom companies has redressed the balance of power between the generations ... Experience is back in (corporate life; Ergänzung des Verf.) – as is merit. My colleague did not get his job because he is young, but because he is good" (KELLAWAY, 2002).

Andererseits erfolgte eine Rückbesinnung auf ökonomische Grundsätze, z.B. dass ohne soliden Customer Value die Erfüllung des Shareholder Value weder mittel- noch langfristig möglich sein wird (vgl. MALIK, 2002, 171). Und es scheint, als hätte der Schock der enttäuschten Erwartungen es ermöglicht, dass die Unternehmen das Phänomen der New Economy nüchterner und realitätsnäher sehen. „... most internet executives, if they are still in control of their companies, acknowledge that their ambitions have been scaled back to more realistic levels" (TAYLOR, 2003, 20). Wortkreationen wie „dotcomeback kids" (TAYLOR, 2003, 20) deuten an, dass es wieder profitable E-Commerce-Unternehmen gibt. Paradeunternehmen wie Yahoo, Amazon, Ebay oder Autobytel weisen positive Bilanzen auf und unter den europäischen Software-Unternehmen zählen die britische SAGE Group, die deutschen Unternehmen SAP und die Linux-Version SUSE zu den erfolgreicheren.

Nach der Krise der New Economy und der Phase der individuellen 1:1 und 1:n Koordination von Prozessen über Unternehmensgrenzen hinweg befinden wir uns derzeit in der m:n Koordinationsphase der IT-Landschaft. Abbildung 4 bildet die einzelnen Phasen der IT-Evolution in den Unternehmen zusammenfassend schematisch ab. Auf organisatorischer Ebene bringen die neuen Möglichkeiten der IT sowohl Herausforderungen für die *Unternehmenskultur* (Vertrauen und Transparenz) als auch die *Unternehmensorganisation* (schwindende Unternehmensgrenzen, das virtuelle Unternehmen). Herausforderungen, deren sich viele Unternehmen noch nicht bewusst sind: „It's no secret that technology alone is not enough. Yet many continue to buy – and sell it – that way. Productivity is not embedded in software code. Business improvement does not come in a box. Technology requires changes in the way humans work, yet companies continue to inject technology without making the necessary changes. Why? It's easier to write a cheque than to re-think the way you work " (ABRAHAMS, 2003, 6). [10]

---

[10] Dieses Zitat stammt von Anne Mulcahy, Chairman and Chief Executive Xerox.

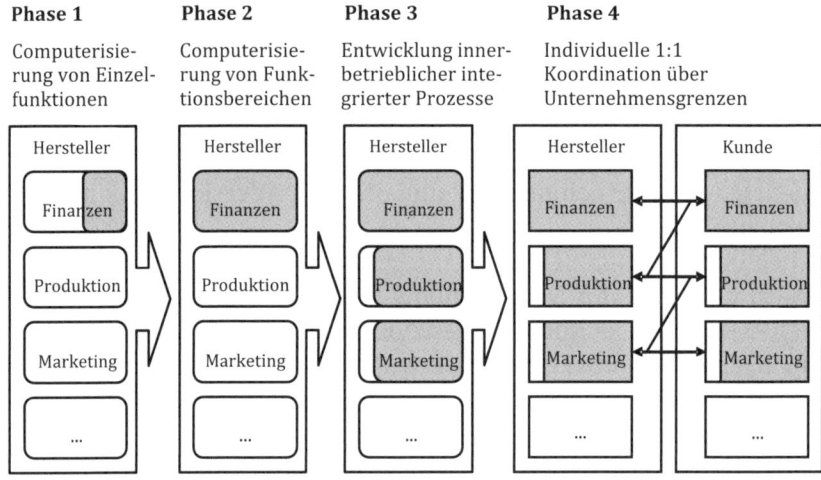

Phase 1
Computerisierung von Einzelfunktionen

Phase 2
Computerisierung von Funktionsbereichen

Phase 3
Entwicklung innerbetrieblicher integrierter Prozesse

Phase 4
Individuelle 1:1 Koordination über Unternehmensgrenzen

Phase 5
m:n Koordination über Unternehmensgrenzen hinweg

Abbildung 4: Entwicklungsstufen der IT in Unternehmen
Quelle: ALT et al. (2002a, 4)

Tabelle 1: E-Business Development Framework

		Progression		
	Level I/II Internal Supply Chain	Level III Network Formation	Collaboration	
			Level IV Value Chain Constellation	Level V – Full Network Connectivity
Information technology	Point solutions – Inform	Linked Intranets – Interact	Internet-based extranet – Transact	Full network communication systems – Deliver
Design, development product/service introduction	Internal only	Selected external assistance	Collaborative design – enterprise integration	Business functional view – joint design and development
Purchase, procurement, sourcing	Leverage business unit volume	Leverage full network aggregation	Key supplier assistance, web-based sourcing	Network sourcing through best constituent
Marketing, sales, customer service	Internally developed programs, promotions	Customer-focused data-based initiatives	Collaborative development for focused consumer base	Consumer response system across the value chain
Engineering, planning, scheduling, manufacturing, order management	MRP; MRPII, DRP	ERP – internal connectivity – best asset utilization	Collaborative Network planning – best asset utilization	Full network business system optimization
Logistics, inventory management	Manufacturing push – inventory intensive	Pull system through internal/external providers	Best constituent provider – dual channel	Total network dual-channel optimization
Customer care	Customer service reaction	Focused service – call centers	Segmented response system, customer relationship management	Matched care – customer care automation
Human resources	Internally supply chain training	Provide network resources, training	Inter-enterprise resource utilization	Full network alignment and capability provision

(Row label, vertical: Business Processes and -applications)

Um die Auswirkungen der umwälzenden Veränderungen der IT der letzten Jahrzehnte auf die betrieblichen Funktionen zu veranschaulichen, ist die tabellarische Übersicht von POIRIER und BAUER (2000, 11) hilfreich. Sie spezifizieren die Veränderungen der unterschiedlichen Phasen in Bezug auf Geschäftsprozesse und funktionale Einheiten. In obiger Tabelle kann man am Beispiel der IT-Geschäftsprozesse ablesen, wie sehr der zunehmende Informatisierungsgrad bestimmte Tätigkeiten verändert: In Phase 1 und 2 beschränkt sich die IT-Abteilung auf punktuelle Lösungen, die großteils der Informationsfunktion dienen. Ein Beispiel hierfür sind sog. Management Information Systems (MIS), die Anfang der 1970 aufkamen (siehe S. 126ff.). Nach Phase 3 (Aufbau von Intranetzwerken), können in Phase 4 unternehmensübergreifend Transaktionen abgewickelt werden, was schließlich in den späten 1990ern zu multimediagestützten, unternehmensübergreifenden Kommunikationsnetzwerken geführt hat, bei denen auch sensible Daten ausgetauscht werden (Verkaufszahlen, Lagerstände, Finanzdaten usw.).

Fallbeispiel 3

Ein Beispiel aus dem Einzelhandel (der Phase 5 zuzuordnen) wären Verkaufsaktionen, die in Abstimmung mit den Scannerdaten der Kundenkarten erfolgen, wobei hier besondere Erwartungen in die *Radio Frequency Identification Technologie* (RFID) gesetzt werden. RFID besteht aus kleinen „passiven" Mikrochips, die als Antwort auf bestimmte Radiowellen Informationen versenden. Auf Produkten angebracht, würden sie das manuelle Scannen der Einkaufswaren erübrigen. Bezahlen an der Kassa würde dann dem Sicherheitscheck an einem Flughafen ähnlich sein. Bei Durchschreiten eines Metallrahmens würden automatisch alle Waren aufgezeichnet werden. Dieses System würde Einkaufsdiebstähle ein für alle Mal der Vergangenheit angehören lassen, es birgt aber nicht unerhebliche Bedenken im Hinblick auf Privatsphäre und Datenschutz. Hindernis für die kommerzielle Umsetzung von RFID im Einzelhandel sind momentan die zu hohen Kosten für RFID-Chips. Zurzeit kosten diese rd. 30 Cent. Erst wenn Kosten für RFID-Chips bei 5 Cent liegen, wird der Handel eine breite Anwendung in Betracht ziehen (vgl. BENOIT, 2003). Eine erste Veränderung des Kundenverhaltens konnte bereits beobachtet werden. Das technologielastige Einkaufen bedingt, dass mehr Männer als üblich zum Einkaufen in diesen Supermarkt kommen.

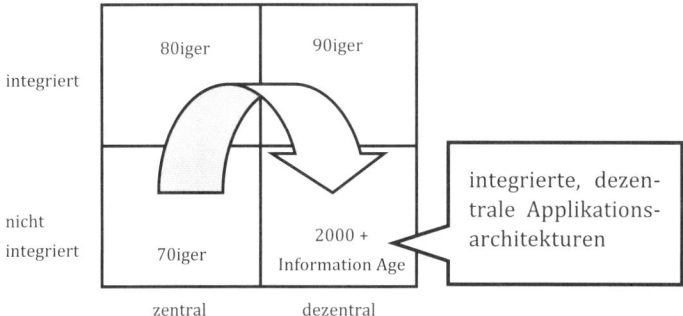

Abbildung 5: Entwicklung der betrieblichen Applikationsarchitektur
Quelle: HUBER et al. (2002, 167)

Zusammenfassend ist die Entwicklung der IT in den Unternehmen der vergangenen 30 Jahre eine Entwicklung weg von den *zentral* organisierten und *nicht* in anderen Funktionsprozessen *integrierten* Applikationen hin zu dezentralen, integrierten Applikationsarchitekturen (siehe Abbildung 5). Diese technologischen Veränderungen bedingen für den Einzelnen neue Formen des Arbeitens, nicht nur als Individuum, sondern auch im Team und für Organisationen neue Herausforderungen wie z.B. den Wettbewerber nicht nur als Konkurrenten zu sehen oder dem Thema Sicherheit mehr Aufmerksamkeit zu widmen. Als eine der bedeutendsten Trends der letzten Jahre ist in diesem Zusammenhang die fortschreitende, rasante Entwicklung der globalen

Vernetzung auch der Privathaushalte zu nennen. So gibt das sog. Web 2.0 dem Kunden die Möglichkeit, sich zu organisieren und zwingt Unternehmen in der Folge dazu – aufgrund der Bedeutung, die soziale Medien mittlerweile haben –, diese angesprochenen neuen Formen der Arbeitsorganisation z.B. durch verstärkte Kundenintegration in Geschäftsprozesse zu berücksichtigen. Kunden sind über die sozialen Medien in einem nie gekannten Ausmaß in der Lage, aktiv auf Organisationen einzuwirken; nach bisheriger Einschätzung haben viele Unternehmen die Chancen aber auch die Risiken, die damit verbunden sind, noch nicht einmal in Ansätzen realisiert.

6 Arbeitswelt im Wandel

Dem Wandel, dem wir in unserer Arbeitswelt der „Wissensarbeiter" unterworfen sind, kommt durch folgendes Zitat deutlich zum Ausdruck: „Die Untersuchungen der Computer ergeben zunehmend, dass in den Wissensberufen die Menschen am besten in 'Garagen' arbeiten ... Es geht um die Kreativität, um den Sinn der Arbeit, um die Lebensfreude. Dies sind heute die wichtigen Ingredienzien der neuen Arbeitswelt. Früher kam man eilig nach der Stechuhr gesteuert zur Arbeit. Die Arbeit war Pflicht. Diese Zeit war bewusst an den Arbeitgeber verkauft. Er durfte bestimmen, wie diese Zeit zu nutzen war. Man gehorchte und genügte der Pflicht. Arbeit ist Arbeit. Erst die Arbeit, dann der Feierabend und dann vielleicht das Vergnügen. Heute kommen und gehen die Freaks, wann sie wollen. Meist kommen sie etwas später als die Alten, aber sie gehen viel später. Sie leben in der Firma. Es geht ihnen nicht so sehr um den Feierabend. ... Expertise soll zählen und Meisterschaft, nicht Rang und Ruhe und Ordnung. In der Garage wird etwas gebaut und, wenn es fertig ist, draußen in der Sonne bestaunt. In der Garage wird nicht aufgeräumt, es gibt keine Quittungen. Die Menschen in der Garage wissen alle, woran sie bauen. Sie haben keine Arbeitsblätter in der Hand, in denen sie den nächsten Handgriff nachschauen" (DUECK, 2002).

6.1 Wissensökonomie

Wie das obige Zitat verdeutlicht hat die Netzwerk-Wissensökonomie das traditionelle Arbeitsbild bereits wesentlich verändert. Viele Unternehmen nützen die Möglichkeiten der *Netzwerk-Wissensökonomie* für vielfältige Formen der unternehmensübergreifenden Kooperation bereits aus. Selbstverantwortliche Kunden und Konsumenten werden als Partner früher und anders als bisher in Unternehmensprojekte einbezogen. Der Wert des globalen Netzwerkes wird ungebrochen zunehmen, weil die Zahl der Teilnehmer weiterhin wächst. „... the value of the network increases with its expected size" (STABELL und FJELDSTAD, 1998, 431).

Ein weiterer Indikator für die zunehmende Bedeutung der Netzwerk-Wissensökonomie sind die internationalen Forschungs- und Entwicklungsnetzwerke, die seit den 1990er-Jahren einen rasanten Anstieg verzeichnet haben. Die Internationalisierung der F&E hat Mitte der 1990er-Jahre in Ländern wie der Schweiz oder den Niederlanden einen Anteil von 50%, in Westeuropa von 30% und in den USA von 10% erreicht (vgl. GASSMANN und VON ZEDTWITZ, 2003, 243).

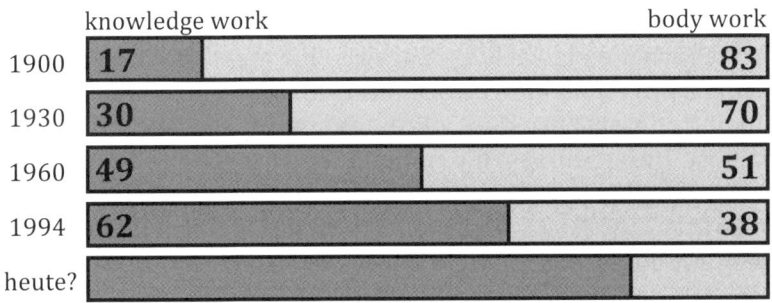

Abbildung 6: Anteile manueller Arbeit und „Kopfarbeit" am Beispiel der USA
Quelle: in Anlehnung an HORX (2000, 34)

Die Flexibilisierung der Arbeitszeiten und die technologischen Möglichkeiten des mobilen Büros werden die Nachfrage nach Werkzeugen zur transparenten Organisation und Abwicklung der Kommunikationsflüsse weiterhin ansteigen lassen. Es wird ein alltäglicher Bestandteil des Berufslebens sein, jederzeit an jedem Ort Informationen in das Netzwerk einzuspeisen. Die steigende Bedeutung der Netzwerk-Wissensökonomie illustriert der kontinuierlich steigende Anteil an geistiger im Vergleich zu manueller Arbeit (siehe Abbildung 6).

Die Aktualität der Netzwerk-Wissensökonomie untermauert eine Studie der Forschungsabteilung eines globalen Autokonzerns. Gemäß dieser Studie zeichnen sich drei zukünftige Szenarien für die Arbeitswelt ab (vgl. STREIMELWEGER, 2002, 81f.):

- Tele-Taylorismus
- Digi-Partement
- Techno-Citoyen

Im *Tele-Taylorismus* – ein bedrohliches, an George Orwells „1984" anmutendes Szenario – werden Arbeitsabläufe streng formalisiert und die Informationstechnologie wird zur Kontrolle der Mitarbeiter eingesetzt. Das *Digi-Partment*-Szenario beschreibt eine Zukunft, die von einer starken Fragmentierung der Arbeitswelt gekennzeichnet sein wird. „Unternehmerische Angestellte" arbeiten je nach Auftragslage für mehrere Firmen gleichzeitig. Das *Techno-Citoyen*-Szenario skizziert eine wirtschaftliche Zukunft, deren Kernstück die Kooperation zwischen Unternehmen ist. Unternehmen, die mit offenen vernetzten IT-Strukturen „... in ständig wechselnden Kooperationen ... agieren" (STREI-MELWEGER, 2002, 82). Dass die Zukunft der mobilen und kooperativen Arbeit bereits für viele Gegenwart ist, belegt die Studie „Office 21" des Frauenhofer Institutes. Rund 30% der befragten Büronutzer experimentieren bereits mit „nonterritorialen Büros, Telearbeit oder mobilen Arbeitsformen" (STREIMELWEGER, 2002, 82). Gründe für diesen Trend liegen im Kosteneinsparungspotenzial durch weniger Büroflächenbedarf, erhöhter Produktivität der Angestellten und gesteigerter Attraktivität des Unternehmens für Jobsuchende und bereits Angestellte (vgl. APGAR, 1998, 128). Starbucks – die amerikanische Kaffeehauskette – installierte 2002 in ihren nordamerikanischen Geschäften funkbasierte Breitbandnetzwerke mit Internetzugang. „Around 20% of the US workforce is on the move at any time of the day … These people are our customers and our research showed that they were looking for somewhere to plug in their laptops" (PENELOPE, 2002, I). IBM spart durch seine „Mobility Initiative" mehr als 100 Mio. Dollar jährlich in seinen nordamerikanischen Verkaufs- und Vertriebseinheiten (vgl. APGAR, 1998, 121).

6.2 Psychologische Auswirkungen der Telearbeit

Erfahrungen von Unternehmen wie IBM und AT&T mit Telearbeit und „Alternative Workspaces" weisen darauf hin, dass ein Mangel an persönlicher Face-to-Face-Kommunikation zu einer Gefährdung der Unternehmenskultur und schwindender emotionaler Bindung an das Unternehmen führen kann (vgl. HALLOWELL, 1999). Um dem Verlust der emotionalen Bindung entgegenzuwirken, initiieren Unternehmen „Rituale", die traditionelle Büroroutinen nach dem Motto „High tech requires high touch" ersetzen sollen (vgl. HALLOWELL, 1999, 64).

AT&T hat für das Vertriebspersonal in „Drop-In"-Bürogebäuden Cafés mit bequemen Polstermöbeln eingerichtet, mit dem Ziel, „casual collisions" zu stimulieren (vgl. APGAR, 1998, 135). Ein anderes Unternehmen hat einen „Mittwoch Morgen Doughnut Club" etabliert. Jeden Mittwoch Morgen trifft sich Vertriebspersonal mit Personal anderer Abteilungen zu Kaffee und Kuchen. Die dabei auftretenden informellen Gespräche ersetzen auf diese Art und Weise die informellen Meetings beim Wasserspender (vgl. APGAR, 1998, 135). Eine American-Express Abteilung verwendet ein „Buddy-System". Jeder Telearbeiter hat im Unternehmen vor Ort einen „Buddy" (i.e. Partner, Freund). Mit diesem muss er mindestens täglich telefonieren, mit dem Ziel, den informellen Informationsfluss und folglich eine positive Beziehungsebene aufrecht zu erhalten. Interessanterweise hat der Anstieg der Telearbeit mittlerweile zu einer Renaissance der traditionellen Büroarbeit geführt und ein neues Bewusstsein für die „Added Values" derselben geschaffen: „Employers recognise how offices bring people together, forge social capital and strengthen social networks ... Employees value the communities and friendships that thrive in office spaces" (OVERELL, 2002, 11).

Die Bedeutung des persönlichen zwischenmenschlichen Kontaktes wird auch von psychologischer Seite bestätigt. Ein Mangel an zwischenmenschlichen Kontakten kann zu übersteigerter Sensibilität, Selbstzweifel, Langeweile und im Extremfall zu psychischen Krankheiten wie Depression oder Paranoia führen (vgl. HALLOWELL, 1999). HALLOWELL (1999) vertritt die Ansicht, dass diese psychischen Mangelerscheinungen durch einen spezifischen zwischenmenschlichen Kontakt vermeidbar wären, er nennt ihn „the human moment". Das humane Moment ist ein authentisches psychologisches Ereignis, welches zwei Requisiten benötigt: die physische Anwesenheit von Personen und deren gegenseitige emotionale und intellektuelle Aufmerksamkeit (vgl. HALLOWELL, 1999, 59). Regelmäßige „menschliche Momente" seien für die Gesundheit ebenso vonnöten wie regelmäßige körperliche Betätigung. „People need human contact in order to survive. They need it to maintain their mental acuity and their emotional well-being" (HALLOWELL, 1999, 61). Physiologische Studien unterstreichen die Bedeutung positiver sozialer Kontakte für die Gesundheit. Menschen mit starken sozialen Netzwerken und positiven Kontakten weisen ein stabileres Immunsystem und einen niedrigeren Gehalt an den Stresshormonen Epinephrin, Norepinephrin und Cortison auf (vgl. HALLOWELL, 1999, 62). Ebenso ist die Konzentration von Oxytocin und Vasopressin bei physisch isolierten Menschen niedriger im Vergleich zu sozial aktiven Menschen. Beide Hormone bilden die Grundlage für Gefühle des Vertrauens und der Bindung. Darüber hinaus werden dem Face-to-Face-Kontakt die Stimulation von zwei wichtigen Neurotransmittern zugeschrieben: Dopamin und Serotonin. Dopamin erhöht die Aufmerksamkeit und Freude, Serotonin reduziert Gefühle der Angst und Sorge (vgl. HALLOWELL, 1999, 62). Erneut ist auf die Theorie des sozialen Kapitals hinzuweisen. COLEMAN (1991) verwendet das Konzept der „sozialen Kohäsion", um auf die Gefahren einer steigenden Fragmentierung und Zersplitterung der Gesellschaft hinzuweisen. Soziale Kohäsion ist eine wichtige Variable des Wohlbefindens und der Gesundheit. PUTNAM (2000, 331ff.), der Empirist unter den Vertretern einer Theorie des sozialen Kapitals, fasst zwischen sozialer Kohäsion und Wohlfahrt im weitesten Sinne pointiert zusammen: „As a rule of thumb, if you belong to no groups but decide to join one, you cut your risk of dying over the next year in half. If you smoke and belong to no groups, it's a toss up statistically whether you should stop smoking or start joining ... In round numbers getting married is the 'happiness' equivalent of quadrupling your annual income ...".

7 Beruflicher Alltag von Führungskräften und Einfluss auf das Entscheidungsverhalten

"Wo ist all das Wissen, das wir
in der Information verloren haben."
Frei übersetzt nach T.S. Eliot

Die Art und Weise wie wir arbeiten, hat einen wesentlichen Einfluss darauf, ob wir bereit sind, neue Methoden in unseren Arbeitsalltag einzugliedern und anzuwenden. Wenn wir wissen, wie Führungskräfte generell arbeiten oder welchen Einflüssen sie ausgesetzt sind, können wir eher abschätzen, ob ein spezifisches Wissens-, Informations- oder Entscheidungsunterstützungssystem für den Managementalltag geeignet ist. So wird in allen Büchern über Entscheidungstheorie akribisch der Frage

37

nachgegangen, wie man besser entscheiden kann, aber kaum eines dieser Bücher beschäftigt sich mit der Frage, wie die Arbeitswelt aussieht, in der entschieden wird. Dadurch entsteht der Eindruck, dass Entscheidungen wie *in einem luftleeren Raum* oder innerhalb eines aseptischen Labors getroffen werden. Entscheidungen werden aber oft unter Zeitdruck, manchmal im Vorbeigehen und manchmal nach erfolgreicher Bewältigung von Konflikten getroffen. Einer der herausragendsten Wissenschafter auf dem Gebiet der Managementforschung ist Henry Mintzberg und die Ausführungen in diesem Kapitel sind angelehnt an sein empfehlenswertes Werk „Mintzberg über Management – Führung und Organisation. Mythos und Realität" (MINTZBERG, 1991). Der erste Schritt zu mehr Effektivität ist ein tieferes Verständnis in das Wesen der eigenen Arbeit: *„Die Effektivität des Managers hängt entscheidend von seinen Einsichten in seine eigene Arbeit ab. Seine Leistung hängt davon ab, wie gut er die Zwänge und Dilemmata seiner Tätigkeit versteht und darauf reagiert"* (MINTZBERG, 1995, 36). Was versteht man aber unter einem Manager bzw. einer Managerin?

ManagerInnen (Führungskräfte) sind Personen, „die die Verantwortung für eine Organisation oder eine ihrer Untereinheiten haben" (MINTZBERG, 1991, 28). Geschäftsführer, Abteilungsleiter, Vorstände, Bischöfe, Trainer von Fußballmannschaften, Parteifunktionäre und Bundeskanzler stellen also verschiedene Managementrollen dar. Allen gemein ist, dass sie die formale Autorität über eine organisatorische Einheit besitzen und davon abgeleitet einen bestimmten Status besitzen, der ihnen Zugang zu Informationen ermöglicht, den ihre Mitarbeiter z.T. nicht haben.

Mintzberg leitete von seinen Untersuchungen *10 Rollenbildern des Managers* ab und identifizierte eine *Reihe von Mythen*, die weit von der Realität des Berufsalltags entfernt sind. Drei wesentliche Mythen werden wir im Folgenden näher erläutern.

Erster Mythos: *Manager sind bewusste, systematische Planer.*

Realität: Die häufigsten Tätigkeiten von Managern sind charakterisiert durch Kürze, Fragmentierung und Vielfalt. Manager sind eindeutig *handlungsorientiert* und widmen reflektierenden Tätigkeiten weniger Zeitbudget. Die Pläne der Manager existieren hauptsächlich in ihren Köpfen als flexible aber oft sehr genaue Absichten. Manager müssen einen Großteil ihrer Zeit der Reaktion auf unvorhergesehene Ereignisse widmen (Katastrophenmanagement). Margaret Thatcher formulierte daraus ein eigenes Gesetz „Thatcher's Law: the unexpected happens!" (YERGIN, 1999).

Belege:

- Eine Studie über 160 Manager aus dem Top- oder Mittelmanagement bestätigt, dass Manager kaum Zeit finden, ungestört arbeiten zu können. In der erwähnten Studie fanden die beobachteten Manager nur alle zwei Tage Zeit für eine halbe Stunde oder länger ohne Unterbrechung zu arbeiten.
- Eine andere Untersuchung ermittelte, dass *die Hälfte* aller Tätigkeiten *weniger als neun Minuten* dauerte. Nur 10% aller Tätigkeiten dauerten länger als eine Stunde.
- Eine Studie über 56 amerikanische Meister ergab, dass sie pro Arbeitstag 583 unterschiedliche Tätigkeiten verrichteten, also alle 48 Sekunden eine andere Tätigkeit.

Zweiter Mythos: Der effiziente Manager hat keine regulären Verpflichtungen zu erfüllen. Unter regulären Pflichten versteht man den Empfang von Kunden, repräsentative Aufgaben, Teilnahme an Verhandlungen usw.

Realität: Die Arbeit des Managers schließt sehr wohl eine Reihe von regulären Pflichten ein wie z.B. Rituale, Zeremonien und Verhandlungen. Besondere Bedeutung hat der Zugang zu und die Verarbeitung von weichen Informationen über die Organisation und ihre Umwelt.

Belege:

- Bestimmte zeremonielle Tätigkeiten wie das Halten von Festreden, das Treffen von Honoratioren, das Verleihen von Ehrenurkunden, der Vorsitz bei Festessen sind elementarer Bestandteil der Tätigkeit von Topmanagern. Es handelt sich dabei oft um Routineangelegenheiten, die nicht übertragen werden können, die aber keine großen Entscheidungen betreffen. Dennoch sind sie wichtig, um den reibungslosen Ablauf einer Organisation zu gewährleisten.
- Eine Studie über Vertriebsleiter und das obere Management ergab, dass sie hauptsächlich mit Kontakten zu wichtigen Kunden beschäftigt waren.
- Leiter von kleinen Unternehmen sind aufgrund des Personalmangels sehr stark mit Routinetätigkeiten befasst.

Dritter Mythos: *Führungskräfte in Spitzenpositionen brauchen aggregierte Informationen, die ihnen am besten durch ein Management-Informationssystem zur Verfügung gestellt werden.* Hinter diesem Mythos steht das Bild, dass Manager feudalen Herrschern gleich am Kopf einer Hierarchie sitzen und per Knopfdruck über ein elektronisches Management-Informationssystem (MIS) alle relevanten Informationen in verdichteter Form automatisch abrufen können.

Realität: Führungskräfte bevorzugen im Gegensatz dazu die *mündliche Kommunikation*. Sie verwenden überwiegend fünf Kommunikationsmedien – Unterlagen, Telefongespräche, E-mail, plan- und außerplanmäßige Termine und Besichtigungen. Die Favoriten in dieser Liste sind eindeutig das Telefon und persönliche Begegnungen. Weiters legen sie sehr großen Wert auf „weiche" Informationen wie Klatsch, Gerüchte und Spekulationen. Diese Informationen erfüllen für sie eine Frühwarnfunktion. Bevor in den Zeitungen etwas über zukünftige Marktereignisse, Übernahme gefährlicher Konkurrenten oder neue gesetzliche Rahmenbedingungen gedruckt wird, wissen es gut informierte

Führungskräfte bereits über ihr persönliches *Informationsnetzwerk*.

Belege:
- Nach zwei englischen Untersuchungen verwenden Führungskräfte 66 bis 80 Prozent ihrer Zeit für mündliche Kommunikation.
- Die Erledigung der Post und das Durchsehen standardisierter Geschäftsberichte („Das seh' ich mir nie an") wird als Last angesehen. Bei der Post nicht ganz zu Unrecht, nur 13 Prozent ist von speziellem und unmittelbarem Nutzen (vgl. MINTZBERG, 1995, 27).
- Im Verlauf der Studie von Mintzberg bekamen die untersuchten Manager vierzig Standardberichte. Nur auf zwei Standardberichte wurde von den Managern schriftlich geantwortet. Innerhalb von 25 Tagen erhielten die Topmanager 104 periodische Berichte, die sie innerhalb von Sekunden quasi rituell überflogen.

Diese Befunde führen deutlich vor Augen, dass zeitaufwändige komplizierte Wissens- und Entscheidungsunterstützungssysteme in der Praxis auf wenig bis gar keine Gegenliebe stoßen werden. „Angesichts der Fakten über die Tätigkeit von Managern können wir sehen, dass ihre Arbeit enorm kompliziert und schwierig ist. Der Manager ist mit Verpflichtungen überlastet. Er kann jedoch seine Aufgaben nicht einfach delegieren. Deshalb muss er sich überarbeiten und ist gezwungen, vieles oberflächlich zu erledigen. *Kürze, Fragmentierung* und *mündliche Kommunikation* kennzeichnen seine Arbeit" (MINTZBERG, 1995, 28). Das Dilemma ist, dass genau diese Symptome eine wissenschaftliche Auseinandersetzung mit der Managementtätigkeit bisher verhinderten. Die Wissenschaft konzentriert sich lieber auf die Verbesserung spezieller Funktionen innerhalb der Organisationen, vor allem solche, die die Anwendung quantitativer Verfahren ermöglicht. Wie reagieren aber Führungskräfte auf dieses Arbeitsumfeld? Aus einer evolutionären Sichtweise heraus könnte man auch fragen, wie passen sie sich diesem Arbeitsumfeld an, um bestmöglich zu *„überleben"*? Sie entwickeln Verhaltensmuster oder „Verhaltenssets". Mintzberg spricht auch von „Rollenbildern". Er identifizierte 10 wesentliche Rollen, wobei vier eindeutig entscheidungsorientiert sind (vgl. MINTZBERG, 1995, 28ff.).

Tabelle 2: Die Rollenbilder des Managers nach MINTZBERG (1995, 30)

Formale Autorität und Status		
Zwischenmenschliche Rollen	Informationsrollen	Entscheidungs-orientierte Rollen
1. Repräsentant	4. Monitor	7. Unternehmer
2. Führer	5. Verteiler	8. Krisenmanager
3. Kontaktperson	6. Sprecher	9. Ressourcenzuteiler
		10. Unterhändler

Diese 10 Rollentypen kann man, wie in obiger Abbildung zu sehen ist, drei Kategorien zuordnen: den *zwischenmenschlichen* Rollen, den *informations-* und den *entscheidungsorientierten* Rollen. Die Rollenbilder des Managers leiten sich, wie bereits in der Definition erwähnt, von seiner formalen Autorität und seinem Status ab, der ihm wiederum Zugang zu bestimmten (oft *weichen*) Informationen verschafft. Diese Informationen versetzen ihn in die Lage, für sein Unternehmen wesentliche Entscheidungen treffen zu können.

7.1 Führungskraft als Pfleger zwischenmenschlicher Beziehungen

In der Kategorie der *zwischenmenschlichen Rollen* ist der Manager je nach Situation *Repräsentant* seiner Organisation, *Führer* seiner Mitarbeiter oder informelle *Kontaktperson*. Wenn ein Vorstandsmitglied an einem Festbankett teilnimmt, ein Fußballtrainer zur Hochzeit eines Teamspielers kommt, ein Bürgermeister eine neue Brücke eröffnet, handelt es sich um Manager, die ihren repräsentativen Aufgaben nachkommen. Eine Untersuchung ermittelte, dass Manager rund 12% ihrer Zeit für repräsentative Zwecke verwenden. Dieser Wert schwankt aber sicherlich je nach Berufssparte.

In seiner *Führungsrolle* kümmert er sich um die Auswahl zukünftiger Mitarbeiter, die Zusammensetzung neuer Projektteams oder um die Weiterbildung und Motivation der vorhandenen Mitarbeiter. Als *Kontaktperson* wiederum pflegt er informelle Kontakte zu einer Vielzahl unterschiedlicher Personen wie z.B. Mitarbeitern, Kunden, Vorgesetzten, Lieferanten, Politikern, Geschäftspartnern, Managern anderer Firmen usw. Die Rolle der Kontaktperson dient dem Aufbau eines eigenen externen Informationsnetzwerks, welches informell, privat, mündlich und sehr effektiv ablaufen kann. Interessanterweise widmet der Manager innerhalb dieser Rolle die wenigste Zeit seinen Vorgesetzten. Betrachtet man die Kontaktzeit als ganzes, so werden 45% dieser Zeit mit Mitarbeitern, 45% mit Kollegen und Personen außerhalb des Unternehmens und nur 10% mit Vorgesetzten verbracht (vgl. Mintzberg, 1995, 30).

7.2 Führungskraft als Informationsdrehscheibe

Als *Informationsdrehscheibe* innerhalb seiner Abteilung oder seines Unternehmens übernimmt der Manager Funktionen des *Monitorings*, des *Verteilens* und des *Präsentierens von Wissen*. Als *Monitor* sammelt er ständig Informationen über seine Umwelt, saugt Gerüchte auf, kennt den aktuellen Tratsch und stellt Spekulationen über zukünftige Entwicklungen an. Aufgrund seines informellen Informationsnetzwerks und seiner Stellung hat er im Vergleich zu seinen Mitarbeitern einen Vorteil bei der Informationsbeschaffung. Als *Verteiler* ist es seine Aufgabe unternehmensrelevante Informationen, die er in seiner Funktion als Monitor gesammelt hat, an seine Mitarbeiter weiterzugeben. Diese Aufgabe ist besonders schwierig und zeitaufwändig. Wie soll man seine Mitarbeiter darüber informieren, dass beim Kunden A das Thema Golf als Eisbrecherthema vor Sitzungen anzuschneiden ist, dass Kunde B auf gar keinen Fall chinesisches Essen verträgt und dass Kunde C an ihn gerichtete E-mails so gut wie niemals beantwortet? 40% ihrer Zeit widmen Führungskräfte ausschließlich der Informationsweitergabe.

In seiner Rolle als *Sprecher* gibt er Informationen außerhalb seiner Organisationseinheit weiter. Vor allem Topmanager haben viel Zeit in diese Rolle zu investieren. So gilt es den Aufsichtsrat oder die Aktionäre über die Leistungen des vergangenen Jahres zu informieren, Konsumentenschützer müssen darüber informiert werden, ob gentechnisch veränderter Organismen in den Produkten des Unternehmens vorhanden sind oder wie viele Jahre die Nutzungsdauer des soeben fertig gestellten Kernreaktors beträgt usw. Besonders für diese Rolle können Methoden des WM zum Einsatz gelangen.

7.3 Führungskraft als Entscheidungsträger

Sowohl die *zwischenmenschlichen Rollen* als auch die *Informationsrollen* und der Umgang mit Wissen dienen letztendlich dem Zweck, den Boden für Entscheidungen aufzubereiten. Die wesentlichste aller Funktionen des Managers ist demnach seine Rolle als *Entscheidungsträger* (siehe Kapitel B4, S. 107ff.). Durch seine formale Autorität kann nur er seiner Abteilung wesentliche neue Handlungsrichtungen vorgeben. Als Informationsdrehscheibe hat er alle wesentlichen Informationen, um Entscheidungen treffen zu können. Dabei trifft er seine Entscheidungen in vier wesentlichen Rollen nämlich als *Unternehmer*, als *Krisenmanager*, als *Ressourcenzuteiler* und als *Unterhändler*. Als *Unternehmer* trifft er Entscheidungen, die die Position seiner Abteilung stärken und verbessern sollen. Seine Entscheidungen helfen dem Unternehmen flexibel auf die sich ständig ändernden Umweltbedingungen zu reagieren. Durch seine Informationsrolle als Monitor hat er einen Überblick über neue Ideen und kann diese bei Bedarf aufgreifen, um neue Projekte zu *unternehmen*. Die von Mintzberg beobachteten Topmanager koordinierten rund 50 Projekte gleichzeitig. Ständig waren sie damit beschäftigt neue Projekte zu initiieren, alte einzustellen, ins Stocken geratene mit neuem Schwung zu versehen. Die Spannweite der betreuten Projekte umfasste Produktentwicklungen, Verfahrensverbesserungen, PR-Kampagnen, Übernahme eines Konkurrenten, Maßnahmen gegen Mobbing im Unternehmen usw. Als Unternehmer steuert der Manager somit *aktiv* die zukünftige Entwicklung seines Unternehmens.

Weder als Repräsentant noch als Kontaktperson benötigen Manager Entscheidungsunterstützungssysteme (Decision Support System, DSS; siehe Teil B, S. 71ff.). Auch für die Rolle als Informationsdrehscheibe sind DSS eher sekundär (sehr wohl aber WM-Methoden). Insbesondere in der Rolle als Führungskraft, als Entscheidungsträger, können DSS wirkungsvoll eingesetzt werden. Das folgende Fallbeispiel soll dies verdeutlichen.

Fallbeispiel 4

Für die *Auswahl von Mitarbeitern* ist ein entsprechendes DSS ein äußerst nützliches Werkzeug. Sehen wir uns zur Illustration ein Beispiel aus der Praxis an. Ein Dienstleistungsunternehmen, welches auf das Angebot von EDV-Seminaren spezialisiert ist, benötigte regelmäßig neue Trainer, da die meisten von diesen Studenten waren, die bei Abschluss des Studiums für weitere Schulungen nicht mehr zur Verfügung standen. Der Auswahlvorgang lief folgendermaßen ab: Die Bewerber mussten zu einem vorgegebenen Thema eine fiktive EDV-Schulung vor Angestellten des Unternehmens abhalten. Anschließend wurden in einer Gruppendiskussion über eventuelle Neuaufnahmen entschieden. Da es schon vorkommen konnte, dass bis zu 30 Bewerber zu beurteilen waren, war es im Nachhinein oft sehr schwer, eine

Auswahl zu treffen, die auch jene berücksichtigte, deren Vorträge schon etwas länger zurück lagen. So entschloss man sich versuchsweise, die nächsten Bewerber mit Hilfe eines DSS auszuwählen. Man entwickelte ein Beurteilungsmodell mit fünf Kriterien: Praxiserfahrung, persönliche Ausstrahlung und Rhetorik, theoretische Kenntnisse, zeitliche Verfügbarkeit, Aufbereitung der schriftlichen Unterlagen und vorhandene Zusatzqualifikationen wie Fremdsprachen, eigener PKW usw. Die folgende Abbildung zeigt neben den erwähnten Kriterien auch die ermittelten Gewichte derselben.

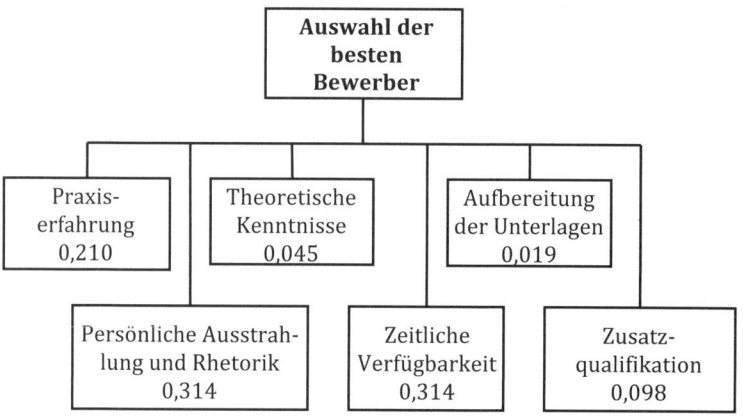

Abbildung 7: Auswahl der besten Bewerber

Die Kriterien „persönliche Ausstrahlung und Rhetorik" und „zeitliche Verfügbarkeit" stellten mit je 31,4% die beiden wichtigsten Kriterien dar. An dritter Stelle wurde das Kriterium „Praxiserfahrung" mit 21% vor „Zusatzqualifikationen" mit rund 10% gereiht. „Theoretische Kenntnisse" sowie „Aufbereitung der Unterlagen" waren am unbedeutendsten. Die Beurteilung der Bewerber wurde während der Präsentation von den Angestellten in spezielle Fragebögen eingetragen. Die Fragebögen wurden anschließend in ein Tabellenkalkulationsprogramm eingegeben, von wo aus man sie einfach in das DSS importieren konnte, um anschließend die besten Bewerber zu ermitteln (siehe Kapitel C5.1, S. 259). Diese Vorgangsweise birgt mehrere Vorteile in sich: Erstens wird der Auswahlvorgang durch die Definition von Kriterien und deren Gewichtung objektiver und transparenter. Zweitens ist es möglich einen Gruppenentscheidungsprozess durchzuführen, unabhängig von Gruppendynamik und der Beeinflussung von Opinion Leaders und drittens kann selbst eine große Zahl von Bewerbern rasch und effizient beurteilt werden.

8 Kommunikation und virtuelle Teamarbeit

Wie die Erkenntnisse zu den verschiedenen Rollen von Führungskräften zeigen, haben sehr viele dieser Rollen mit dem Thema „Kommunikation" zu tun. Deshalb beschäftigen wir uns im Folgenden mit den „Kommunikationsgesetzen nach Watzlawick", insbesondere im Zusammenhang mit der nicht-persönlichen Kommunikation und virtueller Teamarbeit, da hierbei eine Kommunikation abseits klassischer Kommunikationsformen initiiert wird. Primär geht es dabei um die grundsätzlichen Aussagen zu den Kommunikationsaxiomen.

Kommunikation ist ein essenzieller Bestandteil und die wesentliche Grundlage für erfolgreiches Wissensmanagement. Von den verschiedenen Kommunikationsmodellen in den Sozialwissenschaften sei stellvertretend jenes von SCHULZ VON THUN (1991) entwickelte, integrative Modell genannt (vgl. BORTZ und DÖRING, 1995, 338). Nach diesem Modell setzt sich jede Nachricht, jede Mitteilung aus vier Dimensionen zusammen:

- dem Sachinhalt der Mitteilung
- dem Beziehungsaspekt zwischen Sender und Empfänger
- der Selbstoffenbarung des Senders und
- dem Appell an den Empfänger

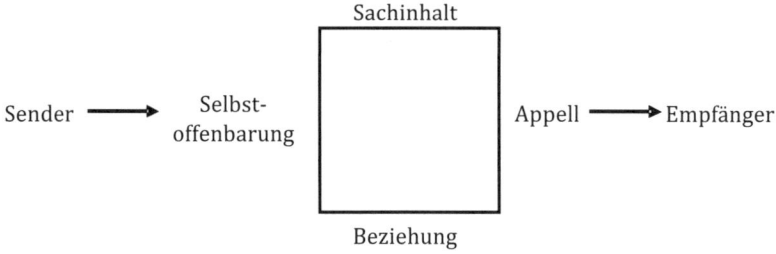

Abbildung 8: Kommunikationsmodell
Quelle: Schulz von Thun (1991)

Das Kommunikationsmodell nach Schulz von Thun (1991) verdeutlicht die Multidimensionalität der zwischenmenschlichen Kommunikation. Generell wird in den Sozialwissenschaften die Ansicht vertreten, dass die Beziehungsebene einer Mitteilung den Sachinhalt entscheidend beeinflusst (vgl. Gronover et al., 2002); die neuesten Erkenntnisse zur Team-Forschung weisen in dieselbe Richtung.[11]

Die Forschungsergebnisse werden innerhalb der nächsten Unterkapitel strukturiert nach den fünf Kommunikationsaxiomen von Watzlawick et al. (2003) dargestellt. Die fünf Kommunikationsaxiome nach Watzlawick et al. (2003, 50ff.) lauten:

- Man kann nicht *nicht* kommunizieren.
- Jede Kommunikation hat einen Inhalts- und Beziehungsaspekt. Der Beziehungs- bestimmt den Inhaltsaspekt.

---

[11] Der Verdienst, die Kommunikationsaxiome von Watzlawick et al. (2003) zur Analyse von computer-mediierter Kommunikation zu verwenden, gebührt Gronover et al. (2002) und Senger et al. (2002). Deren Fokus liegt aber auf der Analyse des multimedialen Kundenbeziehungsmanagements. In der vorliegenden Arbeit werden die Kommunikationsaxiome im Verhältnis zu Forschungsergebnissen aus dem Bereich virtuelle Teamarbeit, Psychologie und CSCW-Forschung diskutiert.

- Kommunikation besteht aus digitalen und analogen Modalitäten.
- Kommunikationssequenzen folgen einer bestimmten Interpunktion.
- Kommunikation verläuft entweder symmetrisch oder komplementär.

8.1 Auswirkungen der „Nicht-Kommunikation"

Personen, die sich im selben Raum befinden, interagieren ständig miteinander, auch durch Gesten und Mimik, und können aus diesem Grunde nicht verhindern, dass sie zumindest durch ihre Körpersprache kommunizieren. Aus diesem Sachverhalt resultiert die geläufige Formulierung „keine Antwort ist auch eine Antwort". Dies trifft besonders für die Kommunikation via E-mail zu. Stillschweigen auf eine E-mail-Nachricht während einer Projekt-Collaboration kann beispielsweise eine der folgenden Bedeutungen haben (vgl. CRAMTON, 2002, 362): „Ich stimme zu. Ich bin entschieden dagegen. Es ist mir gleichgültig. Ich bin verreist. Ich habe technische Probleme. Ich weiß nicht, wie ich auf dieses sensible Problem reagieren soll. Ich bin mit anderen Dingen beschäftigt. Ich habe Ihre Frage nicht bemerkt. Ich war mir nicht bewusst, dass Sie eine Antwort erwarten".

Diese Vielzahl an Bedeutungen zeigt, wie groß die Gefahr von Missverständnissen sein kann. Als Folge dieser Missverständnisse kann es zu einem Vertrauensverlust kommen, der wiederum die Projekt-Collaboration gefährden kann.

Besonders problematisch ist es, wenn das Stillschweigen eines Kommunikationspartners fälschlicherweise als Zustimmung gedeutet wird, wie das folgende Interviewprotokoll bestätigt: „We issue them in email format to the contractor, then we post it on the Extranet and people at the client who are supposed to get notified get notified by the system that it's on there. ... We never hear anything back ... From our point of view it just means that we can get on and agree between ourselves and the contractor what we are doing and we're getting on and building it. Doubtless the client will come back eventually and say we didn't want that, and we'll just say, well it was on the Extranet you should have told us" (SAPSED et al., 2003, 21).

In Zusammenhang mit der Problematik des Stillschweigens steht der Sachverhalt, dass es bei computer-mediierter Kommunikation weitaus aufwändiger ist, rasches *Feedback* zu geben. Feedback in Face-to-Face-Meetings besteht aus Kopfnicken, kurzen verbalen Signalen wie „m-hmmm" „Ja", „Okay", Lächeln und so fort. Diese nonverbalen und verbalen Signale zeigen dem Sender, dass er verstanden wird (vgl. CRAMTON, 2001, 348). Bei computer-mediierter Kommunikation gehen diese spontanen Feedback-Möglichkeiten verloren. Wie ein Teammitglied aus einer Projekt-Collaboration aussagekräftig bemerkt: „With so much information going back and forth, it was difficult for my teammates to absorb every detail. ... Because I couldn't 'see' if the receiver was paying attention, I didn't know if my message had to be repeated" (CRAMTON, 2002, 361).

Andere Gründe für Feedback-Probleme können ungenügende Internetanbindung oder unterschiedliche Feedback-Zyklen sein, die z.B. durch die intensive Reisetätigkeit eines Mitglieds hervorgerufen wird. Sind sich die anderen Teammitglieder dieser kontextualen Information nicht bewusst, dann kann dies zu Unstimmigkeiten führen.

Mangelndes Feedback über computer-mediierte Kommunikation wird aber zum Teil mithilfe anderer Kommunikationsmedien ausgeglichen. SAPSED et al. (2003) konnten beobachten, dass im Zuge einer Projekt-Collaboration 30% der Einträge im Diskussionsforum eines Extranets „verwaist" waren, d.h. es gab im Diskussionsforum keine Reaktionen auf diese Einträge. Rückfragen ergaben, dass die Antworten via Telefon mitgeteilt worden sind.

Für die Projekt-Collaboration kann man aus dem ersten Axiom ableiten, dass die Teilnehmer sich bewusst sein sollten, dass eine unterlassene Rückmeldung auf eine E-mail-Nachricht zu Missverständnissen, Verärgerung oder ungewollten Entscheidungen führen kann. Im Falle der längeren Abwesenheit von Mitarbeitern durch Urlaub oder Ähnliches sollte diese nicht nur im Vorhinein mitgeteilt werden, sondern eine automatische E-mail-Antwort mit Information über die Dauer der Abwesenheit an den Sender zurückgeleitet werden. Für wichtige Entscheidungen muss es die klare Regel geben, dass diese nur nach expliziter Bestätigung getroffen werden dürfen.

8.2 Inhalts- und Beziehungsaspekt der Kommunikation

Jede Form der Kommunikation übermittelt zwei Arten von Informationen, einerseits die Sachinformation und andererseits die Information über die Information. Im Sinne der logischen Typenlehre handelt es sich im zweiten Fall um Metainformation. „Der *Inhalts*aspekt vermittelt die 'Daten', der *Beziehungs*aspekt weist an, wie diese Daten aufzufassen sind" (WATZLAWICK et al., 2003, 55ff.). Der Beziehungsaspekt determiniert den Inhaltsaspekt.
Vertrauen ist als Beziehungsfaktor unabdingbar für erfolgreiche Zusammenarbeit und Wissenstransfer. Interessanterweise ist aber gerade bei computer-mediierter Kommunikation Vertrauen nicht ohne weiteres etablierbar. Bei einem Gefangenen-Dilemma-Experiment sollten Teilnehmer Investitionsstrategien koordinieren. Das Experiment ergab, dass kein kooperatives sondern nur opportunistisches Verhalten zustande kam, wenn zur Koordination ausschließlich ein textbasierter Chat verwendet wurde. Wenn den Teilnehmern vor Start des Experiments die Gelegenheit zu einem persönlichen Treffen gegeben wurde, dann entwickelte sich im Anschluss kooperatives Verhalten (vgl. ROCCO, 1998; zit. nach OLSON und OLSON, 2000).
WATZLAWICK et al. (2003, 63) vermuten, dass es sich beim Beziehungsaspekt und beim analogen Modus der Kommunikation (siehe Kapitel A8.3) um ein Erbe archaischer Entwicklungsstufen handelt, welches tief in unseren menschlichen Verhaltensweisen verankert ist. Diese Sichtweise wird auch von Vertretern der

Evolutionspsychologie und der Neurologie geteilt (vgl. PINKER, 2002). Jeder wahrgenommene Reiz wird zuerst im Limbischen System verarbeitet und von dort an das Großhirn, den Sitz des Bewusstseins, weitergegeben. Evolutionsbiologisch gesehen existierte das Limbische System bereits lange vor der Entwicklung des Großhirns. Das Limbische System – von manchen auch als „emotional brain" bezeichnet – ist für die Bildung von Gefühlen wie Angst, Zorn, Sympathie, Aggression etc. verantwortlich (vgl. COWLEY und KALB, 2003, 43). Auf der Verhaltensebene begründen die Evolutionspsychologen die Dominanz der Emotionen durch zunächst erlernte und anschließend genetisch verankerte Verhaltensweisen der Steinzeitmenschen. „And Stone Age people, at the mercy of wild predators or impending natural disasters, came to trust their instincts above all else. That reliance on instinct undoubtedly saved human lives, allowing those who possessed keen instincts to reproduce. So for human beings, no less than for any other animal, *emotions are the first screen to all information received"* (NICHOLOSON, 1998, 138; Hervorh. durch den Verf.).

Die Dominanz der Emotionen auf unsere Wahrnehmung und unser Verhalten hat entscheidende Auswirkungen auf das Management von Unternehmen und das Wissensmanagement. Die beste Technologie und die beste Usability wird nichts an dem Umstand ändern, dass gewisse Verhaltensweisen tief in den Akteuren verankert sind.[12] Nicht umsonst ist im Alltag häufig die Redewendung zu hören, dass „die Chemie zwischen den Teilnehmern stimmen muss". Das gilt sowohl für herkömmliche Teamarbeit, aber noch viel mehr für die virtuelle Teamarbeit, wo durch den Einsatz elektronischer Kommunikationsmittel die Gefahr von Missverständnissen weitaus größer ist.

---

[12] „You can take the person out of the Stone Age, evolutionary psychologists contend, but you can't take the Stone Age out of the person" (NICHOLSON, 1998, 135).

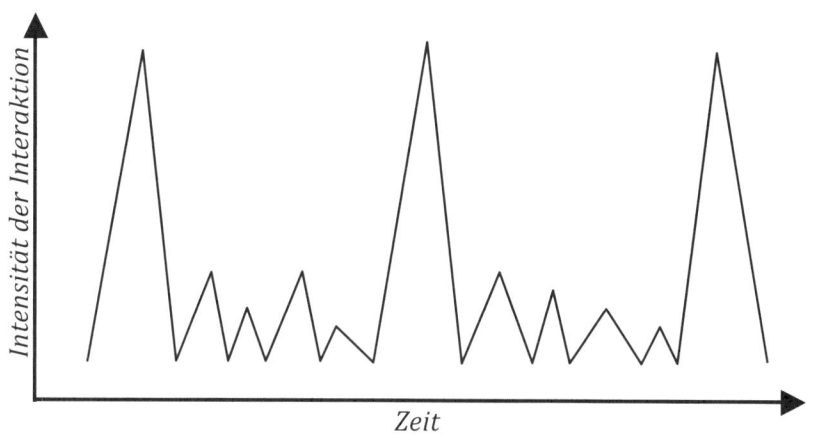

Abbildung 9: Beispiel eines effektiven Rhythmus
Quelle: MAZNEVSKI und CHUDOBA (2000, 488)

Face-to-Face-Meetings haben gemäß der Studie von MAZNEVSKI und CHUDOBA (2000, 485) zwei zentrale Aufgaben zu erfüllen. Erstens die Bearbeitung von komplexen Entscheidungsproblemen und zweitens die Pflege der Beziehungen zwischen den Teammitgliedern. „The most difficult challenge for these global virtual teams was managing social interaction and relationship building rhythmically" (MAZNEVSKI und CHUDOBA, 2000, 488). Die regelmäßigen Face-to-Face-Meetings erfüllen die Funktion eines *Impulsgebers,* der die intermittierenden Phasen virtueller Arbeit fördert.

Die „Halbwertszeit des Vertrauens" bedingt, dass das einmal etablierte Vertrauen von Zeit zu Zeit aufgefrischt werden muss (vgl. BOUTELLIER et al., 1998, 24). Abbildung 9 zeigt einen effektiven Arbeitsrhythmus. Darin stellen die Phasen intensiver Interaktion die Face-to-Face-Meetings dar und die weniger intensiven Phasen repräsentieren mediengestützte Kommunikation.

8.3 Digitale und analoge Modalitäten der Kommunikation

„Digitale Kommunikationen haben eine komplexe und vielseitige logische Syntax, aber eine auf dem Gebiet der Beziehungen unzulängliche Semantik. Analoge Kommunikationen dagegen besitzen dieses semantische Potential [sic!], ermangeln die aber für eindeutige Kommunikationen erforderliche logische Syntax" (WATZLAWICK et al., 2003, 68). Digitale Kommunikation bedient sich der mündlichen oder schriftlichen Sprache und bedingt eine semantische Übereinkunft für die Beziehung zwischen Wort und Objekt (designatum). Dass die fünf Buchstaben k, a, t, e und r ein Tier bezeichnen, ist ein rein zufälliger und willkürlicher Sachverhalt, auch wenn ein Etymologe eine Geschichte dieses Begriffes skizzieren könnte[13] (vgl. WATZLAWICK et al., 2003). Digitale Kommunikation spielt eine Rolle, wenn explizites Wissen vermittelt wird und ist weitaus komplexer, vielseitiger und abstrakter als analoge. Vor allem gibt es in der analogen Kommunikationsform nichts, das einer logischen Syntax entspricht. Relationen wie „wenn – dann", „entweder – oder" existieren in der analogen Kommunikation nicht. Demzufolge ist die Vermittlung abstrakter Begriffe durch analoge Kommunikation sehr schwierig (vgl. WATZLAWICK et al., 2003, 66).

Analoge Kommunikation verwendet multiple Kommunikationsmittel, die alle menschlichen Sinne wie Körpersprache, Tonhöhe, äußeres Erscheinungsbild, Blickkontakt, Gerüche. Allgemeine Zeichengebärden können selbst von Personen fremder Kulturen verstanden werden. WATZLAWICK et al. (2003, 63) schließen demgemäß: analoge Kommunikation hat „... ihre Wurzeln in viel archaischeren Entwicklungsperioden und besitzt daher eine

---

[13] „Das Wort [Kater] ist lautlich und morphologisch rätselhaft. Seine Bildung verweist auf hohes Alter ... . Herkunftssprache unklar, die Lautform nordafrikanischer Sprachen klingt an" (KLUGE, 1995, 432).

weitaus allgemeinere Gültigkeit als die viel jüngere und abstraktere digitale Kommunikationsweise".

Management-Forscher verwenden ähnlich zur analogen Kommunikation das Konstrukt „Rich Personal Interaction" (RPI) und gehen von dem hypothetischen Zusammenhang aus, dass intensive persönliche Interaktion vertrauensbildend wirke[14]: „Rich personal interaction, consisting of direct, frequent, and informal interaction among members, will influence the trust in team orientation of other members positively, which in turn is related positively to the efficiency and effectiveness with which embedded knowledge is converted to embodied knowledge" (MADHAVAN und GROVER, 1998, 6). Dies kann als Bestätigung der Theorie von WATZLAWICK et al. (2003) über die vertrauensfördernde Kraft analoger Kommunikation gesehen werden. Sowohl die Informationsredundanz als auch die RPI fördern die Bildung von *Vertrauen in die Teamorientierung der Teammitglieder*. Letztere Form des Vertrauens wird definiert als wechselseitiger Glaube daran, dass die Intentionen und Arbeitsweisen der anderen mehr auf die Erreichung der Teamziele gerichtet sind als auf die Verwirklichung individueller oder funktionaler Ziele. Diese Form des Vertrauens stellt einen kritischen Erfolgsfaktor interfunktionaler und interorganisationaler Teams dar. Mangelndes Vertrauen in die Teamorientierung der anderen Teammitglieder führt zu einem Zurückhalten von Informationen und einem Einsatz von Ressourcen entgegen den ursprünglichen Teamzielen (vgl. MADHAVAN und GROVER, 1998, 5).

---

[14] Eine quantitative Überprüfung dieser Zusammenhänge ist noch ausstehend. Die Hypothesen von MADHAVAN und GROVER (1998) resultieren aus theoretischer Exploration und qualitativen Interviews.

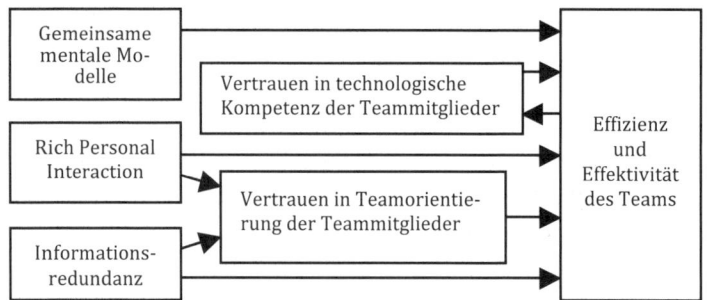

Abbildung 10: Einfluss von RPI, Informationsredundanz, mentalen Modellen und Vertrauen auf Teameffizienz und Teameffektivität

Quelle: MADHAVAN und GROVER, 1998, 7 [15]

Hervorzuheben ist der Faktor „Vertrauen in die technologische Kompetenz der Teammitglieder". Diese Form des Vertrauens wurde von keiner der bereits diskutierten Studien explizit erwähnt. Es handelt sich dabei um eine kognitive Komponente des Vertrauens. Technologische Kompetenz weist eher explizite denn implizite Wissenskomponenten auf, da sie von anderen beobachtet und beurteilt werden kann. Definiert wird Vertrauen in die technologische Kompetenz von Teammitgliedern als wechselseitiger Glaube daran, dass Teammitglieder fachbereichsspezifische Aufgaben selbstständig lösen oder einer Lösung durch andere zuführen können. Zu Anfang eines Projektes werden wahrscheinlich vorhandene Leistungsbeurteilungen zur Abwägung der technologischen Kompetenz der einzelnen Mitglieder herangezogen.

Mit Fortdauer eines Projektes tragen die beobachtbaren Leistungen der einzelnen Teammitglieder zur Vertrauensbildung in die technologische Kompetenz bei (vgl. MADHAVAN und GROVER, 1998, 6). MADHAVAN und GROVER (1998) nehmen an, dass sich diese Form des Vertrauens mit der Teameffizienz und Teamef-

---

[15]   Teil des Modells von MADHAVAN und GROVER (1998)

56

fektivität in einer positiven iterativen Rückkoppelungsschleife befindet. Jeder Beitrag eines Teammitglieds zum Voranschreiten des Projektes fördert die Teameffizienz und -effektivität und wirkt gleichzeitig positiv zurück auf das Vertrauen der anderen in die technologische Kompetenz dieses Mitglieds. Von einem Managementstandpunkt aus ist es empfehlenswert, schon zu Projektbeginn früh erreichbare Zwischenziele zu formulieren, um das wechselseitige Vertrauen in die technologische Kompetenz aller Beteiligten zu fördern und einen sich selbst verstärkenden Prozess in Bezug auf die Teameffizienz und Teameffektivität zu initiieren.

In enger Beziehung zu RPI stehen noch zwei weitere wichtige Konstrukte: gemeinsame mentale Modelle und die Informationsredundanz. Eine Wechselwirkung dieser Konstrukte erscheint plausibel, auch wenn MADHAVAN und GROVER (1998) eine solche nicht explizit annehmen. Wie bereits erwähnt, bezeichnet *Informationsredundanz* ein Kommunikationsverhalten, bei welchem die Kommunikationspartner mehr Informationen weitergegeben, als unbedingt zur Erledigung einer Aufgabe notwendig wäre; alltagssprachlich versteht man darunter einen offenen Kommunikationsstil. Auf die inhaltliche Übereinstimmung der Konstrukte *gemeinsame mentale Modelle* und Common Ground wurde bereits hingewiesen.

Obenstehende Abbildung unterstreicht erneut, dass virtuelle Teams, die zur Gänze medien-gestützt kommunizieren, vor großen Herausforderungen bezüglich der Etablierung gemeinsamer mentaler Modelle und der Entwicklung von gegenseitigem Vertrauen stehen. Wenn RPI als vertrauensfördernder Faktor wegfällt, muss sichergestellt sein, dass zumindest offen kommuniziert wird.

Dass Videokonferenzen ein Mittel zum Aufbau von Vertrauen ohne vorangegangene Face-to-Face-Meetings sein können, wird bezweifelt. Dieses Ergebnis deckt sich mit GRONOVER et al. (2002, 26) und MÜHLFELDER et al. (1999). Deren Untersuchungen zeigten, dass die Vertrauensbildung zwischen einander unbekannten

Teilnehmern selbst bei Videokonferenzen deutlich *geringer* ausfällt als in der direkten Face-to-Face-Kommunikation.

Zusammenfassend ist festzustellen, dass das dritte Axiom der
Kommunikationstheorie auf einen zusätzlichen Aspekt hinweist,
warum Face-to-Face-Meetings für den Aufbau von Vertrauen so
wichtig sind. Mediengestützte Kommunikation führt zwangsläufig zu einer Einschränkung der Vielfalt an analogen Kommunika-
tionsmitteln und damit zu einer Einschränkung der vertrauens-
bildenden Kraft.

8.4 Die Interpunktion der Kommunikation als Kon-fliktpotenzial

„Die Natur einer Beziehung ist durch die Interpunktion der
Kommunikationsabläufe seitens der Partner bedingt" (WATZLA-
WICK et al., 2003, 61). Von außen gesehen mag jede Kommunikation wie eine kontinuierlicher Fluss von Mitteilungen wirken.
Dieser scheinbar „ununterbrochene Fluss der Kommunikation"
wird jedoch durch die Teilnehmer strukturiert. Die Struktur der
Kommunikationsabläufe definiert die Beziehung der Kommunikationspartner zueinander. Diese Struktur wird innerhalb der
Kommunikationsforschung „Interpunktion von Ereignisfolgen"
genannt. Die Interpunktion wird so gebildet, als habe „… der eine
oder der andere die Initiative, als sei er dominant, abhängig oder
dergleichen. Mit anderen Worten sie stellen zwischen sich Bezie-
hungsstrukturen her (über die sie Übereinstimmung erreichen
oder nicht), und diese Strukturen sind praktisch Regeln für
wechselseitige Verhaltensänderungen" (WATZLAWICK et al., 2003,
58). Die Interpunktion organisiert in diesem Sinne Verhaltensweisen und ist somit ein wesentlicher Bestandteil sozialen Le-
bens und kulturspezifischer Verhaltensweisen, die „richtiges"
und „falsches" Verhalten definieren. In der subjektiven Konstruk-
tion der Beziehungsstruktur entstehen Ursache-Wirkungs-
Zusammenhänge, die als Quelle vieler Beziehungskonflikte zu

sehen sind. Einander widersprechende Interpunktionen können zur Eskalation von Konflikten führen.

8.5 Attributionstheorie

Theoretisch gestützt wird dieses Axiom von der Attributionstheorie der Kommunikationsforschung (vgl. CRAMTON, 2001, 350ff.). „Attribution is the process through which individuals make interpretations about the causes of behaviors or outcomes" (CRAMTON, 2002, 363). Allgemein ordnen Individuen bei Kommunikationsproblemen oder Konflikten die Ursachen einem der folgenden Bereiche zu (vgl. CRAMTON, 2001):

- den beteiligten Personen
- den situativen Faktoren oder
- der sozialen Kategorie der beteiligten Personen

Weiters unterscheidet die Attributionstheorie zwischen *konstruktiven* und *destruktiven* Zuordnungen. Konstruktive Attribution versucht die Ursachen zukünftiger Konflikte zu beheben. Destruktive Attribution gefährdet die Kooperation der Teilnehmer, im extremsten Fall führt sie zur Eskalation.

Der Mangel an einer gemeinsamen Basis beeinflusst die Weise, in der die Beteiligten Konfliktursachen attribuieren. Je geringer die gemeinsame Basis der Teammitglieder, desto größer ist die Wahrscheinlichkeit, dass bei Kommunikationsproblemen destruktive Attribution auftritt (vgl. CRAMTON, 2002, 363; CRAMTON, 2001). Sie tendieren bei diesem Sachverhalt dazu, die Konfliktursache eher in den Personen oder deren sozialer Kategorie als in den situativen Faktoren zu suchen (vgl. CRAMTON, 2001; CRAMTON, 2002). Diese Vorgehensweise ist suboptimal und kann wiederum die Zusammenarbeit oder den Wissenstransfer als Ganzes gefährden.

Personenbezogene Attribution ordnet die Ursache eines Konflikts dem Charaktermerkmal oder einer bestimmten Verhaltensweise eines Individuums zu. Beispiel: „Sie geben aber wirklich schlechte Erklärungen". Situationsbezogene Attribution analysiert die Umstände, unter welchen der Konflikt aufgetreten ist. Ein Beispiel könnte sein, dass einer der Teilnehmer verärgert ist, weil er keine Antwort auf seine E-mail bekommen hat. *Personenbezogene Attribution* könnte ihn zu der Annahme veranlassen, dass der Empfänger seiner E-mails seinen Vorschlag ablehnt oder ignorant und überheblich ist.

Situationsbezogene Attribution würde ihn veranlassen nachzuforschen, ob die E-mail aufgrund von technischen Problemen vielleicht nicht übermittelt werden konnte. Kommunikationsforscher vertreten die Meinung, dass situationsbezogene Attribution zu besseren Konfliktlösungen führt als personenbezogene, weil die Kommunikationspartner sich auf die Modifikation der „Verträge", die den Kommunikationsprozess regeln, konzentrieren (vgl. BLAKAR, 1984; zit. nach CRAMTON, 2001, 350). BLAKAR (1984) verwendet den Term „Verträge" im Sinne von impliziten Normen, die das Verständnis der Gruppe darüber repräsentieren, welche Verhaltensweisen zulässig sind und welche nicht. Bei destruktiver Attribution werden die „Verträge" des Kommunikationsprozesses „zerstört" und die Kooperation der Partner beendet.

Besondere Bedeutung kommt insbesondere bei der virtuellen Teamarbeit auch der *sozialen Kategorisierung* zu. LEA und SPEARS (1992) weisen darauf hin, dass bei computer-mediierter Kommunikation Teilnehmer umso mehr zu sozialer Kategorisierung neigen, je geringer ihre Kenntnis von den anderen Projektteilnehmern ist. Die Gefahr der sozialen Kategorisierung liegt darin, dass sie zu „in-group/out-group dynamics" (CRAMTON, 2001, 350) führen kann, falls die räumlich entfernten Kommunikationspartner in soziale Kategorien eingestuft werden, die unterschiedlich oder inferior der eigenen sozialen „Kaste" erscheinen. Die Evolutionspsychologie sieht in dem Zwang zur Kategorisierung eine erlernte Verhaltensweise, die genetisch verankert ist. Dies mag einer der Gründe für althergebrachte Konflikte zwischen unterschiedlichen Abteilungen in Unternehmen sein: „The battle between marketing and manufacturing is as old as – well, as old as marketing and manufacturing. The techies of IT departements often seem to have difficulty getting along with the groups they are supposed to support and vice versa. Everyone is too busy labeling others as outsiders and dismissing them in the process" (NICHOLSON, 1998, 140f.). Der Gefahr des Insider/Outsider-Denkens kann insofern begegnet werden, dass rasch am Aufbau eines starken Gruppengefühls gearbeitet wird. Personen sind anscheinend eher bereit, die Fehler anderer zu tolerieren, wenn sie sich derselben sozialen Kategorie zugehörig fühlen (vgl. LEA und SPEARS, 1992).

Eine praktische Auswirkung dieser Erkenntnisse wäre z.B., dass Projektleiter und alle Projektteilnehmer vor Projektstart speziell geschult werden, um sich dieser Gefahren bewusst zu sein. Teammitglieder, die computer-mediiert kommunizieren, sollten der Versuchung widerstehen, Vermutungen über die Situation der anderen Teammitglieder vor Ort anzustellen (vgl. CRAMTON, 2001). Stattdessen sollten sie aktiv Informationen über situative Faktoren wie Feiertage, Zeitzonen, kulturelle Besonderheiten etc. einholen. Ebenso sinnvoll ist die Vereinbarung von Regeln zur Sicherstellung von raschem und zuverlässigem Feedback.

Wie die Ergebnisse von CRAMTON (2001; CRAMTON 2002) belegen, kommt der Interpunktion der Kommunikation im Falle der virtuellen Teamarbeit besondere Bedeutung zu. Transparente Regeln und klare Verfahrensanweisungen müssen herangezogen werden, um die Nachteile des fehlenden lokalen Kontextes auszugleichen.

Abschließend sei darauf hingewiesen, dass Konflikte per se nicht nur negative Auswirkungen haben, sondern in vielen Entscheidungs- und Kommunikationsprozessen wesentlicher Bestandteil von kreativen Prozessen und einer Konsensfindung sind (vgl. MALIK, 2001; KLING, 1991). Die Arbeitswelt und Teamarbeit besteht nicht nur aus harmonischen Kooperationsprozessen, sondern ist gleichzeitig „cooperative, conflictual, collaborative, controlling, convivial, competitive" (KLING, 1991, 86). Lediglich

Konflikte, die eskalieren und zu einem nachhaltigen Abbruch der Kommunikation der beteiligten Parteien führen, sind kontraproduktiv.

8.6 Zur Symmetrie oder Komplementarität der Kommunikation

Das fünfte Kommunikationsaxiom lautet: „Zwischenmenschliche Kommunikationsabläufe sind entweder symmetrisch oder komplementär, je nachdem, ob die Beziehung zwischen den Partnern auf Gleichheit oder Unterschiedlichkeit beruht" (WATZLAWICK et al., 2003, 70). Bei Wissensmanagement-Projekten kann sowohl symmetrische als auch komplementäre Kommunikation ablaufen. In letzterem Fall spricht man von superioren und inferioren Kommunikationspartnern. Man darf diese Begriffe nicht mit „stark" und „schwach" oder ähnlichen Gegensatzpaaren verwechseln. Im Vordergrund steht die Überlegung, dass beide Kommunikationspartner miteinander „verzahnt" sind und sich ergänzende Verhaltensweisen auslösen (vgl. WATZLAWICK et al. 2003, 70). Komplementäre Kommunikationsmuster können die Folge von gesellschaftlichen oder kulturellen Kontexten sein wie Mutter und Kind, Lehrer und Schüler, Polizist und „Verkehrssünder" oder sie entstehen aus dem situationsbezogenen Kontext.
In Beziehungen ist es aber unerlässlich und wünschenswert, dass sich die Kommunikationspartner in bestimmten Fällen symmetrisch und in anderen komplementär zueinander verhalten (vgl. WATZLAWICK et al. 2003, 103).

Die bisherigen Ausführungen zur Kommunikation sind anwendbar für das prozessorientierte Wissensmanagement, bei dem der Austausch von Informationen durch persönliche Kommunikation im Vordergrund steht. Im Folgenden wenden wir uns dem objektorientierten Wissensmanagement zu, welches durch die Informationstechnologie unterstützt wird. Ein wichtiges Beispiel dafür sind sog. „Unternehmensportale".

9   Unternehmensportale

Unternehmensportale sind das wichtigste IT-gestützte Instrument des Wissensmanagements der Wirtschaft. Applikationen, die dem Wissensmanagement dienen, wie z.B. Datenbanken, Gelbe Seiten, Wikis oder Blogs, sind in aller Regel Teil von Unternehmensportalen. Wir müssen uns in diesem Zusammenhang vor Augen halten, wie in Unternehmen Wissen hervorgebracht wird. RAMESH und TIWANA (1999, 217) sehen die Zusammenarbeit (*Collaboration*) als unbedingte Voraussetzung für die Generierung und den Aufbau von Wissen: „... collaboration refers to informal, cooperative relationships that build a shared vision and understanding needed for conceptualizing cross-functional linkages ... Collaboration is therefore *imperative in knowledge generation and transfer* (Hervorh. d. Verf.)". Knowledge Management stellt gemäß dieser Aussage eine mögliche Folgeerscheinung der Collaboration dar.

Je nach Gesichtspunkt gibt es unterschiedliche Kategorisierungen der Web-Applikationen, die innerhalb des unternehmensübergreifenden Wissensmanagements zum Einsatz gelangen. Im deutschen Sprachraum hat sich die Einteilung in drei große Gruppen von Collaborationssystemen[16] etabliert (vgl. ALT et al., 2002b, 97ff.; vgl. RÖHRICHT und SCHLÖGEL, 2001, 161ff.). Diese unterscheiden:

---

[16] Ein Collaborationssystem *ist eine internetbasierte Applikation, die zum Zwecke der Collaboration eingesetzt wird*. Die Spannweite reicht von E-mail-Applikationen, Diskussionslisten im WWW bis zu Portalen, Marktplätzen oder elektronischen Meeting-Systemen. Ebenso gebräuchliche Bezeichnungen sind *Collaborationsplattform, E-Collaborationsplattform* oder *Collaborative Workspace*, wobei diese Begriffe hierin synonym verwendet werden. Die Bezeichnung „Plattform" weist darauf hin, dass eine gemeinsame Basis für die Collaboration verwendet wird, in diesem Fall ist der Webserver gemeint, auf dem die C-Applikation läuft. „Workspace" deutet auf den virtuellen Raum hin, in welchem die Collaboration stattfindet.

1. Portale
2. Elektronische Marktplätze
3. C-Applikationen

„Portale können als webbasierte, personalisierbare und integrierte Zugangssysteme zu Content, Applikationen, und Services für einen bestimmten Anwendungszweck verstanden werden" (ALT et al., 2002b, 97). Technisch gesehen stellen Portale „Fenster zu allen Funktionen aus unterschiedlichen Applikationen" dar (ÖSTERLE, 2002, 23).

Eine erste Unterscheidung unterteilt Portale in *Public* und *Corporate Portale* (vgl. DIAS, 2001, 276), wobei es natürlich auch Überschneidungsbereiche gibt. So sind Teilbereiche der Corporate Portale, vor allem solche, die der Öffentlichkeitsarbeit und dem Imageaufbau dienen, öffentlich zugänglich. Synonyme für öffentliche Portale sind Internetportale, Webportale oder Konsumentenportale.

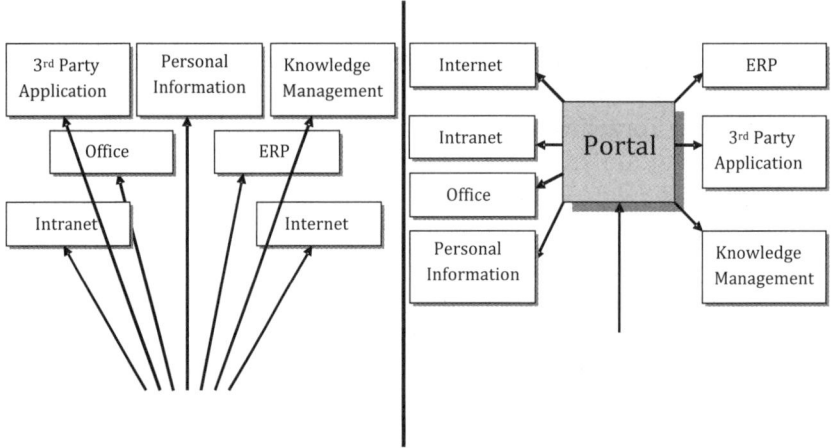

Abbildung 11: Desktop- versus Portalansatz
Quelle: RÖHRICHT und SCHLÖGEL (2001, 165)

Die ersten Portale gehen auf Yahoo oder AOL zurück und sind als Endanwenderportale oder „Consumer Portale" zu bezeichnen.

Die angebotenen Leistungen beinhalten zwei große Bereiche: erstens Services wie z.B. Suchmaschinen, Onlineshops, Chat, web-basiertes E-mail, Newsgroups und zweitens Personalisierung bezüglich Inhalten und Layout. Das Konzept der Konsumentenportale wurde von den Unternehmen aufgegriffen und auf interne Unternehmensportale übertragen, so genannte „Enterprise Information Portale" – Synonyme sind „Corporate Information Portale", Business Portale" oder „Corporate Portale". Der Terminus „Enterprise Information Portal" wurde erstmals in einem Bericht von Merril und Lynch verwendet: „Enterprise information portals are applications that enable companies to unlock internally and externally stored information, and provide users a single gateway to personalized information needed to make informed business decisions" (vgl. DIAS, 2001).

Analysten sprechen den Corporate Portalen großes Potenzial zu, manche sehen darin die nächste Generation des Desktop-Computings. Tom Koulopoulos, Präsident der Delphi Group, meint dazu: „Unsere jetzige Arbeitsweise ist viel zu verwickelt ... Wir öffnen zu viele Anwendungen und durchsuchen zu viele Dateien, um Informationen aus zu vielen Quellen zusammenzutragen. ... Das Portal wird diese Art von Arbeit automatisieren ... Weil Browser und HTML nicht an bestimmte Endgeräte gebunden sind, kann ein Portal von jedem Mitarbeiter benutzt werden, egal welche Plattform er verwendet" (RÖHRICHT und SCHLÖGEL, 2001, 165; siehe Abbildung 11). Der steigenden Bedeutung der Corporate Portale wird auch durch einen eigenen *Intranet Usability Award* Rechnung getragen (vgl. NIELSEN et al., 2002). Unter den zehn Gewinnern des Best Intranet Awards 2002 ist unter anderem Wal-Mart zu finden, die weltweit größte Einzelhandelskette. Wie Abbildung 11 zeigt, ist der wesentlichste Unterschied zwischen Portal- und Desktopansatz die Bündelung des Zugangs zu unterschiedlichsten Applikationen. Ein Corporate Portal offeriert einen personalisierten Zugang für Mitarbeiter zu einer Vielfalt an intern und extern verfügbaren Applikationen über *eine*

Schnittstelle, den Informationsassistenten (Hauptkomponenten eines Corporate Portals siehe Abbildung 12).

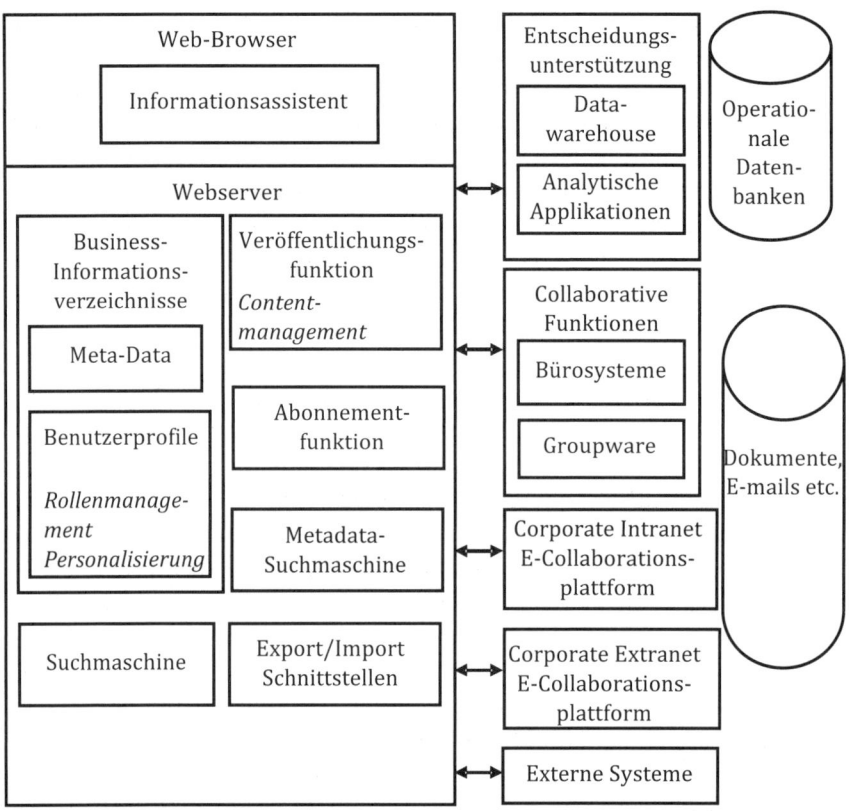

Abbildung 12: Komponenten eines Corporate Portals
Quelle: In Anlehnung an Dias (2001, 281)

Der Mitarbeiter hat Zugriff auf nicht-öffentliche und öffentliche Informationsbereiche und Applikationen, die innerhalb so genannter Intranets oder Extranets verwaltet werden. Über das

Corporate Portal sind Internet, ERP Applikationen, 3rd Party Applikationen usw. verfügbar. Abbildung 12 verdeutlicht die beiden wichtigsten Funktionen von Corporate Portalen, die „*Entscheidungsunterstützung*" und „*Collaborative Processing*" (vgl. DIAS, 2001, 274ff.). Die Entscheidungsunterstützung erfolgt über Zugriff auf unternehmensinterne Datenbanken und basiert überwiegend auf strukturierten Daten. Die collaborativen Prozesse verwenden überwiegend unstrukturierte Daten unter Einsatz von Groupware, E-mail-Applikationen und E-Collaborationsplattformen, die sowohl über Intranet als auch Extranet verfügbar sind. Die Komponenten in obiger Abbildung beinhalten jene Funktionen, die State of the Art Portale auszeichnen (vgl. RÖHRICHT und SCHLÖGEL, 2001, 171ff.):

- Rollenmanagement
- Personalisierung
- Content Management
- Sicherheit
- Suchmaschine

Die Veröffentlichungsfunktion wird über ein *Content Management System* sichergestellt, welches es dem Benutzer ermöglicht, ohne über Programmierkenntnisse zu verfügen, Informationen in das Portal einzuspeisen. Das Content Management System stellt sicher, dass das Layout erhalten bleibt, und erledigt die automatische Verlinkung neu generierter HTML-Seiten. Im Idealfall verfügt das Content Management System über die Funktionalität, neue Dokumente zum Zwecke des Wissensmanagements zu klassifizieren und zu indexieren. Die Indexierung wird innerhalb der Business-Informationsverzeichnisse gespeichert und liegt dort in Form von Meta-Daten vor, die von der Suchmaschine bei Suchabfragen verwendet werden.

Innerhalb der Business-Informationsverzeichnisse sind auch die Funktionen *Personalisierung* und *Rollenmanagement* angesiedelt. Rollenmanagement dient der Vorkonfiguration des Portals und orientiert sich meist an betriebswirtschaftlichen Stellenbeschreibungen. Die Rollenadministration weist bei Anlage eines neuen Users diesem ein bestimmtes Rollenprofil zu. So kann z.B. ein Produktmanager die Rollen *Manager*, *Angestellter* und *Produktmanagement* zugewiesen bekommen.

Die *Personalisierung* ist eine der wichtigsten Funktionen innerhalb des Portals, da sie dem Mitarbeiter eine gewisse Gestaltungsfreiheit einräumt und damit indirekt auch eine Wertschätzung und Kundenorientierung ihm gegenüber ausdrückt. Im Idealfall sollte es die Motivation der Mitarbeiter fördern, das Portal regelmäßig zu nutzen, z.B. durch Erstellung eines persönlichen Bereichs, welcher die bevorzugten Tageszeitungen, Wetternachrichten oder den täglichen Speiseplan der Kantine beinhaltet. Auf Seiten des Unternehmens erfolgt eine erste Personalisierung durch das Rollenmanagement. Dieses legt die Grundnavigation und das Grundlayout fest, innerhalb dessen der Mitarbeiter anschließend mithilfe des Informationsassistenten weitere Änderungen vornehmen kann. In aller Regel bietet die Personalisierung die Möglichkeit, Inhalte sowie teilweise die Navigation und das Layout – soweit dies das unternehmenseigene Branding und die Corporate Identity erlauben – zu ändern. Die Navigation wird meist über Änderungen in der Menüstruktur oder durch die Lage von Fenstern oder Navigationsbuttons verändert.

Die *Sicherheit* bei Corporate Portalen sollte aus Sicht des Users möglichst einfach und ohne Einbuße der Performance gewährleistet werden. Die Gewährleistung der Sicherheit erfolgt über Authentifizierung, Autorisierung, Netzwerksicherheit und Single-Sign-On (vgl. RÖHRICHT und SCHLÖGEL, 2001, 173). Dass die zunehmende Vernetzung, vor allem durch das offen konzipierte IP-Protokoll, die Sicherheit der unternehmenseigenen Daten in den Vordergrund rückt, zeigt die Schaffung neuer Berufsfelder und -bezeichnungen, wie die des CSO, i.e. Central Security Officer. Die Sicherheitsrisiken sind vielfältig und ändern sich rasant. So birgt der Datenaustausch per Funk über Wireless Networks neue Gefahren in sich. Theoretisch kann ein PDA[17], der bekanntlich in eine Handfläche passt, mit einem Wireless Network kommunizieren und so unauffällig sensible Unternehmensdaten kopieren. Die Identifikation potenzieller Sicherheitslücken und deren Abschottung fallen in den Aufgabenbereich des CSO.

Suchmaschinen sind dann zu den speziellen Portalsfunktionen zu zählen, wenn sie die Suche innerhalb der statischen und dynamischen Informationskomponenten der Business-Informationsverzeichnisse ermöglichen (Anmerkung: Datenbankinhalte werden in aller Regel dynamisch generiert, das heißt erst im Moment der Abfrage erstellt, und sind daher für herkömmliche Suchmaschinen nicht auffindbar). Idealerweise sollte die Suchmaschine innerhalb der Trefferliste über einen Relevanzindikator dem Benutzer die Güte der gefundenen Informationen vorab signalisieren. Die Metadata-Suchmaschine scannt regelmäßig ausgewählte Webserver auf der Suche nach neuen und relevanten Informationen für die Business-Informationsverzeichnisse.

Wir schließen damit die Ausführungen zum Wissensmanagement und wenden uns einem damit verwandten, bereits kurz angesprochenen Thema zu, der Entscheidungsfindung bzw. Entscheidungsunterstützung. Am Ende der Ausführungen zu DSS (Teil B) und der schwerpunktmäßig vorgestellten Methode AHP (Teil C) werden wir abschließend zu einer Applikation gelangen, die eine logische Verbindung zwischen Wissensmanagement und Entscheidungstheorie herstellt (Teil D).

---

[17] Personal Digital Assistant; bekannte Hersteller: Palm, Hewlett Packard, Sony

(B) Decision Support Systems (DSS)

I Vorbemerkungen

In den folgenden Kapiteln werden wir uns eingehend mit Decision Support Systemen (DSS)[18] beschäftigen. Zum besseren Verständnis dieser Werkzeuge ist es notwendig, sich kurz mit der präskriptiven Entscheidungstheorie zu befassen. Darunter sind alle (Handlungs-)Empfehlungen zu verstehen, wie Entscheidungen im Idealfall getroffen werden können. Zu den Grundprinzipien zählen unter anderem:

1. Streben nach Rationalität
2. Komplexreduktion durch Zerlegung von komplexen Fragestellungen in kleinere Teile (Dekomposition)
3. Grundsätzliche Zulässigkeit von Subjektivität
4. Richtiger Umgang mit Unsicherheit und Unvollständigkeit

ad 1. Rationalität. *Das* Paradigma der Entscheidungstheorie ist Rationalität. Dabei handelt es sich allerdings um keine beweisbare Eigenschaft und auch der Erfolg oder Misserfolg einer Entscheidung kann nicht zur Bewertung dieses Kriteriums herangezogen werden (eine Entscheidung kann durchaus rational zustande gekommen sein, deren Umsetzung aber trotzdem scheitern). D.h., man muss Anforderungen definieren, mittels derer dem Prinzip der Rationalität in der Entscheidungsfindung weitgehend entsprochen wird. Im Konkreten sind dies:

- Rationalität in den Prozeduren: Sich über die Problemstellung im Klaren sein (das richtige Problem behandeln), über die eigenen Ziele und Präferenzen Klarheit haben. Die zur Entscheidungsfindung notwendigen Informationen sollten verfügbar sein (wobei der Aufwand zwischen Informations-

---

[18] DSS = „Software-Umgebungen, die einen Entscheidungsträger vor allem bei *schlecht strukturierten* Entscheidungssituationen unterstützen sollen" (HUMMELTENBERG und PRESSMAR, 1989, 200).

beschaffung und dem Nutzen, der mit den Informationen verbunden ist, vertretbar sein muss). Relevante, möglichst objektive Daten sollten zur Bildung von Erwartungen über die Zukunft vorliegen. Dieses Ideal ist sicherlich schwer zu erreichen, vor allem in komplexen Entscheidungssituationen. Die Einhaltung eines systematischen, konsistenten Entscheidungsprozesses hilft hier entscheidend (siehe folgendes Kapitel).

• Konsistente Entscheidungen: Hierbei wird das Prinzip der Transitivität angesprochen (wenn eine Beurteilung zwischen mehreren Elementen erfolgt, sollte die daraus abgeleiten Prioritäten – die Rangreihung zwischen den Elementen – widerspruchsfrei sein). Dieses Thema wird uns in der Folge beim AHP erneut beschäftigen. Darüber hinaus verlangt Konsistenz auch die Widerspruchsfreiheit der Prämissen und einen korrekten Umgang mit Unsicherheit und Unvollständigkeit (Wahrscheinlichkeiten, Präferenzen sollten entsprechend der Wahrscheinlichkeitstheorie gebildet werden; häufig ergibt sich hier ein Widerspruch zur intuitiven Einschätzung von Wahrscheinlichkeiten).

Rationalität ist nicht immer zu erreichen, weshalb das Konzept der *beschränkten* Rationalität (*bounded rationality*) weitgehend anerkannt ist. D.h., man muss Abstriche vom Ideal einer vollständig rationalen Entscheidungsfindung machen (diese wäre auch nicht überprüfbar). Im Vordergrund steht das *Streben* nach rationalen Prozeduren, nach Konsistenz und allen Maßnahmen, die dem Vernunftprinzip dienlich sind.

ad 2. Dekomposition: In komplexen Entscheidungssituationen ist es ratsam, die Komplexität durch entsprechende Maßnahmen zu reduzieren. Die wichtigste Maßnahme, die diesem Ziel dient, ist die Zerlegung komplexer Fragestellungen in kleinere Teile (die dann natürlich leichter zu lösen sind). Ein zentrales Kennzeichen geeigneter DSS ist die Strukturierung komplexer Fragestellungen in Form z.B. einer Entscheidungshierarchie, bei dem ein Oberziel solange in Subziele zerlegt wird, bis es gelingt, diese einer Lösung bzw. Bewertung zuzuführen.

ad 3. Subjektivität. Erwartungen und Präferenzen können subjektiv sein, müssen aber begründet und konsistent sein (im Sinne der Rationalität). Gerade in der Entscheidungsfindung ist es uns nicht immer möglich, quantitative (objektive) Informationen zur Problemlösung heranzuziehen. Häufig sind wir auf Subjektivität und Intuition angewiesen. Dies soll aber nicht bedeuten, dass Entscheidungen inkonsistent, nicht nachvollziehbar oder nicht begründbar sein dürfen. Gerade bei subjektiven Elementen ist deren Nachvollziehbarkeit wichtig, um auch anderen, nicht am Entscheidungsprozess Beteiligten verständlich zu machen, wie subjektive Urteile zustande gekommen sind.

ad 4. Unsicherheit/Unvollständigkeit. Ein Grundproblem der Entscheidungsfindung besteht darin, dass wir prinzipiell mit einem mehr oder weniger hohen Grad an Unsicherheit über die Zukunft konfrontiert sind. In einem vollkommenen Informationssystem können wir Entscheidungen unter Sicherheit treffen, das Ergebnis einer gewählten Alternative ist im Vorhin bekannt. In der Wissenschaft wurden zahlreiche Methoden entwickelt, die in derartigen Situationen zum Einsatz gelangen können: Optimierungsmodelle (wenn wir z.B. den Gütereinsatz in einer bestimmten Weise kombinieren, ist der Output im Vorhinein bekannt), lineare Programmierung (Faktorkombination unter Linearitätsbedingungen bei beschränkten Ressourcen) sowie eine Unzahl weiterer Verfahren, die im weitesten Sinne zum Operations Research zählen. Allerdings sind nicht alle zukunftsgerichteten Fragestellungen mit sicheren Ergebnissen verknüpft. In einem unvollkommenen System werden wir z.T. Entscheidungen unter Unsicherheit zu treffen haben (es können keine Wahrscheinlichkeiten für das Eintreffen/Nichteintreffen zukünftiger Zustände angegeben werden) bzw. Entscheidungen unter Risiko (hier können Wahrscheinlichkeiten – subjektiv oder objektiv – angegeben werden). Für Entscheidungen unter Unsicherheit werden in der Literatur einige Methoden genannt (worunter die bekannteste wohl die Minimax-Methode sein dürfte); bei Entscheidungen unter Risiko wird meist das Erwartungswertprinzip als Lösungsansatz genannt (wobei auch dieses Prinzip nicht unwidersprochen geblieben ist, z.B. durch die sog. „Prospect Theory" von KAHNEMAN und TVERSKY, 2000).[19] Entscheidend ist daher, sich der Meta-Ebene der Entscheidungsfindung zuzuwenden (siehe im Folgenden), womit ein durchgängiger Entscheidungsprozess angesprochen wird, der unabhängig von der eingesetzten Methodik immer gleich ablaufen sollte. Dadurch sollte es gelingen, den Informationsstand zu heben, womit Entscheidungen unter Unsicherheit die Ausnahme und nicht die Regel darstellen. Die folgenden Ausführungen widmen sich daher dem Entscheidungsprozess.

Minimax-Regel: Exemplarisch sei an dieser Stelle zur Lösung von Entscheidungen unter Unsicherheit die Minimax-Regel erläutert. Weitere Regeln sind z.B. die Maximax-, die Pessimismus-Optimismus-Regel (Hurwitz-Regel), die Regel des kleinsten Bedauerns und die Regel des unzureichenden Grundes (siehe hierzu im Detail z.B. WÖHE, 2005, 120ff.). Diese Regeln, wie Entscheidungen unter Unsicherheit gelöst werden können, sind eher theoretischer Natur; man wird stets versuchen, die Informationsbasis zur Reduktion der Unsicherheit zu verbessern.
Bei der Minimax-Regel geht man von pessimistischen Erwartungen des Entscheidungsträgers aus. In einer Situation, in der die

---

[19] Zusätzlich zu diesem Problem haben wir uns noch nicht damit beschäftigt, dass die mit der Wahl einer Alternative verbundenen Ergebnisse unter Umständen nicht nur von uns selbst abhängen, sondern auch davon, wie „Gegenspieler" (z.B. Konkurrenten) auf unsere Handlungen reagieren. Derartige Überlegungen haben zur sog. Spieltheorie geführt, mittels derer Erklärungsansätze sich gegenseitig beeinflussenden Verhaltens zur Verfügung gestellt werden. Zur Vertiefung in die Spieltheorie wird auf die Spezialliteratur verwiesen.

Wahrscheinlichkeiten für den Eintritt zukünftiger Zustände nicht bekannt sind, ist der Entscheidungsträger stets bemüht, das Ergebnis, das mit der Auswahl einer Wahlmöglichkeit verbunden ist, auch unter den schlechtesten Bedingungen zu maximieren. Angenommen, man müsste folgende Entscheidungssituation lösen: Zukünftig können drei Zuständen auftreten (Z1, Z2, Z3), für die keine Eintrittwahrscheinlichkeit angegeben werden kann. Je nach Wahl einer Alternative werden bei Eintritt des jeweiligen Zustands unterschiedliche Ergebnisse erzielt:

Zustand		Z1	Z2	Z3
Alternative	A1	12	25	5
	A2	30	14	25
	A3	18	35	12

Sollte z.B. der Zustand Z1 eintreffen und man hat sich für die Alternative A1 entschieden, so würde man das Ergebnis 12 erzielen, was wesentlich schlechter ist, als wenn man sich für die Alternative A2 entschieden hätte (Ergebnis 30). Da aber die Eintrittswahrscheinlichkeit nicht bekannt ist, wird für jede Alternative das schlechteste Ergebnis unabhängig vom Zustand ermittelt (= das Minimum jeder Alternative). Für A1 ist dies 5, für A2 14, für A3 12. Gewählt wird dann jene Alternative, bei der dieses Minimum *maximal* ist, in unserem Fall also Alternative A2. Sollte z.B. Z2 eintreten, hätten wir damit ein schlechteres Ergebnis erzielt als bei der Wahl von A1 oder A3 (Ergebnis 14 anstelle 25 oder 35). Da wir aber nicht abschätzen können, welcher Zustand eintritt, müssen wir mit dieser Unsicherheit und dem damit zusammenhängenden Kompromiss zufrieden sein (wenn wir risikoavers der Minimax-Regel folgen). Keinesfalls werden wir ein schlechteres Ergebnis als 14 erreichen (was bei der Wahl einer anderen Alternative möglich wäre). Damit folgt die Minimax-Regel pessimistischen Erwartungen. Im Allgemeinen wird man versuchen, bessere Informationen zu erhalten, um zukünftige Zustände besser beurteilen zu können.

2 Der Entscheidungsprozess

„The art of good decision making lies in systematic thinking"
HAMMOND et al. (1999, 217)

Generell können Entscheidungen in analytische Teile zerlegt werden, unter anderem sind dies die Problemformulierung, implizite und explizite Annahmen, Ziele, die es zu erreichen gilt, Konsequenzen, die daraus folgen usw. Eine Entscheidung durchläuft demnach, bewusst oder unbewusst, bestimmte Stufen, einen *Entscheidungsprozess* (vgl. MEIXNER und HAAS, 2002). Eine wesentliche Erkenntnis der (präskriptiven) Entscheidungstheorie ist es, sich dieser Stufen bewusst zu sein und systematisch zu durchlaufen. In vielen Fällen kann diese systematische Vorgehensweise sogar zur Lösung eines Problem führen, ohne eine komplizierte oder aufwändige Methode anwenden zu müssen. Gelingt es bei komplexen Problemstellungen nicht, allein aufgrund einer systematischen Analyse der Problemstellung zu einer zufriedenstellenden Lösung zu gelangen, liefern die einzelnen Stufen des Entscheidungsprozesses die benötigten Informationen, um damit ein Entscheidungsmodell zu konstruieren, welches anschließend mittels eines Entscheidungsunterstützungssystems (Decision Support System, DSS) gelöst werden kann. Im Idealfall sieht der Entscheidungsprozess wie folgt aus (*idealtypischer Entscheidungsprozess*):

1. *Präzise Formulierung des zu lösenden Problems*
2. *Festlegung der Ziele*
3. *Formulierung Kriterien*
4. *Suche nach Handlungsalternativen*
5. *Bewertung der Handlungsalternativen*
6. *Entscheiden (=Auswahl der optimalen Alternative/n)*
7. *Umsetzung der Entscheidung*
8. *Kontrolle und Feedback*

In der Praxis liegen die Bestandteile des Idealprozesses nur in den seltensten Fällen fein säuberlich getrennt vor. Das Gegenteil ist meistens der Fall. Man beginnt mit einem Problem, welches in der Mehrzahl der Fälle nicht einmal klar formuliert ist. Es folgt eine nerven- und zeitaufwändige Suche nach Handlungsalternativen. Meistens bleibt dann für eine ordentliche Analyse kaum mehr Zeit und es wird ad hoc „aus dem Bauch heraus" entschieden. Die Ergebnisse einer solchen Vorgangsweise sind in den seltensten Fällen als optimal anzusehen. Da die Beherrschung des Entscheidungsprozesses zum soliden Handwerkzeug jeder Führungskraft gehört, widmen wir diesem ein eigenes Kapitel.

2.1 Objekt- und Metaphase im Entscheidungsprozess

In der Entscheidungstheorie unterscheidet man zwischen zwei großen Phasen: der *Objekt-* und der *Metaphase* (vgl. LAUX, 1998, S. 55). In der *Metaphase* werden unabhängig von der Methode oder dem Modell, welches zur Anwendung gelangt, wichtige Vorarbeiten geleistet. In der Objektphase wird das konkrete Entscheidungsmodell formuliert und gelöst. Die Anwendung eines DSS bezieht sich auf die Objektphase, d.h. es hilft uns bei

1. der *Gewichtung der Kriterien,*
2. der *Bewertung der Alternativen* und
3. der *Ableitung* der optimalen Lösung basierend auf Urteilen und Einschätzungen, die in das Modell eingeflossen sind.
4. der *Beurteilung,* ob die „optimale" Lösung ausreichend stabil ist und damit *akzeptiert* werden kann (i.e. Sensitivitätsanalyse, siehe Kapitel C3.10) oder ob eine Revision des Ergebnisses notwendig ist.

Ein DSS kann uns *nicht* in der Metaphase helfen. Diese steht immer am Anfang und am Ende eines Entscheidungsprozesses und umfasst unabhängig von der Methode folgende Arbeitsschritte:

1. *Definition des Problems,*
2. *Festlegung der Ziele/Kriterien*
3. *Suche nach Alternativen.*
4. *Realisationsphase*
5. *Kontrolle und Feedback*

Die Ursache dafür liegt nicht in einer Schwäche von Entscheidungsunterstützungssystemen sondern in der Natur des Entscheidungsprozesses. Keine Methode kann uns die Arbeit abnehmen, uns über Ziele klar zu werden, Alternativen zu suchen, das Problem klar zu definieren und die Entscheidung letztendlich umzusetzen. Diese Meta-Aktivitäten umschließen wie eine Muschel das konkrete Entscheidungsmodell, welches mithilfe einer bestimmten Methode gelöst wird. Methoden, die in der Metaphase zur Anwendung gelangen, sind z.B. Brainstorming bei der Problemdefinition oder Projektmanagement bei der Umsetzung. Diese Unterscheidung ist deshalb so wichtig, weil (1) die Qualität einer Entscheidung sehr stark von vor- und nachgelagerten Arbeiten innerhalb der Metaphase abhängt und (2) es kein Entscheidungsunterstützungssystem gibt, welches diese Arbeit übernimmt.

Da die Qualität einer Entscheidung wesentlich von der Qualität der Arbeit in der Metaphase des Entscheidungsprozesses abhängt, sehen wir uns nun die einzelnen Stufen dieser Phase genauer an, wobei wir schwerpunktmäßig auf die *Problemformulierung*, die *Zielfestlegung*, die *Suche nach Alternativen* sowie die *Umsetzung* und *Kontrolle* derselben eingehen werden.

2.2 Präzise Formulierung des zu lösenden Problems

> *A good solution to a well posed problem is almost always a smarter choice than an excellent solution to a poorly posed one.*
> HAMMOND et al. (1999, S. 16)

Die Problemformulierung ist jener Teil des Entscheidungsprozesses, der häufig unterschätzt wird („Was kann man dabei schon falsch machen?"). Aber gerade in dieser Phase passieren entscheidende Denkfehler. Das obige Zitat drückt dies treffsicher aus – die exzellente Lösung eines schlecht formulierten Problems nützt uns weniger, als die gute oder durchschnittliche Lösung einer präzisen Problemstellung.

Warum ist eine präzise Problemformulierung von so großer Bedeutung? Die Problemformulierung wirkt wie ein Denkfilter oder -raster, der wesentlich bestimmt, welche Kriterien oder Alternativen in ein Modell Eingang finden. So kann es passieren, dass wichtige Lösungsvorschläge außer Acht gelassen werden, weil sie nicht zur Problemformulierung passen. Es macht einen Unterschied, ob das Problem lautet „Wie können wir langfristig den Umsatz erhöhen?" oder „Wie können wir langfristig den Bestand des Unternehmens gewährleisten?". Zur Lösung des ersten Problems genügt es in vielen Fällen, die Preise zu senken oder mehr Werbung zu betreiben. Zur Lösung des zweiten Problems ist eine Reihe von Maßnahmen notwendig, wie Veränderung der Kostenstruktur, Erhöhung der Wettbewerbsfähigkeit, Aufbau von Kooperationen usw. *Jede Problemformulierung, ob bewusst oder unbewusst, wirkt wie ein Filter, der bestimmte Handlungsalternativen ausschließt, während andere favorisiert werden.*

Der häufigste Fehler ist die Annahme, dass das Problem klar sei (vgl. MALIK, 2000, S. 203). Man sollte es sich prinzipiell zur Gewohnheit machen, vorschnellen Problemdefinitionen zu misstrauen. Am Beginn sollte die spontane Einschätzung des Problems niedergeschrieben werden. In dieser Phase ist es sinnvoll, Kreativmethoden wie Brainstorming oder Mind Mapping einzusetzen. Besonders Mind Mapping hilft, das Wirrwarr an Argumenten, Rahmenbedingungen, Interessenskonflikten usw. zu strukturieren und – wesentlichster Vorteil – das Problem auch für andere zu visualisieren. Bei komplexen Problemen, und nur bei solchen zahlt sich die Mühe der präzisen Problemformulierung aus, werden wir anfangs mit vielen Informationen und Emotionen konfrontiert, die eine klare Sicht der Dinge erschweren. Meistens werden Probleme von außen auf uns zugetragen und eine häufige emotionale Reaktion ist Ablehnung und Widerwillen. Die Folge: Man lässt das Problem links liegen, beschäftigt sich mit angenehmeren Dingen und hofft, dass die Zeit das Problem vielleicht von selber löst. Aber genau das passiert in den seltensten Fällen.

Am Beginn jeder Problemformulierungsphase könnte in Anlehnung an das Johannesevangelium folgender Satz stehen: „Im Anfang war das Chaos und das Chaos war in unserem Kopf". Lassen wir uns von dem anfänglichen Mangel an Struktur nicht entmutigen. Mit Problemstellungen sind in aller Regel auch bedeutende *Chancen* verbunden (oder um es mit Albert Einsteins Worten zu sagen: „In the middle of difficulty lies opportunity").[20] Allerdings erkennt man die Chancen in aller Regel nicht sofort. Deshalb sollte man ihnen Zeit geben sich herauszukristallisieren. Damit dieser Kristallisationsprozess in Gang kommt, ist es hilfreich, sich folgende Fragen vor Augen zu führen (vgl. dazu auch MALIK, 2000, 202ff. und HAMMOND et al., 1999):

1. *Wie kann man das Beste aus einer Situation herausholen? Welche Chancen sind darin verborgen?* Dabei geht es auch um die erste Reaktion in solchen Situationen: Werden Probleme als Herausforderung angesehen oder werden sogleich Argumente gesucht, warum das Problem nicht zu lösen ist und man daher scheitern wird. Trifft letzteres zu, dann wird man an der Problemlösung wohl scheitern (im Sinne einer „self fulfilling prophecy").

---

[20] Ein Beispiel: Erst durch die vom Menschen verursachte globale Erderwärmung wird es interessant, neue, innovative Technologien zu entwickeln und zu vermarkten, die einen signifikant besseren Ressourceneinsatz ermöglichen. Ohne das Problem „Treibhauseffekt" hätten viele Technologien, die das Prädikat „Nachhaltigkeit" auch wirklich verdienen, wohl keine Chance, jemals auf die Märkte zu gelangen, da der damit verbundene ROI zu gering sein würde.

2. *Wer oder was ist der Auslöser des Problems?* Die Beschäftigung mit dem Auslöser eines Problems kann neue Sichtweisen zu Tage fördern. Manchmal hilft uns das Wissen über den Auslöser, schneller zu erkennen, warum wir diesem Problem gegenüber so negativ eingestellt sind und nur unüberwindliche Schwierigkeiten und Hindernisse sehen. Im Falle, dass eine Person der Auslöser ist, übertragen wir vielleicht negative Gefühle aus einer vorbelasteten Beziehung auf das Problem. Je rascher uns das bewusst wird, um so eher können wir die Emotionen oder besser die Menschen getrennt von den Problemen behandeln.

3. *Sind die Rahmenbedingungen, wie z.B. Ort- und Zeitangaben, in der Problemformulierung gültig?* Ein wesentlicher Bestandteil rationaler Entscheidungsfindung stellt das Kriterium „Vollständigkeit" dar. D.h., es müssen alle relevanten Rahmenbedingungen in ihrer zeitlichen und räumlichen Gültigkeit erfasst und berücksichtigt werden. Ist z.B. mit bevorstehenden Gesetzesänderungen oder technologischen Innovationen zu rechnen, so schaffen diese Veränderungen u.U. neue Rahmenbedingungen.

4. *Wie sehen die wesentlichen, bestimmenden (objektiven und subjektiven) Elemente des Problems aus?* Welcher *Zeithorizont* ist damit verbunden und welchen *Instanzen* (Personen, Abteilungen usw.) innerhalb der Organisation kommt eine Schlüsselposition zu? Damit wird angesprochen, anhand welcher Elemente das Problem zu beschreiben ist (Kriterien), welcher Zeithorizont mit dem Problem verbunden ist (kurz-, mittel-, lanfristig – ähnlich der strategischen, taktischen und operativen Zielbestimmung) und welche Instanzen für die Entscheidungsfindung verantwortlich sind und welche von der jeweiligen Entscheidung betroffen sein werden.

5. *Welche Folge- oder Parallelentscheidungen hängen von diesem Problem ab?* Diese Frage ist oft am schwierigsten zu beant-

worten, da sie von uns verlangt, zukünftige Ereignisse und Entwicklungen abzuschätzen. Dennoch lohnt der Versuch, diese Frage zu beantworten, da u.U. wesentliche Engpassfaktoren oder neue Sichtweisen entdeckt werden.

6. *Ist die Problemdefinition umsetzbar und ausreichend?* Umsetzbare Problembeschreibungen sind zwar eine notwendige Bedingung, müssen aber noch lange nicht ausreichend sein (Vollständigkeit!). Wenn die Beschreibung eines Problems nicht alle bekannten und relevanten Fakten umfasst, ist sie noch nicht ausreichend genug.

7. *Wie sehen andere das Problem?* Wie sehen Kollegen oder zur Verfügung stehende Experten die Problemstellung? Die korrekte Frage lauter hier aber nicht: „Was würden Sie an meiner Stelle tun?" sondern: „Wie sehen Sie das Problem aus Ihrer Sicht, aufgrund Ihrer Erfahrung und Ausbildung, aufgrund Ihrer Position?". Andere können nicht die Verantwortung für eine Problemlösung bzw. die Entscheidung übernehmen. Sie können aber sehr wohl ihre zutiefst persönliche Sichtweise beisteuern, die wiederum helfen kann, Faktoren zu entdecken die man selbst vielleicht übersehen hat (vgl. MALIK, 2000, 202ff.).

8. Handelt es sich um ein *Grundsatzproblem* oder um einen *Einzelfall?* Diese Unterscheidung ist insofern von Bedeutung weil Einzelfälle durch geschickte Improvisation, sozusagen „im Vorbeigehen" gelöst werden können. Ein Grundsatzproblem bedeutet, dass eine neue Regel oder eine neue Verfahrensweise festgelegt werden muss, auf jeden Fall handelt es sich dabei um eine Entscheidung mit weitreichenden Konsequenzen. Grundsatzprobleme sollten niemals und unter keinen Umständen nebenbei im Vorbeigehen gelöst werden. Die Reparatur für zu rasch und zu schlecht getroffene Entscheidungen erfordert viel Zeit und ist mit unverhältnismäßig viel Aufwand verbunden.

Die Länge dieser Liste verdeutlicht, dass bei wesentlichen Entscheidungen nicht nach der Methode „nur schnelle Entscheidungen sind gute Entscheidungen" vorgegangen werden kann. Natürlich muss ein ausreichender zeitlicher Spielraum gegeben sein, damit der Prozess der Problemdefinition entsprechend dem obigen Zugang durchgeführt werden kann (im Sinne des haitianischen Sprichworts „Die Dinge müssen sich entwickeln" braucht man ausreichend Zeit, um zum Kern einer Fragestellung vorzustoßen). Doch trotz der Tatsache, dass dieser Zeithorizont nicht immer gegeben ist und viele Entscheidung unter Zeitdruck getroffen werden müssen, muss uns klar sein, dass eine nicht ausreichende Auseinandersetzung mit der Problemstellung u.U. zu einer falschen Lösung führt (auch wenn es entsprechend obigem Zitat nach HAMMOND et al. [1999, 16] eine *exzellente* Lösung für das – leider falsche – Problem darstellt).

2.3 Festlegung der Ziele – Ableitung der Kriterien

> *Perfektion der Mittel und Konfusion der Ziele*
> *kennzeichnen meiner Ansicht nach unsere Zeit.*
> Albert Einstein

Ist das Problem ausreichend und präzise formuliert, folgt der zweiten Schritt, die Zielformulierung. Vorher sollte aber folgende einfache Frage gestellt werden: „Welche Minimalanforderung soll die zu treffende Entscheidung erfüllen?" oder mit anderen Worten „welchen Zustand soll die zu treffende Entscheidung und Umsetzung herbeiführen, damit eine Verbesserung des Status Quo gegeben ist?". Kann die Entscheidung unter keinen Umständen eine Verbesserung der derzeitigen Situation herbeiführen, erübrigen sich alle weiteren Arbeitsschritte. Entscheidungen sind häufig mit viel Arbeit, Risiken und Schwierigkeiten verbunden. Wenn nun die Wirkung geringer ist als die definierten Minimalanforderungen, ist es besser, keine Entscheidung zu treffen (vgl. MALIK, 2000, 215).

Wenn eine Entscheidung alle Minimalanforderungen erfüllen wird, so stellt sich die Frage, wozu überhaupt Zieldefinitionen benötigt werden bzw. warum Ziele so wichtig sind. Diese kann recht einfach beantwortet werden: *Ziele sind die Richtschnur, der Maßstab, anhand dessen alle zur Verfügung stehenden Lösungsansätze beurteilt werden.* Jeder Entscheidungsprozess stellt uns vor die Wahl, aus vorhandenen Lösungsansätzen *(=Alternativen)* den besten auszuwählen. Eine rationale Auswahl ist aber nur möglich, wenn wir uns der Ziele bewusst sind, die wir durch die Lösung des Problems erreichen wollen. Die Zielformulierung mag im ersten Moment banal erscheinen, bereitet aber vielen Menschen Probleme, deren Ursachen in den unterschiedlichen Zielarten, in unpräzisen Zielformulierungen und Definitionen und in gegensätzlichen Zielen liegen und zusätzlich durch die Persönlichkeit des Entscheidungsträgers beeinflusst werden.[21]

Bei den Zielarten muss man zwischen *fundmentalen* Zielen und *davon abgeleiteten* Zielen unterscheiden. Ein fundamentales Ziel wäre z.B. die Verbesserung der Lebensqualität im Ruhestand. Davon abgeleitete Ziele wären die optimale Auswahl von Rentenfonds oder die Beschäftigung mit spirituellen und philosophischen Fragen. Es ist empfehlenswert, fundamentale Ziele nicht auf einer Ebene mit abgeleiteten Zielen in ein Modell einfließen zu lassen, da diese nicht unabhängig voneinander sind (im Sinne einer Zielhierarchie ist dies häufig eine notwendige Voraussetzung).

---

[21] Problematisch sind insbesondere unklar oder verschwommen formulierter Ziele. In vielen Marketingplänen findet man Zielformulierungen wie „Ziel ist die Steigerung des Umsatzes für das Babypflege-Sortiment!". Eine 0,5%-Steigerung ist dann ebenso eine Zielerreichung wie eine 18%-Steigerung des Umsatzes. Ein korrekt formuliertes (operationales, d.h. messbares) Ziel muss folgende Elemente enthalten: (a) Inhalt (hier: Umsatzsteigerung), (b) Ausmaß (10%) und (c) Zeitbezug (innerhalb des nächsten Jahres).

Neben der Unterscheidung in fundamentale/abgeleitete Ziele ist es wichtig, zwischen *komplementären* (sich gegenseitig ergänzenden) und *konkurrierenden* (gegensätzlichen) Zielen zu unterscheiden. Problematisch sind naturgemäß gegensätzlichen Ziele. In der Entscheidungstheorie spricht man von Zielkonflikten bei multikriteriellen Entscheidungsproblemen. Ein Premiumprodukt, welches überwiegend aus exquisiten und ausgewählten Rohstoffen besteht, wird schwerlich der Forderung nach minimalen Rohstoffkosten entsprechen können. Ebenso schließen sich bei Kraftfahrzeugen minimaler Kraftstoffverbrauch und maximale Sicherheit aus. Ein typischer Zielkonflikt aus der Ökonomie ist jener zwischen Rentabilität und Liquidität.[22]
Daraus folgt zwangsläufig, dass Kompromisse eingegangen werden müssen. Kompromisse zu schließen ist weder gut noch schlecht, wichtig ist aber zu wissen, welche Kompromisse eingegangen werden dürfen und welche faul sind (vgl. MALIK, 2000, 215f.). Mit anderen Worten: Was ist für das Unternehmen, die Abteilung, die Familie oder das eigene Leben in einem wirtschaftlichen, sozialen oder moralischen Kontext richtig oder falsch? Das Urteil „richtig" oder „falsch" kann aber nur dann gefällt werden, wenn eine Richtschnur vorhanden ist, und diese Richtschnur wird durch die Ziele vorgegeben.

Ziele hängen stark mit den persönlichen Werten oder der Unternehmenskultur zusammen. Nicht umsonst findet man in jedem strategischen Marketinglehrbuch ein Kapitel über Unternehmensleitbild und Unternehmenskultur. Ohne Zweifel beeinflussen diese tagtäglich die Art und Weise, wie Entscheidungen getroffen werden (die gelebten Leitbilder oft stärker als die

---

[22] Liquidität = Bestand an sofort verfügbaren (Kassa, Bank) sowie kurz- bis mittelfristig verfügbaren Zahlungsmitteln; je höher diese ist, umso weniger finanzielle Mittel steht für Investitionen zur Verfügung. Die zukünftigen Erträge sind im Allgemeinen daher aufgrund fehlender Investitionen niedriger, was den ROI natürlich negativ beeinflusst.

schriftlich fixierten). Das ist auch ein Grund, warum die Ziel-Arbeit ungern getan wird. Egal ob für berufliche oder private Zwecke, es fließen immer fundamentale Dinge mit ein. Ziele fallen einem nicht einfach in den Schoß, die wahren Bedürfnisse sind oft verschüttet, liegen im Verborgenen (latente Bedürfnisse) oder werden nicht artikuliert. Soziale Erwartungen, unternehmensinterne Normen, alltägliche Sorgen haben massiven Einfluss auf die Zieldefinition. All das kann es schwierig machen, Ziele konkret, umfassend und korrekt zu formulieren. Der Weg zu solide erarbeiteten Zielen läuft über 4 Schritte (vgl. HAMMOND et al., 1999, 35ff.):

1. Niederschrift aller Aspekte, die in Zusammenhang mit der Entscheidung stehen
2. Umwandlung (Umformulierung) aller Aspekte in konkrete Ziele
3. Trennung der Mittelziele von den Endzielen (Mittel versus Zweck)
4. Testen der Ziele

1. Schritt: In dieser Phase sollten Gedankengänge nicht voreilig verworfen werden, weil sie utopisch oder nicht realisierbar erscheinen. Zu viel Ordnung in dieser Phase stört nur den Kreativitätsprozess, es sollten alle gegenwärtigen und zukünftigen Aspekte einbezogen werden. Die folgenden Tipps helfen, Ziele und Wünsche umfassend und gründlich zu erarbeiten:

- Schreiben einer Wunschliste: Welche Wünsche soll die Entscheidung erfüllen? Welches Ergebnis kann als optimal angesehen werden?
- Was wäre das schlimmste Ereignis, welches auf jeden Fall durch die Entscheidung verhindert werden muss?
- Was wird für andere gewünscht, die von dieser Entscheidung betroffen sind?
- Können Bekannte oder Kollegen zu den Zielen befragt werden? Gibt es solche, die sich in ähnlichen Situationen befan-

den. Interessant sind vor allem die Aspekte, die diese in die Entscheidung einbezogen haben.

- Die bestmögliche Lösung: Was ist so wunderbar daran?
- Das schlimmste Ergebnis: Was ist so furchtbar daran?
- Wie kann man eine Entscheidung anderen erklären, wie sie rechtfertigen? Die Antworten darauf könnten unberücksichtigte Aspekte offenbaren.
- Handelt es sich um eine Team- oder Gruppen-Entscheidung? In diesen Situationen kann es hilfreich sein, dass jede/r diesen Prozess zunächst alleine durchläuft, bevor die Listen zusammengeführt werden.

2. Schritt: Wie erwähnt sind operationale Ziele stets durch Inhalt, Ausmaß und Zeitbezug charakterisiert. Für die Ziele, die in ein Entscheidungsmodell einfließen, ist diese punktgenaue Formulierung *nicht* unbedingt notwendig. Es genügt wenn man klare und einfache Sätze formuliert, wie z.B. „Minimierung der jährlichen Wartungskosten", „Reduktion der Beschwerderate", „Minimierung der Treibhausgase", „Einhaltung der Umweltstandards" usw.

3. Schritt: In der ersten Stufe ist die Unterscheidung zwischen *Mittel- und Zweckzielen* nicht von Bedeutung. In der dritten Phase muss nun aber Ordnung in die Ziele-Sammlung gebracht werden. Dies kann z.B. in Form einer Zielhierarchie durchgeführt werden. Auf einer Ebene sollten in diesem Fall nur gleichrangige Ziele eingetragen werden.

Endziele stellen die weiteste Zielformulierung dar, die direkt von späteren Alternativen beeinflusst wird. Mittelziele wiederum stellen mögliche Stationen auf dem Weg zum Endziel dar. Die Unterscheidung ist insofern von Bedeutung, weil beide Zielarten eine wichtige Rolle im Entscheidungsprozess spielen. Jedes Mittelziel hilft Lösungsmöglichkeiten zu generieren und vertieft das Problemverständnis. Endziele müssen auf der obersten Zielebene im Entscheidungsmodell angesiedelt sein und dürfen nicht mit Mittelzielen vermischt werden.

Fallbeispiel 5

Mittel- und Zweckziele am Beispiel Produktmanagement: Es soll ein Produkt (Solarzellen) mit einer verbesserten technischen Eigenschaft (höherer Wirkungsgrad) auf den Markt gebracht werden, um neue Zielgruppen anzusprechen oder um bestehende Kunden zu halten (diese tätigen Ersatzinvestitionen wieder bei uns). Das *Endziel* ist aber nicht die Erschließung neuer Zielgruppen oder das Halten bestehender Kunden sondern etwa die *Erhöhung des Umsatzes* in der Produktsparte „Solarzellen" oder die *Gewinnmaximierung*. Entscheidungsmodell mit gleichrangigen Zielen auf jeder Ebene: Die beiden Ziele „Erschließung neuer Zielgruppen" und „Halten der Stammkunden" sind in der Zielhierarchie auf einer Ebene unterhalb des Oberziels „Maximierung des Umsatzes" einzutragen. Wenn ein Mittel-Ziel, wie z.B. „neue Zielgruppen" auf eine Ebene mit „Umsätze maximieren" steht, dann wird dem Mittelziel zu viel Bedeutung beigemessen und Unabhängigkeit der beiden Ziele angenommen, was im konkreten Fall sicherlich nicht gegeben ist (neue Zielgruppen bedingen i.d.R. mehr Umsätze; es besteht eine Abhängigkeit der beiden Variablen).

4. Schritt: Zum Testen der Ziele kann man auf zweierlei Arten vorgehen: (1) Anhand der erarbeiteten Ziele einige wenige Alternativen evaluieren. Bei Hervorbringung einer zufrieden stellenden Lösung dürfte das Zielsystem ausreichend sein. Wenn keine gute Auswahl gefunden wurde, wurden vielleicht wichtige Ziele übersehen. (2) Die andere Möglichkeit ist, jemand anderem die Entscheidung basierend auf den Zielen zu erklären. Treten dabei Schwierigkeiten auf, hat man Probleme, die Lösungsansätze aufgrund des Zielsystems zu erklären, wurden wahrscheinlich wichtige Ziele vergessen.

Allgemein sollten *Ziele nicht durch das Vorhandensein von Daten oder dem Zugang zu Daten* beschränkt werden. Festgelegte Ziele fließen implizit als Kriterien in das Entscheidungsmodell ein. Wenn „Minimierung der Kosten" als ein Ziel im Modell vorhanden ist, dann resultiert daraus das Kriterium „Kosten". Die Funktion „Minimierung" wird dadurch zum Ausdruck gebracht, dass niedrigere Kosten ein höheres Nutzengewicht im Modell bekommen als höhere.

2.4 Die Suche nach Alternativen

Die häufigsten Fehler, die bei der Suche nach Alternativen gemacht werden, sind, dass man zu früh die Suche abbricht und sich dadurch mit *zu wenigen Alternativen* begnügt und/oder dass man den gegenwärtigen Zustand – *den Status quo* – als Alternative ausklammert. Der Status quo mag zwar unbefriedigend sein, hat aber den Vorteil, dass man seine Vor- und Nachteile genau kennt und gelernt hat mit den Schwierigkeiten zu leben. Deshalb ist es ratsam, keinem falschen Entscheidungs- oder Änderungszwang zu unterliegen und bei der Suche nach Alternativen den Status quo ebenfalls zu berücksichtigen.

Die Ursachen für den ersten Fehler – zu wenige Alternativen – sind vielfältig: Einer der Gründe ist, dass man sich oft mit „business as usual" begnügt. Ein Beispiel für „business as usual" wäre eine Firma, die das jährliche Werbebudget jeweils mit 10% vom Umsatz festlegt. Und weil das jedes Jahr so gemacht wurde, wird das Werbebudget auch im laufenden Geschäftsjahr mit 10% vom Umsatz fixiert.[23] Eine Diskussion darüber beschränkt sich häufig auf die nominelle Höhe des Prozentsatzes, d.h., ob 10% gerechtfertigt sind oder ob nicht z.B. 12% oder 8% geeigneter wären. Man könnte die Höhe der Werbeausgaben aber auch ausgehend

---

[23] Eine deutlich negative Konsequenz ist das damit zusammenhängende prozyklische Verhalten. Eine Krisensituation wird dadurch noch verstärkt anstatt abgeschwächt, indem bei sinkenden Umsätzen automatisch mit einer Reduktion der Werbeausgaben reagiert wird.

von den Werbezielen bestimmen und nicht als fixen Anteil eines schwankenden Umsatzes, was entsprechend der einschlägigen Marketingliteratur sicherlich zielführender wäre (und u.U. sogar ressourcenschonender).

Dies ist übrigens ein typisches Beispiel für eine häufige Entscheidungsfalle, den so genannten *psychologischen Anker* (vgl. BAZERMAN, 1998). Anstatt die grundsätzliche Vorgehensweise zu hinterfragen, bleibt man am Vorjahreswert „kleben" und bewegt sich marginal auf- oder abwärts.[24] Zahlreiche psychologische Untersuchungen haben dieses Phänomen belegt. Besonders einfach lässt es sich auch beim Schätzen von Größenordnungen nachweisen.[25]

Ein anderer Grund für eine zu geringe Zahl an Alternativen ist, dass man *die erste Alternative*, die eine mögliche Lösung des Problems darstellt, auswählt. Im Alltag ist diese Vorgehensweise nicht weiter schlimm. Man sucht ein gutes chinesisches Restau-

---

[24] Beispiel Bazar: Der typische Bazarhändler nennt einen Preis, der sich in aller Regel in astronomischer Höhe befindet, weil er aus Erfahrung weiß, dass er damit einen Anker setzt. Anstatt zuerst über Kriterien zu verhandeln, womit der Wert dieses Teppichs wirklich zu ermitteln wäre, begehen viele den Fehler, diesen Anker als gegeben hinzunehmen und von dort ausgehend mit dem Händler zu feilschen.

[25] Angenommen wir müssten die folgende Frage beantworten: „In den USA wird der Anteil der Akademiker in der Bevölkerung auf rund ein Drittel geschätzt. Wie hoch schätzen Sie die Akademikerquote im benachbarten Kanada?" Das Ergebnis der Schätzung wird sicherlich anders aussehen, wenn wir die Frage neu formulieren: „Bitte schätzen Sie den Anteil an Akademikern in Kanada". Bei der alternativen Formulierung wird die Schwankungsbreite der Schätzungen ungleich größer sein – weil kein psychologischer Anker vorhanden ist (zur Info: Kanada dürfte weltweit die höchste Akademikerquote aufweisen, rund die Hälfte der Bevölkerung hat eine akademische Ausbildung, wobei dies nicht unbedingt mit dem Wissen in der Bevölkerung korreliert).

rant und fragt einen Bekannten. Sollte sich sein Tipp als Reinfall herausstellen, hat man schlimmstenfalls einen verdorbenen Magen. Anders bei Investitionsentscheidungen: Benötigt wird z.B. eine neue Packungsmaschine, die Investitionssumme beträgt 100.000 Euro. Wird man in diesem Fall die erstbeste Lösung akzeptieren? Sicherlich nicht. Hier hilft eine einfache Übung: Jedes Mal, wenn eine brauchbare Lösung aufgespürt wurde, zwingt man sich, mindestens noch eine andere Lösungsmöglichkeit zu finden. Erst wenn die neu gefundene Alternative deutlich schlechter abschneidet und nicht zu erwarten ist, dass noch neue, bisher unberücksichtigte Lösungen gefunden werden, sollte die Suche endgültig beendet werden.

Zeitdruck ist mitunter der wohl häufigste Grund für zu wenige Alternativen. Bei einer Entscheidung, bei der man unter Zeitdruck gesetzt wird, sollte man immer daran denken, dass es in den meisten Fällen viel zeitaufwändiger ist, die Folgen schlechter Entscheidungen zu kompensieren. Sehen wir uns ein Beispiel an: Familie X suchen eine Eigentumswohnung. Bei der letzten Wohnung, die sie besichtigt hatten, haben sie ihr Interesse zum Kauf offen bekundet. Zwei Tage später ruft der Makler an und meint, er hat nun einen zweiten Interessenten, der noch am selben Tag ein verbindliches Angebot legen wird. Wie wird sich die Familie X entscheiden? Die Wohnung gefällt zwar, aber es ist erst die dritte Wohnung, die sie sich angesehen haben. Vielleicht ist es auch nur ein Trick des Maklers? Vielleicht findet die Familie in den nächsten Wochen eine noch viel schönere Wohnung? In einer solchen Situation sollten die *Folgen und Risiken* einer jeden Alternative durchdacht werden, um eine Entscheidung treffen zu können. Drei wesentliche Fragen sollten dabei als Richtschnur dienen (vgl. MALIK, 2000, 218f.):

Die erste Frage muss lauten: *Wie lange legen uns die einzelnen Alternativen zeitlich fest und wie reversibel sind sie*? Beim Kauf einer Eigentumswohnung legt man sich zeitlich i.d.R. für einige Jahre fest. Sie kann zwar wieder verkauft werden, allerdings mit der Unsicherheit der Entwicklungen auf dem Immobilienmarkt oder dem Auffinden eines Käufers. Auch schließt die Wahl einer derartigen Alternativen weiterer Lösungsmöglichkeiten meist aus (wie Miete).

Die zweite Frage lautet: *Welches Risiko birgt jede Alternative in sich und wie hoch ist dieses?* Im Fall der Eigentumswohnung hat man z.B. das Risiko, dass kurz nach dem Wohnungskauf umfangreiche Reparaturarbeiten im Haus anfallen und der Reparaturfonds leer ist. Oder ein anderer Eigentümer im Haus wird insolvent und man muss u.U. solidarisch für dessen Schulden aufkommen.[26]

Die dritte, noch offene Frage lautet: *Was sind die Rahmenbedingungen der Alternativen oder, mit anderen Worten, welche An-*

---

[26] Grundsätzlich ist es hilfreich zwischen *vier verschiedenen Arten von Risiken* zu unterscheiden. *Zum einen* gibt es das Risiko, das jeder hat, der wirtschaftet, das Risiko der wirtschaftlichen Existenzvernichtung (Insolvenz). Dieses Risiko hat man unabhängig von der jeweiligen Entscheidungssituation. *Zum zweiten* gibt es das Risiko, „das man sich *leisten kann*", welches einen nicht vernichtet, wenn es eintritt (MALIK, 2000, 218). Sie übernehmen eine kleine Firma zu einem moderaten Kaufpreis. Nach einem Jahr stellt sich heraus, dass die Firma nicht die Geschäfte gebracht hat, die Sie sich erwartet hatten. Da Sie wohlhabend sind, verkraften Sie dieses Risiko. *Die dritte Art* von Risiko ist das Risiko, das Sie sich auf gar keinen Fall leisten können – die pure Katastrophe – das bei Eintritt sogar die Konsequenzen des ersten Risikos (Insolvenz) zur Folge haben kann. Sie gründen eine Internet-Startup-Firma. Ihr erstes Projekt, ein Online-Shop läuft viel versprechend an. Sie sparen Kosten, indem Sie unbekümmert Bildmaterial verwenden, dessen Urheberrechte Sie nicht besitzen. Die daraus resultierenden Klagen führen geradewegs in den Bankrott. Die *vierte Art* von Risiko ist jenes, welches einem keine Wahl mehr lässt, ist jene Option, die man eingehen muss, egal ob man will oder nicht – man kann es auch als Kismet, Karma oder schlichtweg Schicksal bezeichnen – und mit dessen Konsequenzen man zurande kommen muss (z.B. Schäden einer Umweltkatastrophe, für die keine Versicherung aufkommt).

nahmen liegen diesen zugrunde? Auf das Wohnungsbeispiel zurückkommend gilt es zu überlegen, wie sich die Wohnungspreise in naher Zukunft entwickeln werden. Ist die Tendenz steigend oder fallend? Ist das Angebot in der jeweiligen Kategorie knapp oder ausreichend? Die einer Entscheidung zugrunde liegenden Annahmen und Prämissen legen den Gültigkeitsbereich der Entscheidung fest. Man wird in den wenigsten Fällen alles wissen, was man wissen müsste, um eine Entscheidung unter „Sicherheit" treffen zu können (die Annahme vollkommener Information ist für die Mehrzahl der Entscheidungssituationen nur theoretischer Natur). Ändern sich die Umstände, dann steht man vor einer völlig neuen Situation und die ursprüngliche Entscheidung kann sich als falsch erweisen. Als Richtschnur für die Gültigkeit der Prämissen kann die folgende Frage herangezogen werden: *„Bei Eintreten welcher Umstände wollen wir akzeptieren, dass wir uns getäuscht haben?"* (MALIK, 2000, 220). Die Bedeutung dieser Frage darf nicht unterschätzt werden. Der Schaden einer falschen Entscheidung wird nicht geringer dadurch, dass man unter allen Umständen länger daran festhält.[27]

---

[27] Man sollte sich von vergangenen Kosten, die nicht refundierbar sind, bei der aktuellen Entscheidungssituation keinesfalls beeinflussen lassen. Angenommen, man entschließt sich zur Reparatur eines defekten Kraftfahrzeuges und schon kurze Zeit später ist das Fahrzeug wieder defekt. Soll man in so einer Situation erneut in die Reparatur investieren? Es wurde ja erst vor kurzem eine hohe Reparaturrechnung bezahlt. In dieser Situation sollte man bedenken, dass die bereits angefallenen Kosten sog. *„Sunk cost"* darstellen; zukünftige Investitionen sind davon unabhängig. So sollte die Entscheidung nicht von den bisherigen Kosten beeinflusst werden, sondern davon, welcher Erfolg mit erneuten Zahlungen realistischerweise zu erwarten ist. Ist eine deutliche Besserung des Status Quo realistisch, dann kann eine erneute Investition durchgeführt werden. Wie auch immer die Entscheidung ausfällt, die bisherigen Zahlungen sind auf alle Fälle verloren, auch wenn wir jetzt wieder vor der gleichen Entscheidung stehen.

Tabelle 3: Konsequenzentabelle

| | Alternativen | | |
	Provider A	Provider B	Provider C
Monatliche Kosten	340	240	500
Domain Registergebühr	nein	1500	1500
Virtuelle Domain	ja	ja	ja
Web Space	10 MB	5 MB	10 MB
CGI-Verzeichnis	ja	nein	nein
Mailformulare	unbegrenzt	nein	ja
E-Mail Adressen	7	5	10
Alias Adressen	10	10	15
Leitungskapazität	unlimitiert	limitiert	unlimitiert
Speed in Europa	gut	gut	sehr gut
Speed nach Übersee	gut	gut	sehr gut
Online Controlpanel	vorhanden	vorhanden	vorhanden

(Die erste Spalte der Tabelle ist mit „Ziele" beschriftet.)

Eine hilfreiche Methode zur Abschätzung der Folgen ist eine einfache *Konsequenzentabelle*. In der linken Spalte werden die Ziele niedergeschrieben, in der Kopfzeile die Alternativen und darunter liegend die erwarteten Ergebnisse bei den einzelnen Zielen. Die obige Tabelle enthält eine Konsequenzentabelle zur Auswahl des optimalen Internet-Service-Providers für das Hosting einer Firmen-Website. Wie man sieht, verliert man bei der Vielzahl an Zielen oder Kriterien rasch den Überblick. Bei einfacheren Fragestellungen genügt oft schon die Anlage dieser Tabelle und man wird sich über die optimale Entscheidung klar. Bei komplexeren Beispielen ist die Konsequenzentabelle eine hervorragende Basis zur Anfertigung eines hierarchischen Entscheidungsmodells.

Auch wenn die Methode einfach erscheint, so müssen die in der Tabelle enthaltenen Informationen möglichst vollständig, präzise und natürlich richtig sein. Es ist erstaunlich wie viele Führungskräfte zwar Arbeit und Zeit in die Suche nach Alternativen investieren, wie oft sie sich aber nicht mehr die Mühe machen, die mit den Alternativen verbundenen Konsequenzen zu durchdenken. Zwei Fragen gilt es bei der Suche nach Alternativen noch zu beantworten (vgl. HAMMOND et al., 1999, 50ff.):

(1) *Wie* kommt man zu *ausreichend vielen und adäquaten* (also zur Problemlösung geeigneten) Alternativen?
(2) *Wann* sollte man mit der Alternativensuche *aufhören*? Welches Abbruchkriterium kann herangezogen werden?

Die folgenden Hinweise helfen bei der Beantwortung dieser Fragen:

Mit den Zielen beginnen: Die entscheidende Frage hierbei lautet: Wie können Endziele als auch die Mittelziele erreicht werden? Wenn ein Ziel z.B. lautet „Senkung der Produktionskosten für Solarzellen", dann führt uns die Frage „Wie" zur folgenden Antwort: „Durch effizientere Produktionsverfahren und/oder billigere Rohstoffe". Wie sind effizientere Produktionsverfahren zu erzielen? Durch Investitionen in neue Produktionsanlagen und/oder Prüfsysteme, die energiesparender arbeiten und weniger Fehler bei Halb- und Fertigprodukten verursachen. Wie kommen wir zu solchen Produktionsanlagen/Prüfsystemen? Durch Verhandlung mit bestehenden und neuen Lieferanten. Die Frage nach dem „wie" führt demnach direkt zu den Alternativen.

Hausaufgaben: Bevor man andere um Rat fragt oder Experten heranzieht, sollten so viele Alternativen wie möglich selbst gefunden werden. Jeder Mensch hat eine andere Sichtweise der Dinge und wir sollten uns zuerst selbst ein Bild von der Lage machen, bevor wir vorschnell die Gedankengänge anderer übernehmen.

Rat von anderen: Nachdem wir das Problem gründlich durchdacht haben, bitte wir andere um Rat. Falsch wäre aber die Frage: „Was würden Sie an meiner Stelle tun?", richtig die Frage: „Wie sehen Sie das Problem aufgrund Ihrer Expertise, Erfahrungen und Ihrer beruflichen Position und welche Lösungsmöglichkeiten würden Sie vorschlagen?". Andere befinden sich nie an unserer Stelle. Sie können immer nur ihre persönliche Sichtweise der Dinge einbringen. Oft ist es hilfreich Menschen um Rat zu fragen, die in anderen Berufssparten tätig sind. Menschen, die ein Problem aus der Distanz betrachten, stoßen oft auf Aspekte, die wir als Involvierte nicht sehen können („Betriebsblindheit"). Offenheit bei den Gesprächen ist ein Muss, diese sind primär ein Katalysator, ein Anstoß für neue Ideen.

Trennen zwischen Suche nach Alternativen und Bewertung derselben: Wie bei der Brainstorming-Methode ist es ratsam, zuerst Alternativen zu sammeln und diese erst später zu bewerten. In dieser Phase sollte möglichst offen vorgegangen werden, auch ungewöhnliche Lösungsvorschläge sind erwünscht. Manchmal führen utopisch anmutende Lösungsvorschläge zu Alternativen, die umsetzbar sind und die sonst vielleicht übersehen worden wären.

Das Unterbewusstsein braucht Zeit, um an dem Problem zu arbeiten: Manchmal arbeitet man seit Tagen an einem Problem und ist der Lösung keinen Schritt näher gekommen. Plötzlich kommt die zündende Idee, in einer Situation, die überhaupt nichts mit dem beruflichen Alltag zu tun hat, abends im Bett, morgens unter der Dusche, am Weg zur Arbeit oder im Restaurant beim Abendessen. Der Grund für dieses Phänomen liegt darin, dass die analytische Gehirnhälfte das Problem an die kreative und intuitive Gehirnhälfte weitergibt. Wenn die linke analytische Gehirnhälfte (bei Linkshändern umgekehrt) keine Lösung findet, arbeitet die intuitive, rechte Gehirnhälfte an dem Problem weiter. Tatsache ist, dass die kreative Gehirnhälfte dann am besten arbeitet, wenn wir entspannt sind.

Hinterfragen der Rahmenbedingungen: Bei Entscheidungsproblemen haben wir es immer mit zwei verschiedenen Rahmenbedingungen zu tun – mit faktischen und „eingebildeten". Ein jährliches Marketingbudget von 100.000 Euro zur Vermarktung ist eine faktische Rahmenbedingung, innerhalb dessen die bestmögliche Marktwirkung erzielt werden muss. Wenn man von Anfang an davon ausgeht, dass das Budget einfach zu gering für effektive Werbeauftritte im Fernsehen ist, so werden kostengünstigere Möglichkeiten wie Product Placement, Sponsoring oder die Nutzung sozialer Medien vielleicht übersehen. In diesem Fall hat eine Rahmenbedingung „im Kopf" dazu geführt, wertvolle Alternativen noch vor der Bewertung auszuschalten.

Kommen wir nun zu der Frage, wie lange man nach Alternativen suchen soll. Letztendlich wird man nie absolute Gewissheit haben, alle Möglichkeiten erfasst zu haben. Trotzdem können uns die folgenden Fragen helfen, die Suche zum rechten Zeitpunkt abzubrechen:

- Wären wir mit einer der erarbeiteten Alternativen als endgültige Lösung einverstanden?
- Verfügen wir über ein breites Spektrum an Alternativen? Sind Lösungsvorschläge darunter, die sich gänzlich von anderen unterscheiden?
- Benötigen andere Elemente unserer Entscheidung mehr Aufmerksamkeit und Zeit wie z.B. die Abschätzung der Folgen und Risiken der Alternativen?
- Wäre unsere Arbeitszeit sinnvoller und produktiver für die Bewertung und Entscheidungsfindung eingesetzt?

Wenn wir alle diese Fragen mit „Ja" (oder zumindest mit „eher schon") beantworten können, dann kann die Suche abgebrochen und mit der Bewertung und letztendlichen Auswahl einer Alternative fortgefahren werden. Die *Bewertung der Alternativen* werden wir an dieser Stelle nicht besprechen, da dieser Vorgang das Kernstück der DSS, z.B. der Nutzwertanalyse oder des Analytischen Hierarchieprozesses (AHP) ausmacht. Zum Abschluss dieses Kapitels wenden wir uns noch der Entscheidung, der Umsetzung und der Kontrolle der Entscheidung zu.

2.5 Entscheiden – Umsetzen – Kontrollieren

Nachdem die Alternativen bewertet wurden, ist der nächste Schritt die Entscheidung, welche der Alternativen umzusetzen ist. Dennoch gibt es Führungskräfte, die in dieser Situation keine Entscheidung treffen, die noch eine Studie oder noch einen Feldversuch durchführen, immer mit der Begründung, dass noch zu viele unsichere Faktoren vorliegen. In Wahrheit leiden diese Führungskräfte aber unter *Entschlusslosigkeit*. MALIK (2000, 221) meint dazu lapidar: „Solche Leute gehören nicht ins Management". Nichtsdestotrotz kann es Situationen geben, in welchen die letzte Entscheidung schwer fällt. In solchen Fällen sollten man sich vor Augen halten, dass immer ein Unsicherheitsfaktor bleibt und dass wir nicht mehr tun können, als eine Entscheidung ordentlich und gründlich zu erarbeiten.

Vor der endgültigen Entscheidung ist es aber ratsam, noch einmal „auf die innere Stimme zu hören", die Entscheidung nochmals zu überdenken, noch einmal „darüber zu schlafen". Wie immer dieses intuitive „auf die innere Stimme hören" aussehen mag, wenn dabei herauskommt, dass etwas nicht stimmt, sollten die einzelnen Prozessstufen nochmals analysiert werden (wenn es die Zeit noch zulässt). Vielleicht wurde eine wichtige Kleinigkeit vergessen, vielleicht hat man am Anfang etwas übersehen? In dieser Phase ist *Intuition* am besten eingesetzt. Denn Intuition kann nicht als Ersatz für gründliche Arbeit und Analyse gelten. Die Arbeit wurde ja bereits geleistet, wenn die vorherigen Phasen Schritt für Schritt durchgegangen wurden. „Intuition steht *nicht am Anfang* eines Entscheidungsprozesses, sondern an dessen *Ende*. Dann, wenn alle Hausaufgaben gemacht sind und weitere Arbeit keinen zusätzlichen Nutzen mehr bringen würde, ist Intuition angebracht" (MALIK, 2000, 222).

Wenden wir uns nun der Umsetzung zu. Drei wichtige Dinge sind in dieser Phase zu fixieren: die *wesentlichen Tätigkeiten* der Umsetzung, welche *Person* wofür die *Verantwortung* trägt und schließlich, bis *wann* welche Ergebnisse vorliegen sollen. Zur Bestimmung der wesentlichen Tätigkeiten sollten die folgenden Fragen geklärt werden:

1. „Wer muss in die Realisierung einbezogen werden?
2. Wer muss daher bis spätestens wann und in welcher Weise über die Entscheidung informiert werden?
3. Wer braucht welche Informationen, welche Werkzeuge und welches Training, damit er die Entscheidung, ihre Realisierung und deren Konsequenzen versteht und einen aktiven Beitrag leisten kann?
4. Wie wollen wir den Vollzug der Entscheidung überwachen, kontrollieren und steuern? Wie muss das Reporting über die Entscheidung aussehen?" (MALIK, 2000, 224)

Der vierte Punkt spricht bereits die Kontrolle an. In dieser Phase ist die Versuchung groß, sich zurückzulehnen und abzuwarten, bis die Mitarbeiter (i.e. die „Umsetzer der Entscheidung") den Bericht über das Endergebnis der Umsetzung vorlegen. Wenn dann etwas schief gelaufen ist, ist es ein leichtes, die Mitarbeiter dafür verantwortlich zu machen. Meistens ist es dann zu spät oder nur mehr mit großem Zeitaufwand und hohen Kosten möglich, Korrekturen vorzunehmen. Der bessere Weg ist eine ständige Begleitung der Umsetzung. Dieser Weg ist deshalb nicht beliebt, weil er zeitaufwändig erscheint. In Wahrheit handelt es sich dabei aber um ein sehr zeitsparendes Vorgehen, weil rechtzeitig eingegriffen und auf unerwartete Dinge reagiert werden kann. Mitarbeiter sind in dieser Phase einfach und effizient zu motivieren, erste Erfolge können aufgegriffen, die Mitarbeiter dafür gelobt werden. Der Fortschritt der Umsetzung kann für alle sichtbar gemacht werden. Empfehlenswert ist es dabei, persönlich mit den Mitarbeitern zu kommunizieren, sich die Dinge selbst anzuschauen und sich nicht nur auf schriftliche Berichte oder kurze E-mail-Nachrichten zu verlassen. So behält man nicht nur den ständigen Überblick über die Umsetzung, sondern vertieft gleichzeitig Sachkenntnis und Kompetenz.

Wir haben uns in diesem Kapitel damit auseinander gesetzt, wie *im Idealfall entschieden werden sollte*. In der Wissenschaft bezeichnet man dies als die *präskriptive* Entscheidungstheorie. In den folgenden drei Kapiteln wechseln wir den Standpunkt und versuchen eine Antwort auf die Frage zu geben, *wie in der Praxis* tatsächlich entschieden wird. Wissenschaftlich gesprochen begeben wir uns damit in das Feld der *deskriptiven* Entscheidungstheorie.

3 Die Bedeutung der Komplexität für unser Entscheidungsverhalten

> *„Some Decisions are fairly obvious – 'no-brainers'.*
> *But the no-brainers are the exceptions."*
> HAMMOND et al. (1999)

Komplexität ist ein Modewort, welches einem inflationären Gebrauch unterworfen ist, ohne dass sich jemand der Mühe unterzieht, genau festzulegen, was eigentlich darunter zu verstehen ist. Als einfachste Definition könnte „Vielschichtigkeit" genommen werden. Für unsere entscheidungstheoretischen Überlegungen ist diese simple Definition (viele Ziele, Kriterien, Alternativen) allerdings nicht ausreichend, wie wir im Folgenden sehen werden.

Komplexität wird gerne zitiert, um Managementfehler oder politische Fehlentscheidungen zu rechtfertigen. Oder um die *staatliche Paralyse* gegenüber Globalisierungseffekten, der Gentechnikdiskussion oder dem Treibhauseffekt zu entschuldigen. Schnell sind wir bereit das Etikett „Komplexität" einem Sachverhalt zuzuschreiben, sei es der gegenwärtigen politischen Situation, sei es einer Ehekrise oder einer wissenschaftlichen Erkenntnis. Andererseits ist Komplexität aber mehr als nur ein Etikett, es ist ein wichtiger Faktor, der die Art und Weise, wie wir Entscheidungen treffen, beeinflusst.

Wenn wir in der Lage wären, Komplexität anhand bestimmter Merkmale zu beschreiben, und gleichzeitig das Entscheidungsverhalten von Managern in diesen unterschiedlichen Situationen zu beobachten, könnten wir Aussagen darüber treffen, wie Komplexität unser Entscheidungsverhalten beeinflusst. Umgelegt auf ein spezifisches DSS bedeutet dies, dass wir ableiten könnten, für welche komplexen Problemstellungen es sinnvoll und notwendig ist, dieses einzusetzen und für welche Problemstellungen oder Situationen es weniger geeignet erscheint. Diese Fragestellungen zu beantworten, ist das Ziel des vorliegenden Kapitels. Wir werden ein Denkschema vorstellen, anhand dessen man unterschiedliche komplexe Entscheidungssituationen kategorisieren kann. Darauf aufbauend beschreiben wir, wie Führungskräfte Alternativen evaluieren. Anschließend betrachten wir, welchen Einfluss Komplexität auf das Entscheidungsverhalten ausübt. Aufgrund dieser Informationen können wir anschließend ableiten, für welche komplexen Situationen der Einsatz spezifischer DSS am besten geeignet ist.

3.1 Denkschema zur Bestimmung komplexer Entscheidungssituationen

Das im Folgenden präsentierte Denkschema zur Kategorisierung von Komplexität basiert auf der Arbeit von Paul C. NUTT (1998). NUTT (1998) analysierte 317 strategische Management-Entscheidungen von Firmen oder Non-Profit Organisationen in den USA über einen Zeitraum von 2 Jahren und fand eine Reihe von generalisierbaren Erkenntnissen, die wir in diesem Kapitel vorstellen werden.

Komplexität (Vielschichtigkeit) ist ein *subjektiv wahrgenommenes Phänomen*, welches man für unsere Zwecke am besten anhand von zwei wesentlichen Komponenten beschreiben kann:

1. *Schwierigkeitsgrad der Entscheidungsprozedur* (ablesbar von der Zahl der Alternativen und Kriterien)

2. *politischer Widerstand,* der der Entscheidung entgegengebracht wird

Von *schwierigen Entscheidungsprozeduren* (NUTT [1998] bezeichnet diese Variable als „procedural difficulty") spricht man
nicht nur bei Vorhandensein von vielen Alternativen und Kriteri-
en sondern auch, wenn kein geeigneter Bewertungsmechanis-
mus zur Lösung eines Entscheidungsproblems vorhanden ist. Ein
Beispiel aus dem Bereich *Produktinnovation:* Viele Unternehmen
kämpfen mit dem Problem, wie sie Ideen zur Produktverbesse-
rung oder -neuentwicklung objektiv bewerten können. Deren
Mitarbeiter bringen zwar Ideen und Lösungsvorschläge für neue
Produkte ein, aber es gibt im Unternehmen keine transparente
Methode zur Bewertung und Auswahl dieser Vorschläge. In einem solchen Fall spricht man von *subjektiv schwierigen Entscheidungsprozeduren.*
Ein *schwieriges politisches Umfeld* (NUTT [1998] spricht von „poli-
tical difficulty") ist vorhanden, wenn die Umsetzung der Entscheidung von außen angefeindet wird. Sei es, dass es Vorgesetzte gibt, die bestimmte Ergebnisse verhindern wollen, sei es, dass
die öffentliche Meinung durch Medienberichterstattung bereits
ein vorgefasstes Urteil besitzt oder dass eine Abteilung möglichen Veränderungen in der Organisationsstruktur feindlich ge-
sinnt ist.
Anhand dem *Schwierigkeitsgrad der Entscheidungsprozedur* und
dem *politischen Widerstand* kann man vier Entscheidungssituationen unterschiedlicher Komplexität formulieren.

Von *Routine-Entscheidungen* spricht man, wenn weder politische
Widerstände vorhanden sind, noch schwierige Entscheidungsprozeduren anzuwenden sind. Sie stellen somit die einfachste
und häufigste Entscheidungssituation dar. 49% aller Entscheidungen fielen in diese Kategorie in der Untersuchung von NUTT
(1998). Ihr Erfolg lag über der durchschnittlichen Erfolgsrate
aller Entscheidungen – ein Umstand, der bei Routineentschei-

dungen nicht überraschend ist. Ein typisches Beispiel für eine Routine-Entscheidung wäre die Entscheidungssituation eines Einkäufers einer Supermarktkette. Drei konkurrierende Firmen offerieren Tafelschokolade zu vergleichbaren Qualitäten und Preisen. Da der Einkäufer erfahren ist und mit dieser Art von Entscheidung tagtäglich konfrontiert ist, bereitet es ihm keine Mühe eine Auswahl zu treffen. Anhand verschiedener Kriterien, wie z.b. Umschlagshäufigkeit der Produkte, erwarteter Deckungsbeitrag pro Regalfläche und den Umsatzzahlen vergleichbarer Produkte, kann er ohne Weiteres das für ihn attraktivste Angebot auswählen. Politische Widerstände sind keine zu erwarten, da ihn die Firmenleitung mit allen Kompetenzen ausgestattet hat, um uneingeschränkt Einkäufe tätigen zu können. Solange die gelisteten Produkte, die in sie gesetzten Erwartungen erfüllen, wird es keine Probleme geben.

Von *komplizierten Entscheidungen* spricht man, wenn die Zahl der Alternativen und die Zahl der Kriterien so groß ist, dass mit reinen Routineentscheidungen das Problem entweder nicht zu lösen ist oder keine befriedigenden Ergebnisse erzielt werden können. Diese Art der Entscheidung wurde in 30% der Fälle beobachtet. Häufig ist bei komplizierten Entscheidungen noch unklar, welche Methode oder welcher Lösungsalgorithmus zur Problemlösung geeignet ist. Im Falle von komplizierten Entscheidungssituationen besteht die wesentliche Aufgabe darin, ein praktikables Entscheidungsmodell samt dazu passender Entscheidungsmethode zu finden. Handelt es sich z.B. um ein rein quantitatives Entscheidungsproblem, wie die optimale Ressourcenzuteilung innerhalb eines Produktionsprogramms bei gegebnen Kapazitäten und wenn ein linearer Zusammenhang zwischen Input und Output angenommen werden kann, dann bietet sich die lineare Optimierung als Lösungsmethode an (siehe Kapitel B5.3, S. 131). Müssen auch qualitative Aspekte berücksichtigt werden, dann ist es wichtig, eine Methode auszuwählen, welche in der Lage ist, quantitative und qualitative Aspekte zu berücksichtigen (z.B. AHP). Wandeln wir das vorige Beispiel in eine komplizierte Entscheidungssituation um, dann bekommt der Einkäufer nicht drei verschiedene Sorten Tafelschokolade angeboten, sondern 200 Artikel aus der Warengruppe Süßwaren. Seine Aufgabe wäre nun die voraussichtlich 30 besten Artikel auszuwählen. In dieser Situation wird der Einkäufer schnell an seine kognitiven Grenzen stoßen, wenn er die Auswahl der 30 besten Artikel durchführen möchte, ohne ein Entscheidungsmodell heranzuziehen.

Entmutigte Entscheidungen – als nächste Entscheidungsart – sind zwar von der Prozedur her als einfach einzustufen, haben aber den Nachteil, dass politische Widerstände vorhanden sind (17% der Fälle). Obwohl sie technisch einfach zu handhaben wären, dauert deren Umsetzung im Vergleich zu den anderen Entscheidungen signifikant länger. Bei *entmutigten* Entscheidungen muss das zur Anwendung gelangende Verfahren nicht nur die „beste Alternative" vorschlagen, sondern vor allem überzeugende Argumente zu deren Umsetzung liefern. Entscheidungsmethoden, die in diesen Situationen angewendet werden, sollten vor allem die *Transparenz und Nachvollziehbarkeit* eines Entscheidungsprozesses verbessern. Der Einsatz eines DSS kann durchaus helfen, entmutigte Entscheidungen umzusetzen, weil das Zustandekommen von Ergebnissen transparent gemacht wird, wodurch sie nachvollziehbar und besser verstanden werden. Umgelegt auf unser Einkaufsbeispiel würde aus der Routineentscheidung eine entmutigte Entscheidung, wenn der Einkäufer einen Vorgesetzten hätte, welcher eine bestimmte Süßwarenfirma vorzieht. Obwohl diese Firma zu ungünstigeren Konditionen als die anderen Mitbewerber ihre Produkte anbietet, ist ihm klar, dass er einen Konflikt mit seinem Vorgesetzen eingehen müsste, wenn er diese Firma nicht listete. Die Auswahl des Bestbieters wäre zwar methodisch einfach, die Umsetzung dieser Entscheidung stellt den Einkäufer aber vor einige Probleme.

Die schwierigsten und komplexesten Entscheidungen sind die *blockierten Entscheidungen*, welche sowohl technisch schwierig zu lösen sind, als auch starke politische Widerstände aufweisen (4% der Fälle). Sie stellen eine Kombination aus komplizierten und entmutigten Entscheidungen dar. D.h. für diese Art eines Entscheidungsproblems braucht man sowohl methodisch ausgefeilte Entscheidungssysteme sowie transparente und schlagkräftige Argumente. Bei blockierten Entscheidungen dauert die Umsetzung nach NUTT (1998) doppelt so lange wie bei komplizierten Entscheidungen, ein deutliches Zeichen für die hohen Anforderungen, die zur Lösung derartiger Problemstellungen an die Entscheidungsträger gestellt werden.

3.2 Auswirkung der Komplexität auf das Entscheidungsverhalten

Es ist wissenschaftlich erwiesen, dass Komplexität einen Einfluss auf den Erfolg von Entscheidungen ausübt. Komplexität ist aber nur ein Einflussfaktor. Ein anderer wesentlicher Faktor ist die Art, *wie* wir Alternativen bewerten. Es stellt sich somit die Frage, ob die *Komplexität* oder die *Bewertungsmethode* den Erfolg einer Entscheidung stärker beeinflusst. NUTT (1998) konnte in seiner Untersuchung nachweisen, dass die Bewertungsmethode, oder wissenschaftlich gesprochen die Evaluationstaktik, den Erfolg doppelt so stark beeinflusst wie die Komplexität, durchaus ein interessantes Ergebnis – für den Erfolg einer Entscheidung ist weniger die *Situation*, in der man entscheidet, als das zur Anwendung gelangende *Verfahren* Ausschlag gebend. Die folgende Abbildung zeigt innerhalb des Komplexitätsrasters, welche Bewertungsverfahren eingesetzt worden sind. Folgende Bewertungsverfahren konnten in der Praxis beobachtet werden:

- Quantitative analytische Verfahren
- Intuitives Urteilen (NUTT [1998] spricht von „judgement")

- Subjektive Datenmethode, Meinung von Anwendern, von Sponsoren und Geldgebern, Expertenurteile („subjective tactics")
- Verhandlungen („bargaining")

Die folgende Grafik visualisiert, welche der einzelnen Verfahren bei den vier Entscheidungssituationen vorrangig eingesetzt werden. In der Folge gehen wir darauf ein, wie erfolgreich diese waren[28] und wie lange im Durchschnitt die Umsetzung der Entscheidungen dauerte.

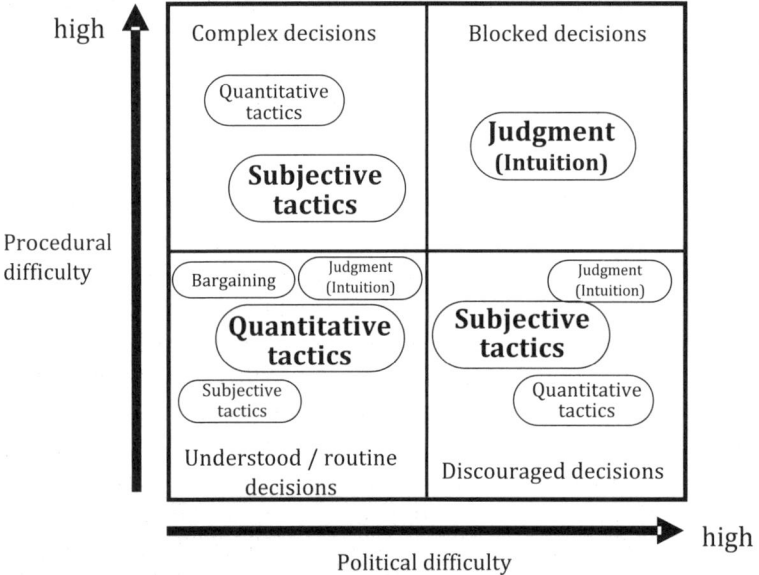

Abbildung 13: Häufige Evaluationstaktiken je nach Komplexität

In *Routine-Situationen* werden alle Taktiken eingesetzt, vor allem quantitative Methoden aber auch intuitives Urteilen. Generell

---

[28] Zur Operationalisierung von „Erfolg" siehe S. 108.

liefern intuitive Urteile eher schwache Ergebnisse, mit einer einzigen Ausnahme – in *blockierten Situationen* sind die Ergebnisse der Entscheidungen überdurchschnittlich gut (auch wenn die Zeitdauer der Umsetzung länger ist als in anderen Situationen). Dies ist eine überraschende Erkenntnis: In blockierten Situationen erzielen viele Entscheidungsträger nach NUTT (1998) durch ihr persönliches intuitives Urteil noch akzeptable Ergebnisse.

In *komplizierten Situationen* werden vorrangig *quantitative* Analysemethoden und *subjektive* Methoden wie Expertenurteile, die Meinung von Sponsoren (Geldgebern) und die von Anwendern eingesetzt. Die Qualität der Entscheidungen ist zwar im Falle der subjektiven Methoden nicht überragend, aber dafür ist die Umsetzungszeit wesentlich kürzer. Wer also rasch eine Entscheidung umsetzen muss, greift eher zu subjektiven Methoden und nimmt dafür eine geringere Qualität der Entscheidungen in Kauf. Je komplizierter eine Entscheidung wird, also je mehr Alternativen und Kriterien zu berücksichtigen sind, umso eher sind Führungskräfte bereit *analytische Verfahren* einzusetzen. Dennoch ist die Qualität der Entscheidungen bei diesen in komplizierten Situationen oft enttäuschend.

In *entmutigten Situationen* mit politischem Widerstand wird eine Reihe von unterschiedlichen Taktiken verwendet, wobei subjektive Verfahren und quantitative Analysen bevorzugt werden. Die besten Ergebnisse erzielen Feldtests, die verwendet werden, um den Nutzen einer Alternative zu demonstrieren (eine genauere Beschreibung der einzelnen Verfahren erfolgt im folgenden Kapitel).

4 Evaluationstaktiken von Führungskräften

Man stelle sich vor, man könnte beobachten, wie tagtäglich in komplexen Situationen entschieden wird. Was kann daraus gelernt werden? Sicherlich dieses: Manche Bewertungsverfahren (i.e. Evaluationstaktiken) sind erfolgreicher, andere weniger erfolgreich. Entscheidungen werden manchmal schneller und manchmal langsamer umgesetzt.

Im vorliegenden Kapitel findet sich eine detaillierte Beschreibung der Evaluationstaktiken, die in der Praxis eingesetzt werden. Eine Evaluationstaktik ist eine Methode, die ein Entscheidungsträger verwendet, um aus mehreren Alternativen die optimale auszuwählen. Die Verwendung von statistischen Methoden, von Intuition oder von Feldversuchen wären drei Beispiele unterschiedlicher Evaluationstaktiken. Für Details, wie die Studie von Nutt exakt durchgeführt wurde, verweisen wir auf die wissenschaftliche Quelle (vgl. NUTT, 1998). Im Rahmen dieser Studie wurde der *Erfolg der getroffenen Entscheidungen* anhand der folgenden Kriterien gemessen:

- Wurde die Entscheidung (vollständig oder teilweise) umgesetzt? (complete and sustained adoption)?
- Wie viel Zeit verging nach getroffener Entscheidung bis zur endgültigen Umsetzung? (*Zeitdauer der Umsetzung in Monaten*)
- Wie wurde die Qualität der Entscheidung *von beteiligten Mitarbeitern* eingestuft? (subjektive Einschätzung)

Die subjektive Beurteilung durch die Mitarbeiter wurde deshalb eingeholt, weil sich die Firmen großteils weigerten, „harte" quantitative Daten wie Umsatzanteil oder Rentabilität der jeweiligen Projekte zur Verfügung zu stellen. Die subjektive Einschätzung von Mitarbeitern von unternehmensinternen Projekten führt an und für sich zu guten Ergebnissen. Zusätzlich zu den eben erwähnten Erfolgskriterien wurde auch die Art der Komplexität mithilfe des im vorigen Abschnitt erwähnten Denkrasters für jede einzelne Entscheidung gemessen.

Die beteiligten Unternehmen stammen zu 41% aus dem privatwirtschaftlichen Sektor und zu 59% aus dem öffentlichen oder Non-Profit Sektor. Die analysierten Entscheidungen können folgenden Managementbereichen zugeordnet werden (vgl. NUTT

1998): Standortfragen (4%), Personalpolitik (5%), Reorganisation (9%), Controlling (14%), Technologie (18%), Kundendienst (18%) und Produkte/Dienstleistungen (32%). Der größte Anteil der Entscheidungen fiel demnach in die Produkt- oder Dienstleistungspolitik. An zweiter Stelle rangieren mit je 18% Entscheidungsprobleme technologischer Art und Fragen zum Kundendienst. 14% entfielen auf das Controlling, alle anderen Entscheidungssituationen traten mit weniger als 10% Häufigkeit auf. Somit handelt es sich um eine breit angelegte, wissenschaftlich fundierte Studie, deren Ergebnisse sicherlich auf andere Institutionen, Unternehmen oder Non-Profit Organisationen anwendbar sind.

Im Hinblick auf die Informationen, die Führungskräfte zur Entscheidungsfindung heranziehen konnten *sechs unterschiedliche Informationsquellen* und *vier Evaluationstaktiken* identifiziert und in der Folge bewertet werden. Die Informationsquellen sind firmeninterne oder -externe Datenarchive, Feldversuche, Meinungen und Sichtweisen von wichtigen Kapitalgebern oder Vorgesetzten, Expertenurteile, Prototypen oder Modelle sowie Benutzerpräferenzen. *Feldversuche* im Marketingbereich wären z.B. Testmärkte, um neue Produkte vor einer breit angelegten Markteinführung unter realitätsnahen Verhältnissen zu testen. In der naturwissenschaftlichen Forschung wären dies z.B. Feldversuche von genetisch modifizierten Pflanzen. Die *Expertenurteile* stammen entweder von Praktikern oder Wissenschaftlern, die in einem spezifischen Bereich über Expertenwissen verfügen, oder von externen Unternehmensberatern. Zu dem Bereich *Benutzerpräferenzen* sind ebenso Konsumentenbefragungen in großem Umfang zu zählen, wie qualitative Tiefeninterviews oder Gruppendiskussionen. Die *vier Basis-Evaluationstaktiken*, die in der Praxis angewendet werden, sind die genannten *analytischen* Methoden, *subjektive* Methoden, *intuitives Urteil* und *Verhandlungen*:

- *Analytische Methoden* sind z.B. Kosten-Nutzen Analysen oder mathematische Modelle, mit deren Hilfe neue Informationen gewonnen oder Rückschlüsse auf kausale Zusammenhänge identifiziert werden.

- *Subjektive Methoden* kommen zur Anwendung, wenn Entscheidungsträger die Meinungen anderer (z.B. Experten oder Kunden) oder archivierte Daten interpretieren. Der Unterschied zur analytischen Methode liegt darin, dass bei der *subjektiven Datenmethode* quantitative Daten *zur Unterstützung von Werturteilen* herangezogen werden.[29]
- *Intuitives Urteilen* liegt dann vor, wenn weder Daten gesammelt noch interpretiert werden. Die Entscheidungsträger verlassen sich auf ihre eigene Erfahrung und versuchen nicht, ihre Entscheidung nachvollziehbar zu gestalten. Die Argumente zur Rechtfertigung dieser Vorgehensweise lauten z.B.: „Es war offensichtlich, dass ..." oder „es wäre politisch inakzeptabel gewesen, wenn ..." oder „aufgrund unserer Erfahrung hat sich gezeigt, dass ...".
- *Verhandlungen* als Entscheidungsgrundlage kommen immer dann zum Einsatz, wenn ein Konsens von einflussreichen Partnern, Vorgesetzten, Konkurrenten etc. zur Problemlösung unabdingbar erscheint.

Fasst man die vier Evaluationstaktiken nach Häufigkeit ihrer Anwendung zusammen, ergibt sich folgendes Bild:

---

[29] Ein Beispiel zur Illustration: Eine Firma plant die Bezahlung der Arbeiter von wöchentlich auf monatlich umzustellen. Um diese Entscheidung leichter umsetzen zu können, werden sowohl die Arbeiter über ihre Wünsche befragt, als auch das Kosteneinsparungspotenzial durch Umstellung auf monatliche Bezahlung überprüft. Da für die Firmenleitung das Kosteneinsparungspotenzial wichtiger ist als die Wünsche der Arbeiter (i.e. ein subjektives Werturteil), basiert diese Entscheidung auf einer subjektiven Methode. Die so gewonnenen Daten werden anschließend herangezogen, um ein Werturteil mit „objektiven" Argumenten zu untermauern.

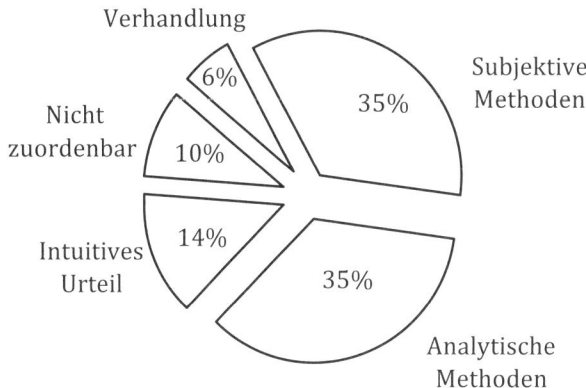

Verhandlung
6%
Subjektive Methoden
35%
Nicht zuordenbar 10%
Intuitives Urteil 14%
35%
Analytische Methoden

Abbildung 14: Evaluationstaktiken

Subjektive und analytische Methoden wurden jeweils in 35% der untersuchten Fälle beobachtet. Bemerkenswert ist dieses Ergebnis insofern, dass quantitative Methoden nach NUTT (1998) deutlich häufiger zum Einsatz kommen, als ursprünglich aufgrund anderer Untersuchungen angenommen. 14% der beobachteten Entscheidungen basieren auf *intuitiven Urteilen* und 6% auf *Verhandlungsergebnissen*. 10% der Entscheidungen konnten nicht eindeutig zugeordnet werden.[30]

Das Vorhandensein von sehr unterschiedlichen Evaluationstaktiken in der Praxis ist ein weiterer Beleg für die Notwendigkeit, dass Entscheidungsunterstützungssysteme unterschiedliche Datenquellen und Bewertungsmaßstäbe flexibel handhaben können. Bestimmte DSS können sowohl Daten von subjektiven und analytischen Methoden als auch intuitive Urteile zur Lösung komplexer Probleme verwenden sowie bei Gruppenentscheidungen eingesetzt werden. Derartige Werkzeuge sind dadurch

---

[30] Möglicherweise können diese Ergebnisse auch damit begründet werden, dass strategische Entscheidungen (also solche mit langfristigen Auswirkungen) untersucht wurden.

auch hervorragend geeignet, um Entscheidungsgrundlagen für Verhandlungen zu liefern. Wir werden uns diesem Thema an anderer Stelle erneut zuwenden.

4.1 Erfolgsquoten der unterschiedlichen Evaluationstaktiken

Bei vielen Studien über das Entscheidungsverhalten wird der Erfolg der getroffenen Entscheidungen nicht gemessen. Im Unterschied dazu hat NUTT (1998) den Erfolg anhand der *Umsetzung der getroffenen Entscheidung* (komplette oder teilweise Umsetzung), der *Zeitdauer der Umsetzung* und der *subjektiven Beurteilung der Qualität der Entscheidung* gemessen.[31] Die folgende Tabelle zeigt die ermittelten Werte dieser Kriterien bei den unterschiedlichen Bewertungsmethoden.[32]

Im Durchschnitt wurden 61% der beobachteten Entscheidungen teilweise und 52% zur Gänze umgesetzt. Die durchschnittliche Implementationszeit betrug 8,7 Monate und die subjektive Qualität der Entscheidungen wurde durchschnittlich mit 3,7 bewertet (bei 3 = adäquat und 4 = gut).

Aus Tabelle 4 kann man weiters ableiten, dass *intuitives Urteilen*, was die *komplette Umsetzung* einer getroffenen Entscheidung anbelangt, schlechter abschneidet als der Durchschnitt (außer bei blockierten Situationen, siehe Kapitel B3.2, S. 105). Überdurchschnittlich gute Werte bekamen *analytische Bewertungsmethoden* und *Verhandeln* in Bezug auf die *teilweise Umsetzung* und *subjektive Qualität* der getroffenen Entscheidungen. Über-

---

[31] Letztere wurde von zwei Mitarbeitern, die an der Entscheidung beteiligt waren, anhand einer 5 stufigen Skala beurteilt (5 = außerordentlich bis 1 = schwach).

[32] Die vier Haupt-Evaluationstaktiken (analytische, subjektive Taktik, Verhandeln und intuitives Urteilen) wurden noch weiter aufgefächert und zwar zu neun unterschiedlichen Evaluationstaktiken.

durchschnittlich schnelle Umsetzung der getroffenen Entscheidungen brachte *Verhandeln* und *intuitives Urteilen*.

Tabelle 4: Evaluationstaktiken und Erfolgskennzahlen

	Häufig-keit	teilweise Umsetzung	komplette Umsetzung	Subjektive Qualität der Entscheidung	Zeitdauer der Umsetzung (Monate)
Analytische Taktiken					
Quantitative Datenanalyse	21%	64%	51%	3,7	7,0
Quantitative Pilotstudie	9%	75%	64%	3,9	12,7
Quantitative Simulation	5%	53%	47%	3,9	7,3
∑	35%				
Durchschnitt		64%	54%	3,8	9,0
Subjektive Taktiken					
Subjektive Datenmethode	11%	64%	52%	3,6	9,9
Expertenmeinung	9%	59%	37%	4,0	9,8
Anwendermeinung	6%	65%	67%	3,6	5,5
Sponsorenmeinung	9%	50%	39%	3,3	11,7
∑	35%				
Durchschnitt		60%	49%	3,6	9,2
Verhandeln	6%	74%	74%	3,9	6,6
Intuitives Urteil	14%	47%	36%	3,3	7,5
Nicht zuordenbar	10%				
∑	30%				
Durchschnitt		61%	52%	3,7	8,7

Es stellt sich die Frage, welche Evaluationstaktik insgesamt die besten Ergebnisse liefert. Die Beantwortung würde ad hoc sicherlich schwer fallen. Wenn wir eine Reihung nach den Zahlenwerten der obigen Tabelle durchführen, hätten wir das Problem, dass wir unterschiedliche Skalenniveaus wie z.B. *Prozentwerte* oder *Monate* miteinander kombinieren müssten. Zusätzlich schneiden manche Taktiken in bestimmten Kategorien besser und in anderen schlechter ab. *Quantitative Pilotstudien* führten z.B. zu sehr guten Umsetzungswerten (75%), hätten aber den Nachteil, die längsten Umsetzungszeiten aufzuweisen (12,7 Monate).

Bewertung von Evaluationstaktiken

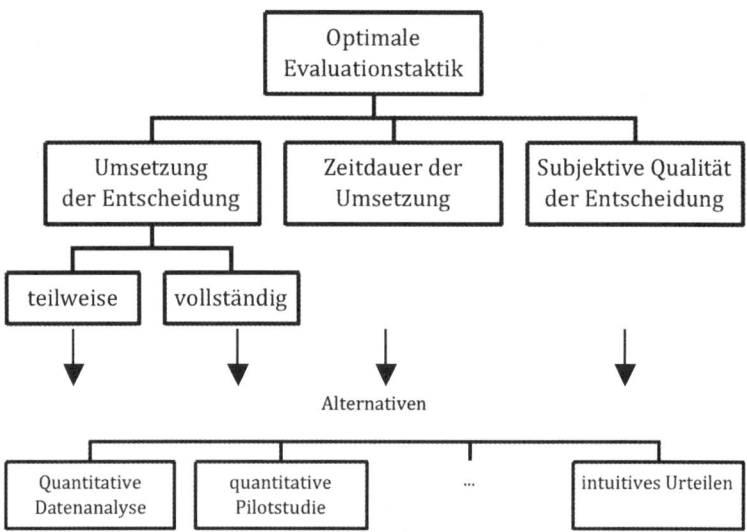

Abbildung 15: Modell zur Auswahl der besten Evaluationstaktik

Wir stehen also vor einem typischen Entscheidungs-(Bewertungs-)Dilemma, einem „multikriteriellen Entscheidungsproblem", ein klassisches Entscheidungsproblem, welches hier mithilfe eines MCDSS (Multi Criteria Decision Support Systems, hier dem AHP[33]) gelöst wurde. Bei dem Bewertungsvorgang wurde bewusst darauf verzichtet, die Kriterien (Umsetzung der Entscheidung, Zeitdauer der Umsetzung und Qualität der Entscheidung) zu gewichten.

---

[33] Zur Methodik siehe S. 169ff.

In dieses Modell wurden die Daten aus Tabelle 4, S. 113 eingetragen und das folgende Ergebnis errechnet: Bei gleicher Gewichtung der Kriterien (i.e. Umsetzung, Zeitdauer und subjektive Qualität der Entscheidung) sind die besten in der Praxis beobachteten Evaluationstaktiken die *Anwendermeinung*, *Verhandeln* und die *quantitative Datenanalyse* (siehe folgende Abbildung). An letzter Stelle der Evaluationstaktiken findet man die *Meinung von Sponsoren* und *intuitives Urteilen*.[34]

Das Ergebnis der AHP-Synthese untermauert die Bedeutung der Kundenorientierung und Marktforschung und stellt der Unternehmensberatung und Kapitalgebern ein weniger gutes Zeugnis aus. Wenn uns der *Grad der Umsetzung* einer Entscheidung wichtiger wäre als *die Zeitdauer der Umsetzung*, dann wäre eindeutig *Verhandeln* die beste Evaluationstaktik von allen.

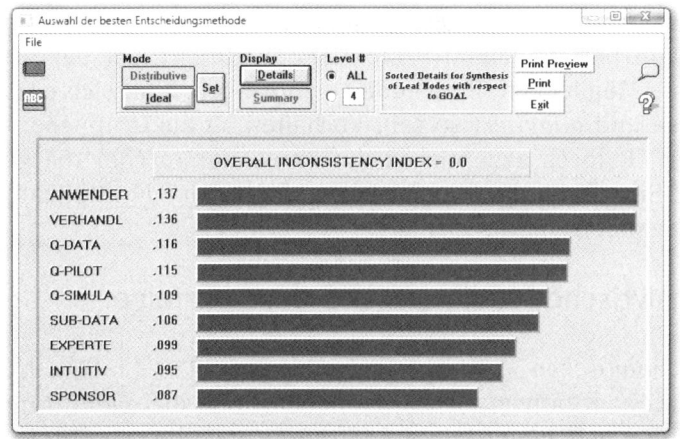

Abbildung 16: Reihung der Evaluationstaktiken nach Erfolgswerten

---

[34] Bei diesem Modell werden die Erfolge unabhängig von der Entscheidungssituation beurteilt; allerdings kann die Entscheidungssituation einen signifikanten Einfluss auf den Erfolg einer Entscheidung haben.

Das Ergebnis deckt sich mit den Erfahrungen von Hewlett Packard, die nach Einführung der projektorientierten Teamarbeit gemacht wurden – ein spezieller Fall der anwenderbezogenen Entscheidungsfindung. Die Teams wurden so zusammengesetzt, dass aus jeder Abteilung mindestens ein Vertreter im Team sein musste. Wenn es z.B. um ein Projekt über Produktinnovation ging, so war nicht nur ein Vertreter aus der Marktforschungsabteilung, einer aus der Marketingabteilung und einer aus der technischen Planungsabteilung anwesend, sondern auch ein Facharbeiter aus dem Werk, der letztendlich die Pläne und Konzeptionen der „Eggheads" praktisch *anwenden* sollte. Durch diese Maßnahme konnte sowohl die Produktentwicklungszeit als auch die Fehleranfälligkeit in der Produktion drastisch gesenkt werden. Eine Ursache für die hohe Erfolgsquote der Anwendermeinung mag die *„Kooptation"* (Kunstwort aus „Kooperation" und „Adaption"). Durch die Einbeziehung der Anwender und die gemeinsame Arbeit an einem Projekt (*Kooperation*), hat der Anwender die Möglichkeit, Einwände einzubringen, fühlt sich ernst genommen und *adaptiert* so sein Verhalten an die Gruppenentscheidung. Dadurch akzeptieren die Anwender rascher die getroffenen Entscheidungen und wirken als positive Multiplikatoren bei der späteren Umsetzung.

4.2 Analytische Methoden und deren Erfolge

Bei *der analytischen Vorgehensweise* konnte NUTT (1998) drei Arten von quantitativen Methoden beobachten: die *quantitative Datenanalyse, die quantitative Pilotstudie* und die *quantitative Simulation.* Typische Merkmale und Beispiele dieser Evaluationstaktiken sind in untenstehender Tabelle veranschaulicht.
Die am häufigsten angewendete analytische Methode war mit Abstand die *quantitative Datenanalyse.* Von allen Evaluationstaktiken wurde sie in 21% aller Fälle eingesetzt. Diese Methode „had some of the better (but not the best) decision outcomes" (NUTT, 1998, 1153). Die Zeitdauer der Umsetzung lag im Durchschnitt

bei 7 Monaten, ein Wert, der im besseren Drittel aller Entscheidungen liegt. *Quantitative Pilotstudien* (9% aller Entscheidungen) erbrachten manche der besten Entscheidungen und eine der schlechtesten Entscheidungen. In Summe hatte diese Methode die höchste Erfolgsrate, leider jedoch auch einen gravierenden Nachteil. Die Zeitdauer von Entscheidung bis zur Umsetzung war die längste von allen Evaluationstaktiken. Sie lag um 150% über der effizientesten Methode (Verhandlungen) und um 42% über der durchschnittlichen Umsetzungsdauer.

Tabelle 5: Quantitative Analysemethoden

Evaluationstaktik	Typische Merkmale	Beispiel
Quantitative Datenanalyse	Auswahl einer Alternative durch quantitative Datenauswertung	• Kosten-Nutzen-Analyse von Computer Aided Design (CAD)-Software • Prognose zukünftiger Gewinne von potenziellen Ölquellen basierend auf historischen Daten vergleichbarer Förderstätten
Quantitative Pilotstudie	Auswahl einer Alternative aufgrund von Feldtests, deren Ergebnisse quantitativ ausgewertet werden	• Test eines Callcenters in einem Hospital, um zu sehen, ob die Rate fehlgeleiteter Anrufe reduziert werden kann • Markttest eines Kosmetikproduktes im Einzelhandel zur Prognose zukünftiger Profite basierend auf den Umsätzen, der Umschlagshäufigkeit und speziellen Kundenmerkmalen
Quantitative Simulation	Auswahl einer Alternative durch Modellformulierung und anschließende Simulation von Performancedaten aller Alternativen	• Machbarkeitsstudie eines Zeitplansystems in der Automobilindustrie, um potenzielle Kostenreduktionen und Output-Erhöhungen zu prognostizieren.

Quantitative Simulation (5% aller Entscheidungen) war die am wenigsten erfolgreiche Taktik im Vergleich zu den beiden vorher genannten Methoden. 7,3 Monate Implementationsdauer sind zwar effizient, aber die Ergebnisse waren eher schwach. Simulationen scheinen somit weniger überzeugend als quantitative Analysemethoden, die aktuelle Leistungsdaten verwenden.

Im Übrigen konnte NUTT (2001, 505ff) in einer weiterführenden Studie zeigen, dass diese Unterschiede auch im Hinblick auf den Entscheidungstyp („decision type") festgestellt werden können. So weisen die von NUTT (2001, 513) untersuchten Entscheidungstypen (Reorganisation, Kontrollsystem, Dienstleistungen, Technologie, Marketing, Interne Prozesse, Personal und Produkte) Umsetzungsraten („complete adoption") zwischen 36% und 57% auf. Der subjektiv bewertete Erfolg lag zwischen 3,4 und 4,3 Punkte auf der 5-teiligen Skala (mit 5 als höchstem Wert), die Zeitdauer betrug zwischen 4,1 Monate und 16,5 Monaten. Alle Unterschiede sind signifikant, weshalb im Allgemeinen davon auszugehen ist, dass der Erfolg einer komplexen Entscheidungssituation einerseits von der Problemstellung beeinflusst wird (Entscheidungstypen bei NUTT, 2001) und andererseits davon abhängt, welche Methode zur Problemlösung herangezogen wird.

4.3 Subjektive Methoden und deren Erfolge

Von OVERELL (2000, 16) stammt das Zitat, nach dem Manager manchmal „Daten" benötigen, um ihr innerstes Gefühl, das richtige zu tun, zu stützen. In so einem Fall ist ein hohes Maß an Subjektivität in der Entscheidung enthalten. Subjektive Entscheidungsmethoden kennzeichnen sich dadurch, dass die Entscheidungsträger, die *Meinung anderer* (Geldgeber, Vorgesetzte, Experten oder Anwender) oder *Daten* dazu verwenden, eine *vorab getroffene Wahl* mit überzeugenden und zwingenden Argumenten zu untermauern.

Tabelle 6: Subjektive Analysemethoden

Evaluationstaktik	Typische Merkmale	Beispiel
Subjektive Datenanalyse	Auswahl einer Alternative aufgrund eines *subjektiven Werturteils* nach Analyse spezifischer Kennzahlen und Daten	Eine Konkurrenzfirma von IBM am Heimcomputermarkt erfährt aus Marktforschungsergebnissen, dass die Konsumenten das eigene Produkt bei fast allen Merkmalen dem von IBM vorziehen. Trotzdem stufen die Konsumenten die Qualität von IBM-Produkten generell höher ein. Welche Maßnahmen sollte der Vorstand aufgrund dieser Daten ergreifen? Eine neue Image- und Werbekampagne starten? PR-Maßnahmen in Fachzeitschriften starten mithilfe von Produkttests? Technische Überlegenheit weiter ausbauen und hoffen, dass die Konsumenten diese letztendlich anerkennen. Der Vorstand entschied sich für letztere Maßnahme. Zwei Jahre später wartete er immer noch auf den Umschwung (CHURCHILL, 1995, 92).
Sponsorenmeinung	Auswahl einer Alternative weil ein Geldgeber oder Vorgesetzter angebliche „Fakten" zitiert	In den frühen 1970er Jahren bemerkte ein Zigarettenhersteller in den USA den verstärkten Trend der Konsumenten hin zu natürlichen Produkten. Begeistert von der Chance, eine neue Marktnische zu belegen, investierte das Unternehmen ein Vermögen, um eine „all-natural" Zigarette namens „Real" zu entwickeln. Anschließend wurden Marktforschungsfirmen mit Produkt- und Geschmackstests beauftragt, um die ursprüngliche Entscheidung zur Produktentwicklung zu rechtfertigen. Leider fiel *Real* bei allen Tests durch und wurde, nachdem Millionen umsonst investiert worden waren, nicht auf dem Markt eingeführt (CHURCHILL, 1995, 92).
Expertenmeinung	Auswahl einer Alternative basierend auf „Fakten", die durch einen Experten vertreten werden	Einkaufsentscheidungen der Weingroßhändler basierend auf den „Urteilen" von internationalen Experten; Investitionsentscheidung aufgrund der Empfehlungen eines einschlägigen Consulters.
Anwendermeinung	Auswahl einer Alternative basierend auf den Präferenzen, Einstellungen, der Zufriedenheit etc. von Anwendern	Geschmacktests von Bio-Joghurt durch KonsumetInnen; projektorientierte Arbeit in Teams, in denen die Umsetzer der vorgeschlagenen Produktverbesserungen (=Anwender) im Team mitarbeiten; Einbeziehung der Zulieferfirmen bei der Erstellung neuer Vertragskonditionen.

119

NUTT (1998) konnte vier unterschiedliche Arten von subjektiven Methoden beobachten: subjektive Datenmethode, Sponsoren-meinung (z.B. Geldgeber oder Vorgesetzte), Expertenurteile und Anwendermeinung. Interessant ist, dass diese Art der Evaluationstaktik – die subjektive Methode – in der wissenschaftlichen Forschung bisher nicht erwähnt wurde. Subjektive Evaluationen werden meistens dem intuitiven Urteil zugerechnet. Die Bezeichnung „Intuitives Urteilen" wurde in der Untersuchung von Paul Nutt aber nur dann verwendet, wenn kein offensichtlicher Versuch unternommen wurde, Daten zu sammeln oder die Logik der eigenen Überlegungen zu erklären. „... when decision makers applied their intuition to select among courses of action without explaining their reasoning or rationale ..." (NUTT, 1998, 1158). Die Unterschiede zwischen den vier subjektiven Evaluationstaktiken sind aus der Tabelle 6 ersichtlich.

Von allen subjektiven Verfahren wurde die *subjektive Datenanalyse* mit 11% am häufigsten eingesetzt. Die Erfolgsrate dieser Entscheidungen lag bei der Umsetzung etwas niedriger als der Durchschnitt und lag 10% über der durchschnittlichen Implementationszeit.
Nach unserem Ranking der Evaluationstaktiken (siehe Abbildung 16, S. 115) landete diese Methode auf dem sechsten Rang von insgesamt neun, ein deutliches Signal für die eher schlechte Eignung dieser Methodik zur Entscheidungsfindung.
Die *Sponsorenmeinung* war mit Abstand die schlechteste Taktik, sowohl bezüglich Umsetzungsrate als auch Umsetzungszeit. Anscheinend dürften Geldgeber oder Vorgesetzte nicht immer ausreichend mit der Materie vertraut sein.
Die *Expertenmeinung* kam in 9% aller Entscheidungen zur Anwendung. Meist wurden externe Unternehmensberater als Entscheidungsträger herangezogen oder vergangenen Praktiken von angesehenen Insidern der Vorzug gegeben, nach dem vorherrschenden Prinzip „was früher schon einmal funktioniert hat, wird auch diesmal wieder funktionieren". Die Entscheidungen

120

beruhten also auf Ratschlägen von „Outsidern" des Unternehmens oder der Erfahrung vergangener Arbeitsweisen. Diese Taktik wies sehr niedrige Erfolgsraten auf, weshalb sie im Ranking nur den siebten Platz belegte (die Adoptionsrate war um 25% schlechter als bei den besseren Taktiken und die Implementationsphase dauerte 10% länger als der Durchschnitt).

Dass die *Anwendermeinung* neben dem Verhandeln als Evaluationstaktik die besten Erfolge erzielte, haben wir bereits am Anfang dieses Kapitels erwähnt (siehe Kapitel B4.1, S. 112). Umso erstaunlicher ist, dass diese Methode wenig zum Einsatz gelangt. Nach der *quantitativen Simulation* wurde diese Taktik ebenso wie die des *Verhandelns* nur in 6% aller Fälle beobachtet. Vor allem die Umsetzungsdauer war mit 5,5 Monaten die kürzeste von allen Evaluationstaktiken.[35] Hier dürfte noch ein deutliches Potenzial zur Verbesserung der Entscheidungsfindung gegeben sein.

4.4 Verhandeln als Evaluationstaktik

In Verhandelungen werden Informationen aufbebereitet, Standpunkte geklärt, um Kompromisse zu finden, auf deren Basis eine Reihung oder eine Auswahl aus den möglichen Handlungsalter-

---

[35] Dass es sich auszahlt, auf Anwender zu hören, hat ein Manager der Handelsfirma Tesco in den USA eindrucksvoll gezeigt. Als der Pokémon-Trend noch in der Anfangsphase steckte, erkannte er, dass weder er noch seine Mitarbeiter genaue Kenntnis über die Pokémon-Produkte der Firma Nintendo besaßen (eigentlich müsste man von einem *Kult* sprechen). So engagierte er kurzerhand einen siebenjährigen Jungen als Berater, den er zufällig dabei belauscht hatte, wie er seinen Eltern die Pokémon-Welt erklärte. Der Junge musste dem gesamten Mitarbeiterstab die Pokémon-Welt erklären und wurde bei allen Einkaufs- und Werbe-Entscheidungen als Berater zugezogen. Innerhalb kürzester Zeit gingen mehr als eine Million Pokémon-Artikel bei Tesco über den Ladentisch.

nativen stattfindet. Meistens kommt diese Evaluationstaktik zur Anwendung, wenn es den beteiligten Personen an den entsprechenden Machtbefugnissen fehlt, um Entscheidungen alleine zu treffen oder wenn es einfach notwendig ist, unterschiedliche Interessen verschiedener Parteien auf einen Nenner zu bringen.

Obwohl diese Methode bei NUTT (1998) nur in 6% aller Fälle beobachtet wurde, ist sie neben der Anwendermeinung die erfolgreichste Methode von allen. 74% komplette Umsetzung der Entscheidung bei einer durchschnittlichen Implementationszeit von 6,6 Monaten bedeutet, dass diese Taktik Entscheidungen hervorbringt, die sich durch hohe Akzeptanz und rasche Umsetzung kennzeichnen. Sowohl die Qualität der Entscheidung, die Effizienz und die Umsetzung waren bei dieser Methode am besten. Einer der Gründe für die hohe Adoptionsrate und die schnelle Umsetzung dürfte die frühe Beteiligung der betroffenen Parteien am Entscheidungsprozess sein, der zu dem Phänomen der bereits erwähnten *„Kooptation"* führt (siehe dazu S. 116).
Allerdings besteht bei Verhandlungen immer auch die Gefahr, ergebnislos zu verlaufen, nachdem viel wertvolle Zeit vergangen ist. Die Gründe dafür mögen zum Teil in einer mangelhaften Vorbereitung der Sitzungsleiter (unzureichende Informationen) sowie in schwachen Verhandlungstechniken der Sitzungsteilnehmer liegen. Eine intensive Auseinandersetzung mit der Thematik des sachgerechten Verhandelns bietet das empfehlenswerte Buch von FISHER et al. (2000) „Harvard-Konzept. Sachgerecht verhandeln – erfolgreich verhandeln".

4.5 Intuitives Urteilen

„I take decisions without a logical reason. I just know to go down a certain path" – so definiert Fallowfield-Cooper, Präsident der Londoner Finanzfirma Future Source Bridge, was er unter Intuition versteht. Er ist einer von vielen Geschäftsmännern, die sich von selbst ernannten „intuitive consultants" mehrmals im Jahr beraten lassen. Mehr und mehr Business-Schools richten speziel-

le Kurse ein, um den Teilnehmern den Zugang zu ihrer persönlichen Intuition zu lehren. Ist dies das Ende der logisch analytischen Vernunft? Bleibt den unter Dauerstress stehenden Führungskräften als einziger Ausweg aus Überforderung, Zeitdruck und Informationsüberfluss nur mehr der „sechste Sinn", um erfolgreiche und rasche Entscheidungen zu treffen? Gemäß einem Artikel in der Financial Times geht es aber nicht um die Vermittlung esoterischen Wissens, sondern darum, dass die „intuitiven Unternehmensberater" den Führungskräften zeigen, wie sie die kreativen und logischen Seiten ihres Bewusstseins in eine Balance bringen können (vgl. OVERELL, 2000, 16). Das klingt weniger nach einer neuen Methode als mehr nach altbekanntem Wissen um die gemeinhin bekannten Erkenntnisse über Unterschiede in der Arbeitsmethodik von eher kreativen- oder eher analytischorientierten Persönlichkeiten. Natürlich kann auch Intuition und Kreativität trainiert werden, dies ändert aber letztlich nichts an den Beschränkungen, die mit dieser Entscheidungstechnik verbunden sind.

Denn obwohl intuitives Urteilen in einfachen „no-brainer" Situationen sicherlich sehr effizient eingesetzt werden kann, versagt diese in komplexen Situationen leider nur all zu oft. „Welche Verwendung könnte unsere Gesellschaft für so ein elektrisches Spielzeug haben?" fragte der Präsident von Western Union in den 1870er Jahren, nachdem ihm das Patent von Alexander Bell für das Telefon angeboten wurde. Aufgrund seines intuitiven Urteils, dass es sich bei dieser Erfindung um ein Spielzeug handeln würde, verlor Western Union in den folgenden Jahrzehnten eine Menge Geld. Ken Olson, Präsident der Digital Corporation meinte 1970, für Personen bestehe kein Grund, einen Computer bei sich zu Hause zu haben". Ebenfalls eine extreme Fehleinschätzung. Und, um bei diesem Markt zu bleiben, hat auch IBM, die immerhin 1981 den ersten PC auf den Markt gebracht haben, nach Ansicht einschlägiger EDV-Experten durch eine viel zu pessimistische PC-Markteinschätzung an die 100 Mrd. $ verloren, weil es vorschnell die Entwicklung des Betriebssystems einer kleinen

Garagenfirma überlassen hat (heute bekannt unter dem Firmennamen „Microsoft").[36] Dies sind typische Beispiele für intuitiv
schlecht getroffene Entscheidungen bzw. schlechte Einschätzungen zukünftiger Entwicklungen, basierend auf der eingeschränk-
ten Weltsicht Einzelner.

Nutt (1998) definiert *intuitives Urteil* als eine Entscheidungstechnik, bei der für Außenstehende nicht ummittelbar nachvollziehbar ist, welche Überlegungen oder kausalen Vermutungen
vorliegen. Es werden keine umfangreichen Daten im Vorhinein
gesammelt und interpretiert. Fragt man den Verantwortlichen
nach der Begründung einer intuitiven Entscheidung, so wird
er/sie aller Wahrscheinlichkeit mit „Das war ja klar ..." oder
„meine langjährige Erfahrung sagte mir, dass..." antworten.

Fredmund MALIK (2000) erläutert in seinem Buch „Führen, Leisten, Leben" sehr pointiert und anschaulich, dass gute Führungskräfte sich durchaus bewusst sind, dass sie sich nicht durchgängig auf ihre Intuition verlassen dürfen: „Schnelle und meist
spontane Entscheidungen werden oft mit Intuition begründet,
und es ist natürlich auch für die besten Führungskräfte sehr ver-
lockend, auf ihre Intuition stolz zu sein. Aber die wirklich guten
Manager haben ein sehr gespaltenes Verhältnis zur Intuition.
Zweifellos gibt es so etwas wie Intuition und mit ihr verbunden
ein starkes Gefühl der *subjektiven Gewissheit.* Das Problem ist
aber nicht, ob es Intuition gibt oder nicht, sondern das Problem
besteht darin, *im voraus* zu wissen, welche unserer Intuitionen
richtig sind und welche sich als falsch erweisen. Subjektive Gewissheit ist zwar oft ein starkes Gefühl, aber sie ist ein gefährlicher Ratgeber. Sie kann genauso gut falsch wie richtig sein" (MA-
LIK, 2000, 205). Wie wir im Kapitel über den Entscheidungsprozess gesehen haben (siehe Kapitel B2.5, S. 98), gibt es jedoch eine

---

[36] Allerdings war IBM mit dieser viel zu pessimistischen Einschätzung
der Marktentwicklung nicht allein; zahlreiche Studien, die von großen Unternehmen diesbezüglich in Auftrag gegeben wurden, kamen
zu einem ähnlichen Ergebnis.

Phase in der intuitives Entscheiden durchaus angebracht ist. Dies ist die Phase, bevor die Umsetzung der Entscheidung beginnt. Hier lässt sich Intuition noch am besten einsetzen.

In anderen Phasen führt intuitives Urteilen häufig zu schlechten oder genauer gesagt zu *schnellen aber schlechten* Entscheidungen. In Summe brachte intuitives Urteilen die schlechtesten Ergebnisse von allen Entscheidungsmethoden in der Studie von NUTT (1998). Auffallend war, dass die Realisierungsraten, sowohl die teilweise als auch die komplette Realisierung betreffend, sehr niedrig ausfielen. Der Grund für die schlechten Realisierungsraten mag darin liegen, dass intuitives Urteilen ein *einsamer* Prozess ist, ein Prozess, der jene Personen in der Organisation ausschließt, die zu einem späteren Zeitpunkt die Entscheidung umsetzen sollen. Da die Mitarbeiter das fertige Ergebnis der Entscheidung ohne den mühsamen Prozess der Alternativensuche, ohne das Abwägen von Für und Wider, ohne aufreibende Streitgespräche präsentiert bekommen, reagiert die Mehrheit der Nicht-Involvierten häufig mit Ablehnung. Mögliche Konsequenzen können sein: Die Anwender verweigern die Umsetzung der Entscheidung, die Realisierung verläuft durch Verzögerungstaktiken und innere Emigration im Sande.

Intuitives Urteilen widerspricht somit den Grundsätzen eines partizipativen Führungs- und Entscheidungsstils, nicht aber wegen einer mangelhaft gelebten Demokratie oder mangelnder Motivationsarbeit, sondern weil sie die Personen, die später die Entscheidung umsetzen sollen, aus dem Entscheidungsprozess ausschließt. Durch diesen Ausschluss wird den Mitarbeitern der Zugang zu dem für die Realisierung unbedingt notwendigen Wissen verwehrt (vgl. MALIK, 2000, 209). Somit liegt die Schwäche des intuitiven Urteilens weniger in der mangelnden Qualität der Entscheidungen selbst als in der mangelnden Befähigung der Mitarbeiter zu einer eigenständigen Realisierung der Entscheidung.

Überraschend gute Ergebnisse hat die Methode des intuitiven Urteilens in *blockierten Situationen* erzielt (siehe Kapitel B3.2, S.

105). Das mag aber weniger an der Methode als an den Entscheidungsträgern selbst liegen. Denn intuitives Urteilen basiert immer auf persönlichen Erfahrungen und dem Wissensstand, den man sich in ähnlichen Entscheidungssituationen erworben hat. Die Basis für gutes intuitives Urteilen sind Erfahrung, Sachkenntnis und Urteilskraft – Eigenschaften, die man nur durch jahrelange Arbeit und Ausdauer erwerben kann. Aufgrund ihrer Jugend und ihres Mangels an Erfahrung können viele Absolventen von Universitäten diese Eigenschaften nicht aufweisen. Und ebenso „nicht jene Manager, die in hoch diversifizierten Konzernen 26 grundverschiedene Geschäftsbereiche zu ‚führen' glauben" (MALIK, 2000, 207). Nach diesen Erkenntnissen ist die Mehrheit der Führungskräfte gut beraten, sich eine gute Entscheidungsmethodik anzueignen und adäquate DSS zur Entscheidungsfindung einzusetzen, insbesondere dann, wenn komplexe, multikriterielle Entscheidungen zu treffen sind.

5 Bedeutung von Decision Support Systemen für die berufliche Praxis

Prinzipiell stellt sich die Frage, ob Decision Support Systeme überhaupt die Qualität unserer Entscheidungen verbessern oder ob es sich nur um aufwändige Methoden handelt, um schwierige Entscheidungen vor sich hinzuschieben. Vor allem aus dem Bereich der Management Science Community (siehe weiter unten) sind kritische Stimmen wie die folgende zu hören: „Wieso sind bessere Entscheidungen zu erwarten, wenn man einer dummen Person erlaubt, mehrere schlechte Alternativen durchzurechnen, um dann rasch schlechte Schlussfolgerungen zu ziehen?" (HUMMELTENBERG und PRESSMAR, 1989, 217). Auf dieses Zitat kann man zunächst nur antworten, dass der Begriff *dumme Person* zu simplifizierend ist. Besser wäre die Unterscheidung in analytisch talentierte und analytisch weniger talentierte Personen. Zweitens wird man entsprechend dem idealen Entscheidungsprozess wohl kaum den Fehler begehen, nur *schlechte Alternativen* in ein Entscheidungsmodell einzubauen. Drittens können die *Schlussfolgerungen* eigentlich nicht schlecht sein, wenn das Entscheidungsmodell gründlich erarbeitet wurde, mit einer präzisen und umfassenden Problemformulierung, vollständigen Zielen und Kriterien und einer ausreichenden Zahl adäquater Alternativen. Sicherlich ist keine DSS Methode ohne Nachteile, letztendlich sollten die Vorteile aber überwiegen. In diesem Kapitel werden wir daher sowohl auf die Vorteile als auch auf die Nachteile von DSS eingehen.

Zunächst folgt eine Übersicht über vorhandene Management Support Systeme (MSS) und eine Einordnung der Decision Support Systeme (DSS) innerhalb der MSS. Anschließend wenden wir uns den Vor- und Nachteilen von DSS zu und beschreiben, welche Faktoren für einen erfolgreichen Einsatz notwendig sind. DSS helfen Entscheidungsträger vor allem bei *schlecht strukturierten* Entscheidungssituationen (vgl. Hummeltenberg und Pressmar, 1989, 200). Die Problemlösung wird wesentlich durch das *subjektive Entscheidungsurteil* des Entscheidungsträgers beeinflusst. Deshalb ist es auch nicht möglich die Entscheidungssituation durch ein in sich geschlossenes mathematisches Modell abzubilden. Darüber hinaus bieten DSS eine *flexible Modellentwicklung* und die Analyse ermöglicht die Simulation von *„what-if"* *Fragestellungen.*

5.1 Typologie von Management Support Systemen

Zu den Vorläufern der DSS zählt die große Gruppe der Management-Support-Systeme. Seit den 1960er Jahren entwickelten sich aufbauend auf der Elektronischen Datenverarbeitung (EDV) unternehmensorganisatorische Anwendungen, die der Informationsbeschaffung und -aufbereitung sowie der Planung und Kontrolle dienen. Diese unterschiedlichen Informations- und Planungssysteme werden unter dem Oberbegriff *Management-Support-Systeme* zusammengefasst.

127

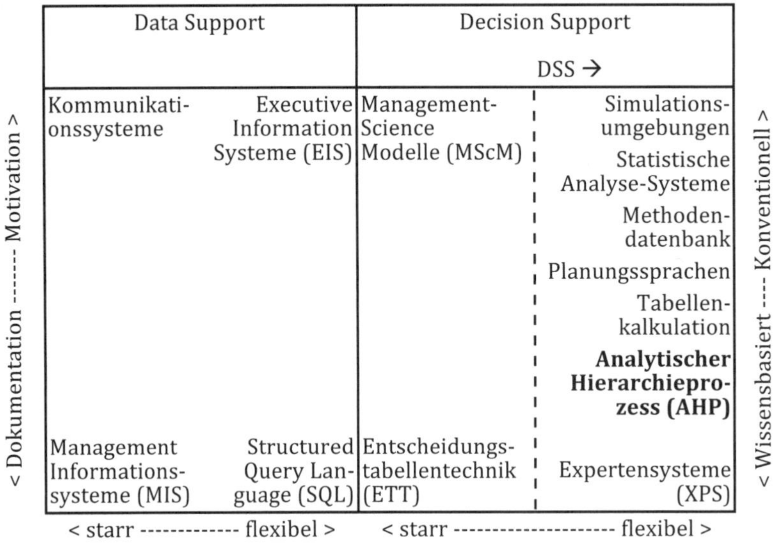

Data Support		Decision Support DSS →	
Kommunikationssysteme	Executive Information Systeme (EIS)	Management-Science Modelle (MScM)	Simulationsumgebungen Statistische Analyse-Systeme Methodendatenbank Planungssprachen Tabellenkalkulation **Analytischer Hierarchieprozess (AHP)**
Management Informationssysteme (MIS)	Structured Query Language (SQL)	Entscheidungstabellentechnik (ETT)	Expertensysteme (XPS)

< Dokumentation ------- Motivation >   < Wissensbasiert ---- Konventionell >

< starr ------------ flexibel >   < starr -------------------- flexibel >

Abbildung 17: Management Support Systeme
Quelle: in Anlehnung an HUMMELTENBERG und PRESSMAR, 1989, 198

Abbildung 17 gibt einen Überblick über die Vielfalt der vorhandenen Systeme, die dem Begriff der Management Support Systeme (MSS) zuzuordnen sind. Um die Unterschiede zu DSS zu verdeutlichen, werden die einzelnen Systeme im Folgenden kurz besprochen.

Zunächst unterscheidet man zwei Obergruppen:

- *Data Support Systeme*
- *Decision Support Systeme*

Data Support Systeme dienen der Informationsbeschaffung und -aufbereitung. Decision Support Systeme unterstützen Planungs- und Kontrollprozesse.

5.2 Data Support Systeme

In den späten 1960er und frühen 1970er Jahren erschien eine Fülle an Management-Literatur, die den *Management Informationssystemen (MIS)* eine große Zukunft in den Unternehmen prophezeite. Rückblickend kann man sagen, dass die hohen Erwartungen in MIS nicht erfüllt worden sind. Die praktischen Erfahrungen der Unternehmen mit MIS brachten eine Reihe von Nachteilen zutage (vgl. DYER und FORMAN, 1991, 43f.): zu teuer, zu unflexibel, nicht entscheidungsorientiert, nicht strategisch.

MIS basieren meistens auf Datenbanksystemen, deren Hauptaufgabe die Generierung von Anfragen und Berichten darstellt. Die Informationen leiten sich aus Datenbeständen ab, die im operativen Tagesgeschäft überwiegend automatisch anfallen. Dadurch, dass MIS auf starren Informationsflüssen basieren, liefern sie relativ unflexible Berichte. Dennoch stellen die generierten Berichte oft einen wichtigen Input für DSS dar. Die Abbildung 18 veranschaulicht die Unterschiede als auch die Überschneidungsbereiche von MIS und DSS.

Eine Weiterentwicklung von MIS stellen *Strukturierte Abfragesprachen (SQL)* dar, welche sich durch höhere Flexibilität auszeichnen. Dadurch ist es dem Anwender möglich, frei definierte Anfragen an die Datenbank zu stellen.

Kommunikationssysteme ermöglichen den Informationsaustausch zwischen Computern, der sowohl *inner-* als auch *zwischenbetrieblich* ablaufen kann. Ein klassisches Beispiel für den *zwischenbetrieblichen* Datenaustausch ist Electronic Data Interchange (EDI). EDI dient dem elektronischen Austausch von Geschäftsdaten zwischen Computeranwendern von Industrie, Handel, Spediteuren, Finanzdienstleistern und Behörden. Der wichtigste Unterschied vom EDI zur Kommunikation via E-mail ist, dass mittels EDI elektronische Dokumente, d.h. klar strukturierte Informationen mit rechtsverbindlichem Charakter ausgetauscht werden wie z.B. Bestellungen, Lieferscheine, Rechnungen oder Zahlungen. Die Übertragung von unstrukturierten Informationen wie Nachrichten oder Notizen wäre ein typisches Anwendungsfeld für E-mail. Die Nutzer von EDI benötigen als technologische Infrastruktur PC/Workstation, Modem, Telefon-, Standleitung oder Wireless Lan.

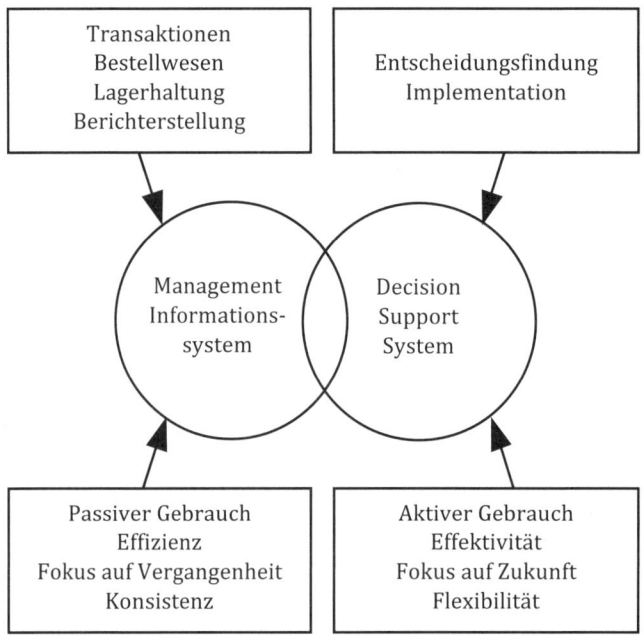

Abbildung 18: Unterschiede MIS und DSS
Quelle: DYER und FORMAN, 1991, 43

Die Kommunikation zwischen den Teilnehmern basiert auf Protokollen wie X.25, X.400 oder X.12 und auf nationalen und internationalen Normen wie z.B. EDIFACT (vgl. BECKER und EHRHARDT, 1996, 39f.). EDI findet nur nach gegenseitiger Vereinbarung statt und ist je nach Branche und Unternehmensgröße auf einige Dutzend bis maximal einige hundert Kontaktpartner beschränkt. Der Versand der Informationen erfolgt hauptsächlich automatisch, die maximale Reichweite ist national (Ausnahme: multinationale Unternehmen).

Nachteile von EDI sind mangelnde Flexibilität, hohe Investitionskosten und die Gefahr der raschen Veralterung der eingesetzten Technologie. Gerade für Klein- und Mittelständische Unternehmen (KMU) empfiehlt sich deshalb als kostengünstige Alternative die Verwendung von internetbasierten Electronic Commerce Applikationen zur Abwicklung von elektronischem Geschäftsverkehr über ein sogenanntes Extranet. Einer OECD-Studie zufolge ergeben sich dadurch sowohl für große Unternehmen wie für KMU's Kosteneinsparungspotenziale zwischen 10 bis 50%. General Electric berichtet, dass vor Einführung internetbasierter Extranets 25% aller Bestellungen (von 1,25 Mio. Bestellungen) nachbearbeitet werden mussten. Nach Einführung sank die Fehlerquote auf 2%. Diese Werte decken sich mit den Erfahrungen anderer Firmen, die berichten, dass die aufgewendete Arbeitszeit zur Bestellabwicklung auf 50 bis 96% des ursprünglichen Wertes reduziert wurde (vgl. OECD, 1997, 14).

Typische Kennzeichen von *Executive Informationssystemen* (EIS) sind ein selektiver, rascher und unkomplizierter Zugang zu Informationen. Dieser Zugang ist meist speziell auf die jeweiligen Informationsbedürfnisse der Unternehmensführung zugeschnitten.

5.3 Decision Support Systeme (DSS)

Neben den DSS im engeren Sinne gibt es noch weitere Methoden zur Aufbereitung von Entscheidungen. Unter dem Begriff *Management Science Modelle* (MScM; siehe Abbildung 17, S. 128) werden vor allem Verfahren des Operations Research zusammengefasst. Ein typischer Vertreter ist z.B. die Lineare Optimierung (auch als Lineare Programmierung bezeichnet). Sie wird z.B. in der Betriebswirtschaftlehre zur Optimierung von Produktionsprozessen eingesetzt. Ausgehend von einer Zielfunktion wie z.B. „maximiere den Gewinn" und vorgegebenen Rahmenbedingungen – z.B.: die verfügbaren Kapazitäten betragen 100.000 Maschinenstunden und 80.000 Arbeitsstunden/Jahr, die Kosten für Rohstoff A soll unter 10.000 Euro im Jahr liegen, für Rohstoff B unter 20.000 Euro usw. – und einem unterschiedlichen Ressourcenbedarf für die hergestellten Produkte kann die optimale Kombination knapper Ressourcen ermittelt werden. In der Produktionsplanung von Industriebetrieben kann mithilfe der Linearen Programmierung bei beschränkten Ressourcen (z.B. Personal, Maschinen) damit berechnet werden, wie viel von jedem Produkt erzeugt werden müsste, um einen maximalen Output (z.B. Deckungsbeitrag) zu erzielen. Ebenso kann diese Methode bei allen Fragestellungen mit Nebenbedingungen eingesetzt werden, bei denen die obigen Angaben bekannt sind und Linearität angenommen werden kann (wir haben hier eine typische Entscheidungssituation unter Sicherheit).

Der grundsätzliche Nachteil der Methoden des Operations Research besteht darin, dass sie aufgrund ihres normativen Anspruchs nur auf klar strukturierte Entscheidungsprobleme mit ausschließlich quantitativen Variablen anwendbar sind. Dadurch erfordert die Lösung dieser Modelle oftmals einen nicht vertretbaren ökonomischen Aufwand (vgl. HUMMELTENBERG und PRESSMAR, 1989).

Weitere Hilfsmittel stellen sog. *Entscheidungstabellen* dar. Entscheidungstabellen dienen der Visualisierung von Entscheidungslogiken bei Informationsverarbeitungsprozessen. Entscheidungsregeln legen dabei fest, unter welchen Bedingungen welche Handlungen durchzuführen sind. Entwickelt wurde diese Technik Ende der Fünfziger Jahre in den USA.

Tabelle 7: Die Struktur einer Entscheidungstabelle

Name	Regelnummern
Bedingungen	Formulierung der Bedingung
Aktionen oder Tätigkeiten	Aktions- oder Tätigkeitsanzeiger

Entscheidungstabellen sind eine vereinfachte Form wissensbasierter Systeme und können in gewissem Sinne als Vorläufer der Expertensystemtechnologie gesehen werden (vgl. HUMMELTENBERG und PRESSMAR, 1989, 199f.).[37]

Wie Tabelle 7 (Grundstruktur einer Entscheidungstabelle) zeigt, besteht eine Entscheidungstabelle aus vier wesentlichen Feldern: den Bedingungen, der konkreten Formulierung der Bedingung, den Aktionen und dem Aktionsanzeiger. Die Verknüpfung der Felder erfolgt spaltenweise, wobei jede Spalte genau eine Regel darstellt, die auch mehrere Bedingungen (=Zeilen) umfassen kann. Die Spalten werden der Reihe nach nummeriert. Eine Entscheidungstabelle ist also nichts anderes als eine übersichtliche Darstellung in der Form „Wenn die jeweiligen Bedingungen gegeben sind, dann ist die folgende Tätigkeit durchzuführen" (RATHJEN, 1997). Die einzelnen Regeln (=Spalten) werden durch ein ausschließliches ODER verbunden. Daraus folgt, dass nur genau eine Regel eintreffen kann. Im Gegensatz dazu sind die einzelnen Bedingungen (=Zeilen) mit einem logischen UND verknüpft. Alle angegebenen Bedingungen müssen hierbei erfüllt sein, damit eine Aktion ausgeführt wird.

Fallbeispiel 6

Beispiel für eine Entscheidungstabelle: Eine Fluggesellschaft bietet ausschließlich die Ziele Lissabon und Paris an. Mit Hilfe der Angaben Flugziel, Abflugdatum, Aufenthaltsdauer und Alter des Passagiers wird der Preisnachlass in Prozent (bezogen auf den normalen Flugpreis) mit Hilfe einer Entscheidungstabelle berechnet (vgl. RATHJEN, 1997). Es gelten folgende Tarifbestimmungen:

- Personen, die älter als 18 Jahre sind, erhalten für den Zielort Lissabon einen Preisnachlass von 20% (Ferientarif), falls das

---

[37] Die folgenden Ausführungen lehnen sich an RATHJEN (1997) zum Einsatz von Entscheidungstabellen in der Praxis an.

133

Abflugdatum nicht zwischen dem 20. und dem 31. Dezember liegt und die Aufenthaltsdauer mindestens 5 Tage beträgt.

- Für den Zielort Paris existiert kein derartiger Ferientarif.
- Personen, die bereits 2 Jahre aber noch nicht 18 Jahre alt sind, erhalten einen Preisnachlass von 30%.
- Kinder unter zwei Jahren fliegen gratis.

Tabelle 8: Beispiel einer Entscheidungstabelle (Fluggesellschaft)

Fluggesellschaft XY Passagier Klasse	1	2	3	Else
Alter?	≥ 18	≥ 2 und < 18	< 2	
Flugziel?	Lissabon	-	-	
Aufenthalt ≥ 5 Tage?	J	-	-	
Abflug zw. 20. und 31.12.?	N	-	-	
Preisnachlass in %	20	30	100	0

Aus diesen Angaben ergibt sich folgende Entscheidungstabelle in Tabelle 8.

Diese Methode ist nicht intuitiv anwendbar, vor bei komplexen Fragestellungen mit vielen Regeln. Die meisten Anwender sind Spezialisten (z.B. Mathematiker oder Programmierer) und nicht Generalisten, wie es bei Führungskräften allgemein der Fall ist.

Für die Entscheidungsfindung von Führungskräften sind *Decision Support Systeme* sicherlich wesentlich besser geeignet. Von DSS im engeren Sinne spricht man seit Beginn der 1970er Jahre. Seither ist eine Vielzahl von Systemen zur Generierung von DSS entstanden. Dazu zählen

- Simulationsumgebungen, die aus Simulationssprachen entstanden sind
- statistische Analysesysteme und Methodenbanken

- Planungssprachen, die großteils aus Finanzplanungssystemen hervorgegangen sind
- Spreadsheet und Tabellenkalkulationssysteme
- Expertensysteme

Die Abbildung 19 veranschaulicht den konzeptionellen Aufbau eines DSS am Beispiel *statistischer Analysesysteme für das Marketing*. Eine statistische Analysemethode ist demnach per se noch kein DSS, erst durch Verknüpfung mit einem theoretischen Modell entsteht ein DSS.

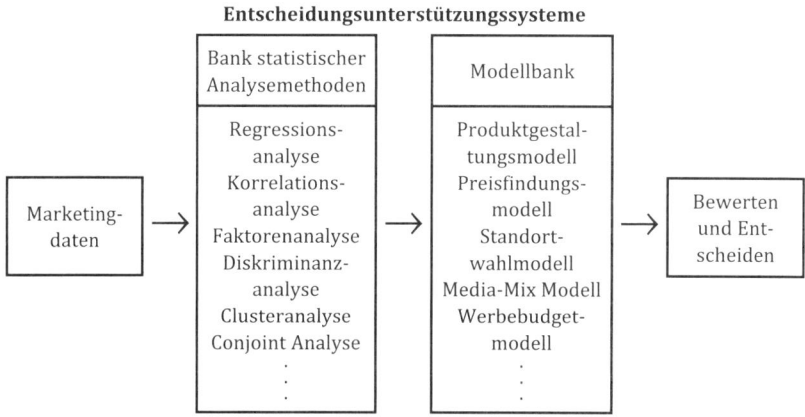

Abbildung 19: Ein Entscheidungsunterstützungssystem
(KOTLER und BLIEMEL 1992)

Fallbeispiel 7

Beispiel aus dem Marketing: Ein Marketingleiter möchte herausfinden, welche der folgenden Maßnahmen den größten Einfluss auf die Umsatzzahlen haben:
- Zahl der Vertreterbesuche
- Werbeausgaben

- Ausgaben für Verkaufsförderung am Point of Sale
- Ausgaben für Public Relations (PR; Öffentlichkeitsarbeit)
- Preisgestaltung
- Rabatte

Zur Klärung dieser Frage zieht er die Daten vergangener Perioden heran und rechnet damit eine Regressionsanalyse, die als Ergebnis den Einfluss der einzelnen Maßnahmen auf die Umsatzzahlen liefert.[38] Auf Basis dieser Erkenntnisse wird der Wirkungszusammenhang zwischen den Variablen auf Signifikanz geprüft werden, woraus auch Prognosen für zukünftige Entwicklungen unter Berücksichtigung statistischer Schwankungsbreiten (Vertrauensintervalle) möglich sind.

Die erwähnten *Expertensysteme* versuchen das Wissen von Experten in Form einer Datenbanklösung aufzubereiten. Im Marketingbereich gibt es eine Reihe von Expertensysteme wie z.B. „Dealmaker" oder CAAS, um nur zwei zu nennen. Im medizinischen Bereich wurden eine Reihe von Expertensystemen zur Unterstützung bei Diagnosen und der Entscheidungsfindung im Hinblick auf passende Therapien entwickelt.[39]

---

[38] Eine umfassende Sammlung von mathematischen Marketingmodellen findet sich in dem Buch „Marketing Engineering: Computer-Assisted Marketing Analysis and Planning" von LILIEN und RANGASWAMY (1998).

[39] Dealmaker ist ein Expertensystem welches Wissen von Lebensmittel-Einzelhändlern enthält und unter anderem dazu verwendet wird vorherzusagen, wie sich einzelne Promotion-Aktivitäten auf die Verkaufszahlen auswirken. CAAS (Computer Aided Globalization of Advertizing by Expert Systems) wurde in Deutschland von Kroeber-Riel, Professor für Werbe- und Kommunikationsforschung, entwickelt. CAAS wird für Werbemittel-Pretests eingesetzt und liefert Empfehlungen, wie Printanzeigen oder Werbespots im TV optimaler gestaltet werden können.

Naturgemäß gibt es noch viele weitere Anwendungsfelder im Bereich der Naturwissenschaften aber auch für ökonomische Fragestellungen. Durch die permanente Weiterentwicklung der Computertechnologie hin zu künstlicher Intelligenz sind die Grenzen der Einsatzmöglichkeiten derzeit noch nicht abzuschätzen (siehe hierzu insb. Teil (D) Expertensysteme, S. 287ff.).

Der Vollständigkeit halber ist zu erwähnen, dass sich die bisher skizzierte Übersicht der Management Support Systeme noch verfeinern ließe. In Abbildung 17 fehlen z.B. fallstudienbasierte Systeme, neuronale Netze und Kreativitäts-Verbesserungsprogramme.[40]

---

[40] Ein *fallstudienbasiertes System* hilft dem Entscheidungsträger aus einer Fülle von Fallstudien jene zu wählen, die seinem konkreten Problem am ähnlichsten erscheint. Aufgrund der Fallstudie kann er überlegen, wie sehr sich diese Vorgehensweise auf sein Problem umlegen ließe. Dieses relative neue MSS stammt aus dem Forschungsbereich künstliche Intelligenz. Ein Beispiel für ein fallstudienbasiertes System nennt sich ADDUCE. Es hilft vorherzusagen, wie Konsumenten auf neue Werbekampagnen reagieren werden, indem es diese Kampagne mit vergangenen, ähnlichen Werbekampagnen vergleicht. Ein anderes System prognostiziert z.B. Umsatzzahlen von Promotions aufgrund von ähnlichen Promotions aus der Vergangenheit (vgl. WIERENGA und BRUGGEN, 1997, 30f.). *Neuronale Netze* stammen ebenfalls aus der Forschung zum Thema „Künstliche Intelligenz" (KI oder AI für „artificial intelligence"). Besondere Fähigkeit von neuronalen Netzen ist, dass sie Strukturen in Datensätzen entdecken können, ohne a priori theoretische Zusammenhänge zu determinieren. Diese Form des MSS steckt noch in den Kinderschuhen, erste ökonomische Anwendungen sind die Prognose von Zuseherzahlen für ausgewählte Fernsehprogramme oder Applikationen zur Marktsegmentierung. Zur Kreativitätsverbesserung mittels MSS gibt es das bereits erwähnte CAAS von Kroeber-Riel (vgl. WIERENGA und VAN BRUGGEN, 1997, 28ff.).

5.4 Erfolgsfaktoren für den Einsatz von Decision Support Systemen

*„The big problem with such models is
that managers practically never use them"*
WIERENGA und VAN BRUGGEN (1997)

Nach 40 Jahren Forschung im Bereich Management Support Systemen muss man leider eingestehen, dass die diesbezüglichen Modelle und MSS nicht in ausreichendem Maße eingesetzt werden. Fragt man Führungskräfte nach den Gründen für die mangelnde Verwendung, so hört man unter anderem, dass die Methoden oder Systeme nicht ausreichend robust oder nicht einfach genug in der Anwendung, d.h. zu kompliziert sind. Weiters wird das Fehlen relevanter Daten für die Modelle oft als Grund angeführt.

Allerdings gibt es genügend Hinweise, dass MSS (und damit eingeschlossen DSS) den Gewinn und andere Performancezahlen eines Unternehmens u.U. nachhaltig verbessern. Dennoch ist deren Verbreitung in der Praxis stark eingeschränkt. Welche Faktoren fördern oder behindern nun den erfolgreichen Einsatz von DSS in der Praxis?

WIERENGA et al. (1999) haben aufgrund ihrer langjährigen Forschungsarbeit zu diesem Thema sechs Faktoren identifiziert:

1) die *Situation in der entschieden wird*
   Problemart
   • Struktur vs. Chaos
   • Vorhandenes Wissen
   • Verfügbarkeit von Daten
   Rahmenbedingungen
   • Dynamik des Marktes
   • Unternehmenskultur
   • Zeitdruck

138

Entscheidungsträger
- Kognitiver Stil
- Erfahrung
- Einstellung zu DSS

2) das vorhandene *Angebot* an Decision Support Systemen
Funktionalität
- Optimierung
- Analyse und Diagnose
- Empfehlungen und Stimulierung
Typen von DSS
- Data driven
- Knowledge driven

3) die *Übereinstimmung zwischen Angebot und Nachfrage*

4) die *Merkmale* des DSS
- Zugang
- Systemintegration
- Flexibilität
- Qualität der Informationen
- Qualität der Visualisierung

5) die *Implementation* des Systems
- Benutzerinvolvement
- Unterstützung vom Top Management
- Kommunikation
- Marketingorientierung
- Einstellung der EDV-Abteilung
- Make vs. Buy
- Training

6) die *Auswirkungen* auf die Organisation und die Benutzer
Auswirkung auf den Benutzer

- Zufriedenheit des Benutzers
- Wahrgenommener Nutzen
- Vertrauen in die Entscheidung
- Persönliche Produktivität

Auswirkung auf das Unternehmen

- Gewinn
- Umsatz
- Marktanteil
- Zeitersparnis
- Kostensenkung

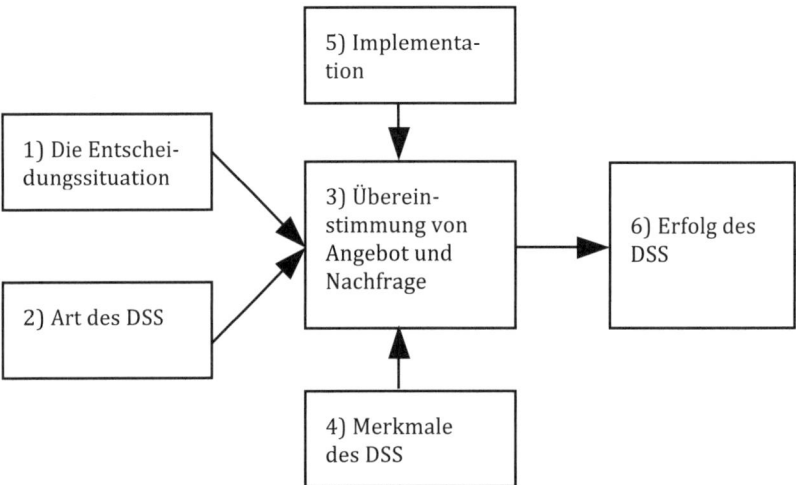

Abbildung 20: Erfolgsfaktoren für DSS

Abbildung 20 veranschaulicht, wie diese Faktoren zusammenhängen. Da dieses Modell für die erfolgreich Anwendung von DSS im Unternehmen aufschlussreiche Hinweise liefert, erläutern wir im Folgenden die ersten drei für den Einsatz eines DSS bestimmenden Faktoren des Modells (auf die Faktoren *Merkmale des DSS* und *Implementation* wird an dieser Stelle nicht näher eingegangen; die diesbezüglichen Angaben in der obigen Aufzählung sind selbsterklärend).

ad 1) Die Entscheidungssituation als Einflussfaktor

Die Situation einer Entscheidung hat drei wesentliche Merkmale: die *Problemart*, die *Rahmenbedingungen* und den/die *Entscheidungsträger*. Aus der Art des Problems und den Rahmenbedingungen resultiert der Grad an Komplexität. Den Einfluss derselben haben wir bereits weiter oben ausführlich erläutert. Stark strukturierte Entscheidungssituationen im Management wären z.B. die Mediaplanung zur Optimierung von Werbegeldern oder der optimale Personaleinsatz zur Sachgüter-Produktion. Schwach strukturierte Situationen wären unter anderem die Strategieformulierung oder die Entwicklung einer neuen Werbelinie.
Die *Dynamik der Märkte* ist ein wichtiger Parameter der *Rahmenbedingungen*. Eine Schwerpunktausgabe der Zeitschrift Management Science zum Thema DSS weist keine einzige Studie aus, die die Anwendung in dynamischen Märkten untersucht hätte. Hier sind sicherlich noch Defizite in der DSS-Forschung vorhanden, was nicht heißen soll, dass unter diesen Bedingungen keine DSS eingesetzt werden. Die Forschung weiß nur wenig über die Performance von DSS unter diesen Bedingungen. Eng verknüpft mit der Dynamik der Märkte ist der daraus resultierende *Zeitdruck*. Leider werden DSS dann am effizientesten eingesetzt, wenn der Zeitdruck am geringsten ist – und dies ist wohl in der realen beruflichen Situation, in der Entscheidungen zu treffen sind, selten der Fall. Dieser Umstand ist sicherlich ein weiterer Grund für die geringe Anwendung von DSS in der Praxis. Anderseits kann man daraus ableiten, wie wichtig es ist, dass DSS einfach zu bedienen und leicht zu erlernen sind. Positiv ist zu erwähnen, dass mit steigender Erfahrung in der Anwendung eines DSS der Zeitdruck weniger Rolle spielt. Bezüglich des *kognitiven Stils des Entscheidungsträgers* ist anzumerken, dass man

141

zwischen *stark* und *schwach-analytisch* veranlagten Führungskräften unterscheiden muss. Paradoxerweise ist das Bedürfnis,
ein DSS anzuwenden, bei *schwach-analytisch* veranlagten Führungskräfte am geringsten, obwohl jene am meisten vom Einsatz
derselben profitieren würden (VAN BRUGGEN et al., 1998). Durch
geeignete Schulungs- und Fortbildungsangebote könnte man
dieses Defizit sicherlich ausgleichen.

ad 2) Die Art des DSS als Einflussfaktor

Auf der Angebotsseite ist zu unterscheiden, welche Art von Hilfe
durch das DSS geboten wird. Nicht immer geht es nur um die
Berechnung eines optimalen Werts (zur Alternativenselektion).
DSS finden auch Einsatz zur Problemdiagnose oder um neue Lösungsvorschläge zu stimulieren. Wahrscheinlich liegt aber der
größte Nutzen von DSS darin, dass sie Führungskräften helfen,
die eigenen Vermutungen und „Glaubenssätze" strukturiert darzulegen und aufzubereiten. Die überwiegende Mehrzahl von DSS
ist „data-driven". „Knowledge-driven"[41] wären z.B. die bereits
erwähnten Expertensysteme, fallstudienbasierten Systeme, neuronale Netze und Kreativitäts-Verbesserungsprogramme.

ad 3) Die Übereinstimmung zwischen Angebot und Nachfrage

Der Erfolg eines DSS hängt wesentlich von der Übereinstimmung
zwischen der *Entscheidungssituation* und dem zur *Anwendung
gelangenden DSS* ab. Nicht jedes DSS bietet dieselben Problem-
Lösungsarten an. Manche Entscheidungssituationen sind erst
gelöst, wenn sie einen *optimalen Wert* liefern, bei anderen genügt

---

[41] Wir haben bewusst die englischen Termini gewählt, weil sie prä-
gnanter und kürzer als jede deutsche Übersetzung sind.

bereits ein *Verstehen der Problemstruktur*, um zu einer Lösung zu gelangen.

Tabelle 9: Anspruch an DSS und Entscheidungssituation

Anspruch an das DSS	Entscheidungssituation
Optimieren	stark-analytischer Entscheidungsträger, gut strukturiertes Problem, stabile Marktsituation, ausreichend Zeit für die Entscheidung
Verstehen	schwach strukturiertes Problem, veränderliche Marktsituation, beschränkt verfügbare Zeit für Entscheidungsfindung
Analogien bilden	schwach-analytischer Entscheidungsträger, kaum strukturiertes Problem, sehr starker Zeitdruck
Kreativität fördern	unpräzise Problemdefinition, kein Zeitdruck, divergentes Denken, Erweiterung des Lösungsraumes

WIERENGA und VAN BRUGGEN (1997) unterscheiden vier Kategorien von Lösungsarten und ordnen diesen Entscheidungssituationen zu, die die „beste" Übereinstimmung zwischen Angebot und Nachfrage darstellen (siehe Tabelle 9). Offensichtlich ist nicht jedes DSS gleichermaßen für alle Anspruchsgruppen geeignet. Eine Methode wie der Discounted Cash Flow, eigentlich keine spezische Methode des Decision Support (siehe S. 160), mag helfen, ein monetäres Optimierungsproblem zu lösen, allerdings hilft es wenig, ein schwach strukturiertes Problem zu verstehen.

5.5 Vorteile von Decision Support Systemen

Wir haben bereits erwähnt, dass ein wesentlichster Unterschied von DSS zu anderen *Management Informationssystemen* der ist, dass die Problemlösung durch das *subjektive Urteil des Entscheidungsträgers* beeinflusst wird, so dass es nicht möglich oder sinnvoll ist, das Entscheidungsproblem mit einem geschlossenem mathematischen Modell (Management Science Modelle [MScM], z.B. linearen Optimierung) abzubilden. Die Vorteile von DSS im Vergleich zu MScM sind:

- DSS Modelle lassen sich im Unterschied zu MScM rascher entwickeln und benutzen. Weiters kann man DSS einfacher an spezifische Entscheidungssituationen anpassen.

- DSS stellen keine in sich geschlossenen Modelle dar, sondern verknüpfen die Leistungsfähigkeit moderner Computertechnologie mit menschlicher Rationalität, wodurch die Effektivität des Entscheidungsträgers erhöht wird, ohne seine Gestaltungsfreiheit einzuschränken.

- MScM ignorieren im Entscheidungsprozess die kognitiven Eigenheiten und individuellen Bedürfnisse von Entscheidungsträgern, weil sie ausschließlich auf das normative Ziel der Optimierung ausgerichtet sind. DSS bauen jedoch auf dem Urteilsvermögen des Entscheidungsträgers auf und bieten diesem die Möglichkeit, analytische Methoden der Managementwissenschaften in sein Entscheidungsproblem flexibel und interaktiv einzubauen (vgl. HUMMELTENBERG und PRESSMAR, 1989, 200 ff.)

Damit DSS in der Praxis erfolgreich angewendet werden können, müssen bestimmte Mindestanforderungen erfüllt sein. Sie sollten *benutzerfreundlich, robust, anpassungsfähig, leicht zu kontrollieren sein* und *eine einfache Kommunikation der Ergebnisse* ermöglichen. Die Forschung der letzten Jahre hat gezeigt, dass DSS unter der Voraussetzung, dass sie diese Eigenschaften weitgehend erfüllen, die Qualität der getroffenen Entscheidungen wesentlich verbessern:

- Sie erhöhen die Qualität von Entscheidungen unter anderem dadurch, dass sie dem Manager *Feedback* über die Art und Weise des Entscheidungsprozesses geben.

- Sie verringern die Gefahr, dass Entscheidungen nach der Methode *„Anker setzen und Schätzwert anpassen"* getroffen werden (i.e. psychologischer Anker; vgl. BAZERMAN, 1998; siehe Fußnote 25, S. 90).

Der wesentliche Vorteil der *Feedback-Funktion* ist, dass man rascher ein Gefühl für die wesentlichen Variablen innerhalb des Entscheidungsprozesses bekommt; oder mit den Worten eines Managers: „Ein DSS hilft wesentlich rascher die kritischen Variablen und Kräfte zu identifizieren, die einen Markt vorantreiben und beeinflussen". Als weitere mögliche Vorteile eines DSS können identifiziert werden: [42]

Ein DSS
... strukturiert das Denken bei der Problemlösung;
... hilft bei der systematischen Erarbeitung der Ziele, Kriterien und Alternativen und folgt damit dem idealen Entscheidungsprozess;
... gestaltet Entscheidungen nachvollziehbar und begründbar, weil jeder Schritt in den Modellen, die mit dem DSS erstellt werden, enthalten ist;
... beschleunigt wiederkehrende Entscheidungsprozesse;
... fördert Teamarbeit, weil Teile der Entscheidung delegiert werden können;
... ist benutzerfreundlich und einfach zu bedienen (nur dann ermöglicht es tatsächlichen, praxistauglichen Decision Support und kann daher als DSS bezeichnet werden);
... fördert Networking, da teilweise Gruppenentscheidungen unterstützt werden, die sowohl in Intranet-Umgebungen als auch über das Internet ablaufen können.

Da Entscheidungen in Gruppen erarbeitet (siehe Kapitel C5.4, S. 273) und transparent und nachvollziehbar gestaltet werden können, hilft ein DSS Emotionen abzufangen, die in manchen Fällen Entscheidungen blockieren können. Die Forschung hat

---

[42] Die genannten Vorteile sind vom jeweiligen DSS abhängig und treffen nicht auf jedes DSS gleichermaßen zu.

gezeigt, dass DSS umso effizienter und erfolgreicher angewendet werden, je mehr ihre Wirkungs- und Funktionsweise den Entscheidungsprozess in einen interaktiven und arbeitsteiligen Vorgang verwandelt, der sowohl das vorhandene Expertenwissen optimal ausnutzt als auch datenbank- oder modellgestütztes Wissen einbezieht (vgl. HOCH und SCHKADE 1996, 63f.). Ein DSS fördert demnach interaktives und arbeitsteiliges Entscheiden und kann ein breites Spektrum an Informationen und Daten verarbeiten.

5.6 Nachteile von Decision Support Systemen

Spricht man mit Praktikern so kristallisieren sich die folgenden zentralen Nachteile von DSS heraus:

- DSS sind nicht robust genug;
- sie sind zu kompliziert in der Anwendung;
- sie sind zu teuer in der Anschaffung;
- sie verlangen Daten, die nicht in der entsprechenden Form verfügbar sind.

Diese Nachteile sind natürlich abhängig vom konkreten DSS. Beispielsweise wurden für den AHP, jener Methode, der wir in der Folge vertiefende Aufmerksamkeit widmen, folgende Nachteile genannt, nämlich dass der AHP

... die Spontaneität und Kreativität hemmen kann (dieser Nachteil trifft für alle Methoden oder Softwareprodukte zu, weil sie zunächst erlernt werde müssen).

... eine zögernde Entscheidungsfindung fördert und dadurch Entscheidungsschwäche kaschieren kann.

... für Manipulationen offen ist; die hervorgebrachten Ergebnisse könnten zur Rechtfertigung von a priori Wunschergebnissen mancher Entscheidungsträger missbraucht werden.

... nicht immun ist gegen gruppendynamische Prozesse (d.h. wenn jemand der Gruppe seinen Willen aufzwingt, dann spiegeln die Ergebnisse dessen Dominanz wieder).

... scheinbar objektive Ergebnisse liefert.

... aufgrund der Eigenheiten des AHP (und vergleichbarer Methoden) in gewisser Weise eine zu starke Zielorientierung gegeben ist („Zielfetischismus").

Die genannten Nachteile konnten in empirischen Untersuchungen weitgehend entkräftet werden. Lediglich der Punkt Scheinobjektivität führt oft zu Missverständnissen. Als Ergebnis liefert diese Methodik Rangreihungen, Gewichtungen/Prioritäten, Wahrscheinlichkeiten etc., die natürlich in Form von Zahlen vorliegen. Zahlen haben in unserer Kultur einen manchmal magischen Charakter, mit anderen Worten, wir sind sehr schnell bereit Sachverhalte, die durch Zahlen dargestellt werden, als harte, objektive Fakten anzusehen. In Wahrheit handelt es sich aber bei DSS-Analysen meist um Ergebnisse, die vielfach auch aufgrund subjektiver Einschätzungen zustande gekommen sind. Bei der Anwendung derartiger DSS darf man nicht vergessen, dass es sich um ein entscheidungs-*unterstützendes* System handelt. Somit „löst" das DSS nicht das Problem, sondern *hilft* lediglich, die für uns richtige Entscheidung zu treffen. Eine Interpretation der errechneten metrischen Zahlen auf Punkt und Komma kann daher zu Fehlinterpretationen führen.

Die Nachteile, die auf akademischer Ebene diskutiert werden, sind für die Praxis häufig wenig relevant. Ein Punkt, der besonders in akademischen Kreisen zu heftigen Diskussionen führte, ist die mangelnde Stabilität der Ergebnisse. Unter bestimmten Bedingungen kann es nämlich zu einem *Rank Reversal*, d.h. zu einer Umkehr der Rangordnungen von Alternativen kommen.[43]

---

[43] Es wird an dieser Stelle nicht detailliert auf diesen akademischen Diskurs eingegangen. Der interessierte Leser sei auf die vertiefende Literatur zu diesem Thema verwiesen (siehe etwa SCHNEEWEIß, 1990 oder VON NITSCH, 1993). Siehe hierzu auch Kapitel C2.6, S. 186.

Wenn sich der Satz an Alternativen ändert, dann können sich zuvor ermittelte Rangordnungen ändern, weil sich das gesamte Entscheidungsmodell dadurch ändert. Nehmen wir an, ein potenzieller Käufer eines PKW beurteilt zwei Automarken und kommt zu dem Ergebnis Marke A sei besser als Marke B (A>B). Später entdeckt der Käufer eine dritte Automarke C und führt erneut eine Beurteilung aller drei Marken durch. Das Ergebnis lautet nun aber B>C>A, also Marke B ist besser als Marke A. Obwohl sich an der Wertfunktion des Entscheiders nichts geändert hat, kommt es zu einem Rank Reversal, das Ergebnis ist also unter bestimmten Bedingungen instabil (konkret berechnet findet sich ein vergleichbares Beispiel unter Fußnote 56, S. 187).

Für den hierin vorgestellten AHP bedeutet dies beispielsweise: Die Besonderheit des AHP ist, dass er eine „hohe Abhängigkeit von dem jeweils konkret vorhandenen Satz von Alternativen hat. Diese Abhängigkeit macht seine Stärke aber auch seine Schwäche aus" (DYER 1990, vgl. SAATY 1990). „Die Stärke des Verfahrens liegt darin, dass für den jeweils konkret vorliegenden Satz von Alternativen über das Eigenwertverfahren [siehe dazu Kapitel C3.5, S. 205], Wertfunktionen und Gewichte maßgeschneidert angepasst werden. Damit kann man hinreichend sicher sein, dass ... die vorhandenen Alternativen entsprechend den Wünschen des Entscheidungsträgers **richtig angeordnet** werden" (SCHNEEWEIß, 1991, 192). Darin liegt aber auch die Schwäche des AHP. In diesem Zusammenhang wird der AHP oft mit der Multiattributiven Werttheorie (MAUT) verglichen, eine weitere Methode, die wir hierin kurz vorstellen (siehe Kapitel B6.2, S. 156ff.). Diese Methode ist ein Verfahren, welches ebenfalls zur Lösung von multikriteriellen Entscheidungsproblemen herangezogen wird. Der Unterschied zum AHP ist, dass für alle Einzelwerte Wertfunktionen aufgrund von Trade-offs ermittelt werden. Dies geschieht indem man den Entscheidungsträger bittet, Austauschraten von Zielen anzugeben. „Der Entscheider hat in einem Vergleich zweier Ziele i und j anzugeben, wie viel das Ziel i zu verbessern ist, um eine bestimmte Verschlechterung im Ziel j genau zu kompensieren" (VON NITSCH, 1993). Bei dieser Methode tritt zwar das Phänomen der Rangumkehr (rank reversals) nicht auf, aber der besondere Nachteil ist, dass die Ermittlung der Austauschraten zwischen Zielen so hohe Anforderungen an den Entscheider stellt, dass es zu einer völligen Ablehnung der Methode kommen kann (eine Ansicht, die auch von den Befürwortern der multiattributiven Werttheorie großteils geteilt wird).

In diesem Zusammenhang muss man bedenken, dass ein Rank Reversal nichts Außergewöhnliches im menschlichen Entscheidungsverhalten ist; es entspricht der menschlichen Psychologie. Eine neue Alternative kann auch neue Informationen bringen und dadurch eine neue Sichtweise aller vorhandenen Alternativen. Darüber hinaus ist das Problem leicht zu lösen, indem man den Bewertungsprozess erst dann durchführt, wenn die Alternativen feststehen und überschaubar sind.

Die empirische Praxis zeigt, dass für Praktiker nicht die theoretische Unantastbarkeit einer Methode Ausschlag gebend ist, ob sie eine Methode anwenden oder nicht.[44] Ausschlaggebend ist vielmehr, ob die Methode rasch erlernbar und intuitiv anwendbar ist und Ergebnisse liefert, die den Ansprüchen der Praxis genügen. Entscheidungsträger in Politik, Wirtschaft oder Wissenschaft benötigen Werkzeuge, die nicht nur in einem *mechanistischen* Sinne „perfekt" funktionieren, sondern auch in einem ganzheitlichem Sinne, psychologische Stärken fördern und Schwächen ausgleichen. Ein DSS wird daher vor allem dann den Ansprüchen der Praxis gerecht, wenn es diesen Bedarf bei Entscheidungsträgern abdeckt.

---

[44] Konkret wird die MAUT in der Praxis wenig eingesetzt, obwohl sie theoretisch kaum kritisiert wird.

6 Bewertungsverfahren / DSS

Die Bewertung von Alternativen und/oder Kriterien ist im Laufe von Managementprozessen regelmäßig vorzunehmen. Die Methoden, die dabei zur Anwendung gelangen können, sind vielfältig und werden im Folgenden exemplarisch dargestellt (vgl. MEIXNER, 2003). Exemplarisch deshalb, weil ein vollständiger Methodenüberblick für unser Thema kaum möglich ist und die Übersicht über die Einsatzmöglichkeit von DSS rasch verloren gehen würde. Es muss hier auf die Spezialliteratur verwiesen werden, den jeweiligen Methoden sind häufig eigene Publikationen gewidmet. Sie sind demnach kein Spezifikum eines bestimmten Management-Prozesses, sondern können in unterschiedlichen Prozessen eingesetzt werden. Prinzipiell geht es dabei um die Lösung der folgenden Fragestellungen:

a) Wie ist eine einzelne Alternative (Strategie, Produkt, Projekt, Investition usw.) zu bewerten und anhand welcher Methoden kann diese Alternativenbewertung durchgeführt werden? Wie kann die richtige Entscheidung gefunden werden, aus einer Vielzahl von Alternativen diejenigen herauszufiltern, die am meisten Erfolg versprechen? Mit anderen Worten: Wie können die Unternehmensziele bestmöglich erreicht werden?

b) Welche Eigenschaften werden zur Bewertung der Alternativen herangezogen (i.e. Kriterien) und welche Bedeutung kommt ihnen im Rahmen des Bewertungsprozesses zu?

Wir sprechen dabei ein Grundproblem bei der Alternativenbewertung an: die Ermittlung und Interpretation von Prioritäten. „Many researchers and analysts have dismissed the difficulty in measuring and interpreting the criteria weights by merely stating that criteria weights reflect criteria importance and assume that the meaning of criteria importance is transparent and well understood by all decision makers" (CHOO et al., 1999, 528). CHOO et al. (1999, 531) zeigen allein 13 verschiedene Interpretationsmöglichkeiten von Prioritäten auf, die – auch wenn sie manchmal sehr ähnlich sind – z.T. vollkommen unterschiedliche Schlüsse zulassen, weshalb sie vorschlagen, dass stets die korrekte Interpretation der Gewichte vorzugeben ist, wenn eine Methode der (mehrkriteriellen) Alternativenbewertung zur Anwendung gelangen soll.[45] Im Folgenden werden einige gängige Bewertungsmethoden vorgestellt, Nutzwertanalyse und Multiattributive Nutzentheorie und – als Beispiel für eine Wirtschaftlichkeitsanalyse – die Discounted Cash Flow (DCF)-Methode. Dem Analytischen Hierarchieprozess wird in der Folge eine ausführliche Betrachtung gewidmet. Nicht eingegangen wird z.B. auf sog. Outranking Modellen[46] (wie PROMETHEE oder ELECTRE) oder andere Verfahren, die beispielsweise Distanzberechnungen zur Entscheidungsfindung heranziehen (wie TOPSIS; vgl. HWANG und YOON, 1981).

6.1 Nutzwertanalyse

Unter dem Begriff Nutzwertanalyse werden alle Verfahren zusammengefasst, die zur Lösung *multikriterieller* Problemstellungen, d.h. zur Lösung von Problemstellungen unter Heranziehung mehrerer Kriterien (i.e. ein klassisches Optimierungsproblem), verwendet werden können (vgl. BECKER, 1993, 418). Die Bezeichnung als multikriterielle Problemstellung ist kennzeichnend für komplexe Fragestellungen, da hierbei stets mehrere Kriterien

---

[45] Z.B.: Beitrag einer Nutzenfunktion, Substitutionsrate, Ausprägung einer allgemeinen Wertfunktion, Wert auf einer Bewertungsskala, relativer Beitrag zur allgemeinen Zielerfüllung, relativer Informationsgehalt, relative funktionale Wichtigkeit eines Kriteriums usw.

[46] Kurz gefasst ist darunter zu verstehen: „In outranking models, the alternatives are compared pair-wise to check which of them is preferred regarding each criterion. When aggregating the preference information for all the relevant criteria, the model determines to what extent one of the alternatives can be said to outrank another" (LØKEN, 2007, 1589).

151

zur Problemlösung herangezogen werden. Es stellt somit kein spezielles Kennzeichen der Nutzwertanalyse dar, sondern trifft auch auf alle im Folgenden vorgestellten Methoden und Verfahren zu.

Allgemein läuft eine Nutzwertanalyse stets nach dem gleichen Schema ab (vgl. BECKER, 1993, 419): Nach Aufstellung eines Zielsystems, das sowohl Kriterien als auch Alternativen enthält, erfolgt die Bewertung dieses Zielsystems, i.e. die Gewichtung der Kriterien und der Alternativen. Diese Gewichtungen werden in Form einer Zielertragsmatrix dargestellt.
Nach SCHNEEWEIß (1991, 183f.) haben alle Verfahren der Nutzwertanalyse drei Kennzeichen gemeinsam, so unterschiedlich sie im Detail auch ausgestaltet sein mögen:

1. Die Wertfunktionen v_k $(k=1,...,K)$, deren K Ziele unabhängig voneinander bestimmt werden
2. Die Gewichtungen g_k werden nicht über Substitutionsraten bestimmt (dies ist ein Kennzeichen der multiattributiven Nutzen- bzw. Werttheorie; siehe Kapitel B6.2, S. 156)
3. Für alle Alternativen $a_i \in A$ (Alternativenmenge) wird ein linearer Präferenzindex $\Phi^{NWA}(a_i)$ errechnet, nach der Formel:

$$\Phi^{NWA}(a_i) = \sum_{k=1}^{K} g_k \cdot v_k(a_i)$$

wobei die Normierung der nominellen Werte der Alternativen a_i nach der folgenden Formel erfolgen kann (vgl. SCHNEEWEIß, 1991; auch andere Verfahren sind möglich, z.B. die Normierung auf einer Skala von 0-100):

$$v_k(a_i) = \frac{a_i - a_{min}}{a_{max} - a_{min}}$$

Man beachte, dass a_{min} und a_{max} nicht immer dem metrisch minimalen bzw. maximalen Messwert (z.B. in Euro) entsprechen muss, sondern jenem, der den jeweils minimalen bzw. maximalen *Nutzenwert* erbringt. Bei Gewinn, Ertrag, Leistung etc. wird die Interpretation der metrischen Höhe übereinstimmen; bei Kosten, Belastung, Schaden etc. wird die metrische Höhe sich in einem umgekehrten Verhältnis befinden: der metrisch höhere Wert erhält einen niedrigeren Nutzenwert, der metrisch niedrigere Wert einen höheren.

Bei der Nutzwertanalyse erfolgt die Bestimmung der Höhenpräferenzen durch die folgende Berechnungsweise (vgl. SCHNEEWEIß, 1992a, 121): Jedem Attribut wird eine Präferenz zugeordnet. Es wird also bewertet, wie wichtig bzw. unwichtig das jeweilige Attribut für den Entscheider ist. Hat man endlich viele Attributsausprägungen a_i ($i=1, \dots m$), so erhält man die Entscheidungsmatrix:

$$\begin{pmatrix} v_{11} & \cdots & v_{1K} \\ \vdots & \ddots & \vdots \\ v_{m1} & \cdots & v_{mK} \end{pmatrix}$$

Diese kann nach SCHNEEWEIß (1992a) in der Weise normiert werden, dass dem maximalen Nutzenwert $v^{max} = 1$ und dem minimalem Nutzenwert $v^{min} = 0$ zugeordnet wird (nach obenstehender Formel).

Tabelle 10: Datenmatrix

	k_1	k_2	k_3
a_1	5	16	2
a_2	15	8	10
a_3	10	4	12

Normierung $\Rightarrow$

Tabelle 11: Normierte Datenmatrix

	k_1	k_2	k_3
a_1	0	1	0
a_2	1	$1/3$	$4/5$
a_3	$1/2$	0	1

Durch die Normierung[47] wird die Gewichtung über alle Attribute hinweg vergleichbar (dies bedingt allerdings, dass kein schlechteres Maß als v^{min} und kein besseres als v^{max} zu erwarten ist). Ein einfaches Zahlenbeispiel soll dieses veranschaulichen: Die Evaluierung von Projekten (a_1, a_2, a_3) auf Basis der Zielattribute (k_1, k_2, k_3) hat die Datenmatrix in Tabelle 10 hervorgebracht. Werden in der Folge die Minima mit 0 und die Maxima mit 1 bewertet (i.e. Nutzenwerte u_i), so erhält man daraus die normierte Datenmatrix (Tabelle 11).

Werden nun auch die Gewichte für die Zielattribute k_1, k_2, k_3 festgelegt (z.B. $g_1=10$, $g_2=4$, $g_3=6$), so kann entsprechend obenstehender Formel für jedes Projekt ein Präferenzindex berechnet werden:

---

47 Bei dieser einfachen Normierung wird Linearität zwischen den Ausprägungen angenommen, d.h. der Nutzen nimmt im gleichen Ausmaß zu/ab, wie die quantitativen Daten vor Normierung. Dies muss nicht immer der Realität entsprechen. Ein einfaches Beispiel soll dies verdeutlichen. Wenn ein Topmanager eine Gehaltserhöhung von 100 Euro bekommt, ist dies sicherlich nicht mit der gleichen Nutzenzunahme verbunden, wie wenn ein ein deutlich schlechter bezahlter Angestellter eine Gehaltserhöhung in der gleichen metrischen Höhe bekommt. Würde man in so einem Fall nicht die absolute sondern die relative Veränderung des Gehalts heranziehen – beim Top-Manager wäre dies deutlich weniger als beim Angestellten –, wäre dies sicherlich eine realistischere Nutzenbewertung. Bezogen auf die absolute Höhe des Gehalts wäre aber die Linearitätsbedingung aber nicht mehr erfüllt; eine Normierung auf Basis dieser einfachen Methode daher nicht sinnvoll. Im Übrigen stellt diese Form der Normierung eine einfache, aber nicht die einzige Möglichkeit dar, wie aus quantitativen Daten normierte Nutzwerte abgeleitet werden können.

$$\Phi^{NWA}(a_1) = \sum_{k=1}^{3} g_k \cdot v_k(a_1) = 0,5 \cdot 0 + 0,2 \cdot 1 + 0,3 \cdot 0 = 0,2$$

$$\Phi^{NWA}(a_2) = \sum_{k=1}^{3} g_k \cdot v_k(a_2) = 0,5 \cdot 1 + 0,2 \cdot \frac{1}{3} + 0,3 \cdot \frac{4}{5} = 0,806^{\bullet}$$

$$\Phi^{NWA}(a_3) = \sum_{k=1}^{3} g_k \cdot v_k(a_3) = 0,5 \cdot \frac{1}{2} + 0,2 \cdot 0 + 0,3 \cdot 1 = 0,583^{\bullet}$$

Die Gewichte für die Zielattribute werden ebenfalls normiert, sodass gilt: $\sum g_k^{NWA} = 1$

Zur Normierung werden die Zielattribute durch die Summe (hier 20) dividiert, woraus sich ergibt: $g_1 = 0,5$, $g_2 = 0,2$, $g_3 = 0,3$

Aufgrund dieser Analyse würde demnach die Alternative a_2 vor a_3 und a_1 gewählt werden. Diese Rangreihung ist allerdings davon abhängig, wie sich die Skalenbreite [v^{min}, v^{max}] gestaltet. Würde jetzt eine Alternative (z.B. die Alternative a_1) aus den Betrachtungen ausgeschlossen und die Berechnung der Nutzenwerte der verbleibenden Alternativen erneut vorgenommen, so könnte es auch zu einer Umreihung, d.h. zu einem „rank reversal" kommen (ein Beispiel hierfür bietet SCHNEEWEIß, 1992a, 361). Aus diesen und weiteren Gründen hält SCHNEEWEIß (1992a) die Vorgehensweise zur Nutzwertanalyse für nicht ganz unproblematisch (zur Diskussion der Methode vgl. SCHNEEWEIß, 1992a, 122). Eine Verbesserung der Methodik wäre sicherlich dadurch erreicht, dass die *Normierung* schon bei der Evaluierung der Alternativen berücksichtigt wird. So könnte die Bewertung der Alternativen auf der Skala [0,1] oder praktikabler über eine prozentuelle Zuordnung vorgenommen werden. In diesem Falle könnten die Eckpunkte der Skala, also 0 und 1, in der Weise definiert werden, dass es eine schlechtere Alternative als jene mit der Wertfunktion $v_k = 0$ und eine bessere als jene mit der Wertfunktion $v_k = 1$ nicht geben kann, d.h., eine Alternative erfüllt im Extremfall ein Zielattribut überhaupt nicht, dann erhält v_k den Wert 0 oder die Alternative erfüllt das Zielattribut vollständig, dann erhält v_k den Wert 1. Darunter oder darüber sind per Definition keine Werte möglich, womit es ist nicht mehr notwendig ist, die Gewichtungen der Alternativen zu normieren. Die Gewichte sind unabhängig von den Zielattributen miteinander vergleichbar. Damit eine derartige Methodik in der betrieblichen Praxis angewendet werden kann, bedarf es einfach zu verwendender Computerprogramme.

Die subjektive Beurteilung durch die Entscheider macht es erforderlich, dass es sich bei diesen um gut informierte Personen handelt, da ansonsten keine optimalen Evaluierungsergebnisse zu erwarten sind. Z.B. werden bei der Neuproduktevaluierung mittels Nutzwertanalyse herkömmliche Evaluierungskriterien wie Umsatz-Prognosedaten, Marktanteilsschätzungen, Gewinnspannen und Kostenkalkulationen nicht unbedingt in der Evaluierung berücksichtigt. Es wird auf die Beurteilung strategischer Variablen, wie Wettbewerbsvorteile oder Marktattraktivität vertraut (COOPER, 2002, 250f.). Die Bewertung dieser Variablen erfolgt aufgrund der Marktkenntnis und der Erfahrung der Bewerter, weniger auf Basis von quantitativen Informationen.

Ein spezielles Verfahren der Nutzwertanalyse stellt der Analytische Hierarchieprozess dar, den wir nach der Multiattributiven Nutzentheorie und der DCF-Methode vorstellen werden.

6.2 Multiattributive Nutzentheorie

Im Gegensatz zum heuristischen Verfahren der Nutzwertanalyse stellt die Multiattributive Nutzentheorie (MAUT, „multi attributive utility theory") ein in sich konsistentes Theoriegebäude dar (vgl. SCHNEEWEIß, 1990, 13). In diesem Sinne stellt VON NITSCH (1993, 113) fest, dass die MAUT bzw. ihr Äquivalent, die MAVT

(„multi attribute value theory") eine **„axiomatisch fundierte Theorie** zur **Messung** von **Präferenzen** in Entscheidungssituationen darstellt, in denen die Konsequenzen der Handlungsmöglichkeiten mit Sicherheit bekannt sind". Wie bei der Nutzwertanalyse wird das Nutzengewicht anhand einer linearen Präferenzfunktion ermittelt.

$$\Phi^{MAUT}(a_i) = \sum_{k=1}^{K} g_k \cdot v_k(a_i)$$

mit $\sum_{k=1}^{K} g_k = 1$ *und* $g_k \in [0,1]$

g_k und $v_k(a_i)$ beziehen sich auf den Gewichtungsfaktor bzw. die Wertfunktion der MAUT.[48] Damit eine derartige, additive Präferenzfunktion angenommen werden kann, müssen insbesondere drei Voraussetzungen gegeben sein (zu den Voraussetzungen der Existenz einer additiven Präferenzfunktion vgl. SCHNEEWEIß, 1992a, 129f.):

- Es existiert eine Ordnungsrelation schwacher Ordnung, d.h. vollständig und transitiv.
- Es gilt Substituierbarkeit.
- Die Attribute sind stark präferenzunabhängig.

Die Einzelwerte für die jeweiligen Zielgewichte werden auf Basis von *Wertfunktionen* berechnet. Im einfachsten Falle verfügt man nur über zwei Ziele (*i* und *j*) sowie zwei Alternativen a und b. Die Wertfunktionen v_i, v_j berechnen sich dann insofern normiert, als es für jede eine schlechteste und eine beste Ausprägung gibt und diese mit dem Zielgewicht 0 bzw. 1 versehen werden. Sodann muss die zugrundeliegende Wertfunktion ermittelt werden, ehe die Zielgewichte für Alternativen, die zwischen diesen Extremwerten liegen, berechnet werden können. Der Funktionstyp der Wertfunktion (linear, exponentiell usw.) kann dabei näherungs-

---

[48] Aus diesem Grund wird g_k^{MAUT} bzw. $v_k^{MAUT}(a)$ verwendet.

weise so bestimmt werden, dass die Präferenzmitte bestimmt wird, dieser Intervall wiederum geteilt wird usw. (Medianverfahren; vgl. SCHNEEWEIß, 1990, 15). Aus diesem iterativen Vorgang kann dann ausreichend genau bestimmt werden, welchem Funktionstyp die Wertfunktionen folgen (vgl. VON NITSCH, 1993, 113).

Die Zielgewichte werden über Austauschraten bestimmt. Es wird ermittelt, inwieweit eine Kombination der Eigenschaftsausprägungen a_i, a_j genau der Kombination b_i, b_j entspricht. Auf Basis der vorher ermittelten Wertfunktion kann sodann das Gewichtungsverhältnis zwischen den Zielen i und j entsprechend der folgenden Formel ermittelt werden (für 2 Zielfunktionen):

$$\frac{g_i}{g_j} = \frac{v_j(a_j) - v_j(b_j)}{v_i(b_i) - v_i(a_i)}$$

Fallbeispiel 8

Einfaches Beispiel aus dem Lebensmittelbereich: Gegeben seien die beiden Ziele i = Preis und j = Fruchtanteil zur Bewertung von Fruchtjoghurts (andere Variablen wie Menge oder Geschmack werden als konstant angenommen). Nehmen wir an, ein Kunde weist eine Bandbreite für den Preis in Euro [0;2] und eine Bandbreite für Fruchtanteil in % [0;10] mit jeweils linearer Wertfunktion auf, weshalb gilt:

$v_i(10\%) = 1$ und $v_i(0\%) = 0$; $v_j(0$ Euro$) = 1$ und $v_j(2$ Euro$) = 0$

Der Kunde ermittelt folgende Austauschraten: Ein Fruchtjoghurt a mit einem 7%igen Fruchtanteil und einem Preis von 1,2 Euro ($a_1 = 7\%$; $a_2 = 1,2$ Euro) entspricht einem Fruchtjoghurt b mit einem 3%igen Fruchtanteil und einem Preis von 0,8 Euro ($b_1 = 3\%$; $b_2 = 0,8$ Euro) (siehe a, b in Abbildung 21). Daraus kann das folgende Gewichtsverhältnis zwischen den beiden Eigenschaften „Fruchtanteil" und „Preis" errechnet werden:

$$\frac{g_1}{g_2} = \frac{v_2(a_2) - v_2(b_2)}{v_1(b_1) - v_1(a_1)} = \frac{v_2(1,2\ \text{Euro}) - v_2(0,8\ \text{Euro})}{v_1(3\%) - v_1(7\%)}$$

$$= \frac{0,4 - 0,6}{0,3 - 0,7} = \frac{1}{2}$$

Da entsprechend der obenstehenden Formel gilt $g_1 + g_2 = 1$, errechnet sich für die Eigenschaften „Fruchtanteil" und „Preis" ein Verhältnis von 0,333 : 0,667. Die Alternativenbewertung erfolgt zu $2/3$ aufgrund des Preises und zu $1/3$ aufgrund des Fruchtanteils.

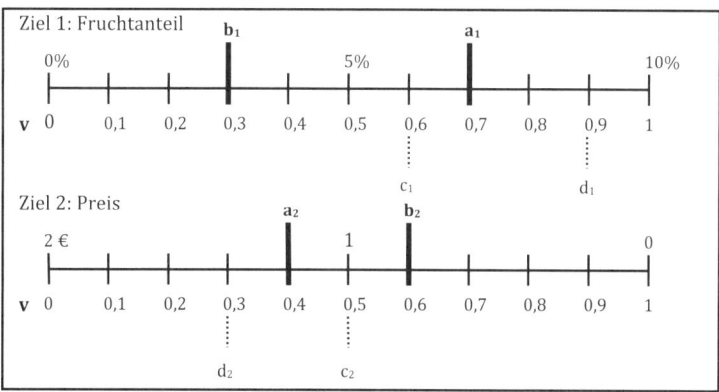

Joghurt a: Fruchtanteil 7%, Preis 1,2 Euro Joghurt b: Fruchtanteil 3%, Preis 0,8 Euro
Joghurt c: Fruchtanteil 6%, Preis 1,0 Euro Joghurt d: Fruchtanteil 9%, Preis 1,4 Euro

Abbildung 21: MAUT Bandbreitennormierung

Wollte man jetzt eine Rangreihung bilden zwischen zwei weiteren Alternativen

c: c_1 = 6% und c_2 = 1 Euro

d: d_1 = 9% und d_2 = 1,4 Euro

dann würde die Entscheidung zugunsten der Alternative c getroffen werden (siehe c, d in Abbildung 21):

$$\Phi^{MAUT}(c) = 0,6 \cdot \frac{1}{3} + 0,5 \cdot \frac{2}{3} = 0,53^{\bullet}$$

$$\Phi^{MAUT}(d) = 0,9 \cdot \frac{1}{3} + 0,3 \cdot \frac{2}{3} = 0,5$$

Liegen mehr als 2 Ziele vor, werden die Wertfunktionsberechnungen, die Ermittlung der Austauschraten und die Bewertung der Alternativen deutlich schwieriger und werden folgerichtig computergestützt durchgeführt. Insgesamt stellt die MAUT bzw. MAVT deutlich höhere Anforderungen an den Entscheider als die Nutzwertanalyse insbesondere zur Feststellung der Austauschraten und Ermittlung der Wertfunktionen und dürfte sich nicht ganz einfach in die unternehmensinterne Entscheidungsfindung integrieren lassen. Deshalb schlägt SCHEEWEIß (1992a, 154) je nach Gültigkeit der obigen Bedingungen unterschiedliche Einsatzmöglichkeiten zwischen Nutzwertanalyse und MAUT vor. Grundtenor dabei ist, dass sich die Nutzwertanalyse umso eher anbietet, je weniger die obigen Bedingungen erfüllt werden können. Sind die Bedingungen aber ausreichend erfüllt, empfiehlt SCHEEWEIß (1992a) die Anwendung der MAUT.

6.3 Wirtschaftlichkeitsanalysen am Beispiel des Discounted Cashflow

Bisher haben wir uns mit Bewertungsverfahren beschäftigt, die bei Management-Entscheidungen mit zumindest teilweise nur subjektiv bewertbaren Kriterien zum Einsatz gelangen. Noch nicht beschäftigt haben wir uns bisher mit Wirtschaftlichkeitsanalysen.[49] Es wird an dieser Stelle aber nur eine Methode exemplarisch vorgesellt; es handelt sich dabei auch um keine spezi-

---

[49] Diese Methoden können naturgemäß auch zum Zwecke des Decision Support eingesetzt werden (vgl. MEIXNER, 2003).

fischen Systeme zur Entscheidungsunterstützung. Zu allen Methoden, die für Wirtschaftlichkeitsanalysen herangezogen werden, gibt es genügend Publikationen aus dem Rechnungswesen und der Kostenrechnung bzw. aus dem Bereich Investition und Finanzierung. Besonders geeignet zur Entscheidungsunterstützung sind dabei Methoden der Deckungsbeitrags- und Grenzkostenrechnung sowie alle Methoden, die versuchen, gegenwärtige und zukünftige *Zahlungsflüsse* zu bewerten. Diese helfen z.B. bei der Entscheidungsfindung im Zusammenhang mit Investitionsprojekten.

Hier haben sich besonders die Discounted Cashflow-Verfahren (DCF), die auf die Bewertung auf zum gegenwärtigen Zeitpunkt abgezinster, zukünftiger Zahlungsströme fokussieren, hervorgetan. Üblicherweise werden diese zur Unternehmensbewertung herangezogen und beruhen auf der neoklassischen Theorie des Zinses und auf dem Vergleich, wie Geld nutzenäquivalent verwendet werden kann (vgl. LÖHR, 1994, 29), z.B. indem man in Kostensparmaßnahmen anstatt in die Personalentwicklung investiert. Die DCF-Verfahren können aber auch – falls man über eine entsprechende Datenbasis verfügt – zur allgemeinen Bewertung von Zahlungsab- und -zuflüssen Verwendung finden und dienen damit der *monetären Bewertung zur Entscheidungsfindung*.
Grundsätzlich erfolgt eine Unternehmensbewertung auf Basis von Periodenerfolgen oder auf Basis von Zahlungsströmen (KÖHNE, 2000, 568 ff.). Da „Zahlungsstrommethoden stärkere Veränderungsphasen in einem Unternehmen besser abzubilden vermögen als Periodenerfolgsrechnungen" (KÖHNE, 2000, 594), ist diesen trotz ihrer höheren Komplexität der Vorzug zu geben. Denn die Verwendung von Cashflows zur Unternehmensbewertung stellt entsprechend dem State of the art die theoretisch richtige Vorgehensweise dar (vgl. MOXTER, 1980, 457; RAPPAPORT, 1999, 15f.; DRUKARCZYK, 2001, 140; WENUSCH, 2001, 184). RUSSEL (1970) hat Cashflow-Berechnungen in die Projekt-Planung eingeführt. Dabei ist die Berechnung des Zeitwertes einer Investiti-

on („net present value", NPV), insbesondere seiner Maximierung, ins Zentrum der Betrachtungen gerückt.

Im Prinzip geht es beim DCF darum, die gegenwärtigen Abflüsse den aus den damit verbundenen Anstrengungen (Investitionen) zu erwartenden Zuflüssen gegenüberzustellen. Als Erfolgsgröße wird demnach der Saldo aus Einzahlungen und Auszahlungen (HACHMEISTER, 2000, 1f.) im Zusammenhang mit einer Investitionstätigkeit gebildet. Demnach handelt es sich hierbei um eine probabilistische Sichtweise unter Anwendung von gegenwärtigen und zukünftigen, d.h. prognostizierten Zahlungsflüssen. Dies ist natürlich immer mit gewissen Unsicherheiten verbunden. Eine entsprechende Informationsbasis ist daher für die Durchführung der DCF-Rechnung unumgänglich. Es muss abgeschätzt werden können, ob und in welchem Ausmaß eine potenzielle Investition zu zukünftigen Rückflüssen führen wird.

Von den verschiedenen Bewertungsverfahren, die im Rahmen des DCF entwickelt wurden (vgl. hierzu FRIEDRICHS, 2001, 265), hat sich der *APV-Ansatz* (adjusted present value) als jener herausgestellt, der den höchsten Informationsgehalt hat, vor allem, weil der Wertbeitrag der Fremdfinanzierung am Gesamtwert getrennt ermittelt wird (DRUKARCZYK, 2001, 231). Wir werden diesen Ansatz im Folgenden kurz vorstellen.

Beim APV-Ansatz wird zunächst von vollständiger Eigenfinanzierung ausgegangen, d.h., es wird noch nicht berücksichtigt, wie das für das Investitionsvorhaben notwendige Kapital aufgebracht wird (Eigenkapital + Fremdkapital).[50] Dabei wird mit pro-

---

[50] Hier liegt auch der Hauptunterschied zum WACC-Ansatz (Weighted Average Cost of Capital = durchschnittliche, gewichtete Kapitalkosten): Beim WACC-Ansatz wird der *relative* Beitrag der verschiedenen Kapitalquellen nach Steuern berechnet (d.h., auch die zinssparende Steuerersparnis des Fremdkapitals wird mitberücksichtigt), also nicht getrennt nach Eigen- und Fremdkapital ausgewiesen.

gnostizierten Zahlungsströmen gerechnet, wobei zwischen Zahlungsabflüssen, die bis zur Realisierung der Investition entstehen, den Zahlungsabflüssen, die nach diesem Zeitpunkt anfallen (laufende Kosten) und den zukünftigen Zahlungszuflüssen zu unterscheiden ist. Sämtliche Zahlungsströme werden nach Steuern berechnet.

Wir wollen die DCF-Methode am Beispiel einer Produktentwicklung aufzeigen: In Anlehnung an den Produktlebenszyklus kann die DCF-Rechnung schematisch wie in untenstehender Abbildung dargestellt werden. Die Produkteinführung erfolgt zum Zeitpunkt t_0. Es bietet sich daher an, alle Zu- und Abflüsse bis zu diesem Zeitpunkt auf- bzw. abzuzinsen.[51] Der hierfür angewendete Kalkulationszinssatz wird am besten durch die Renditeforderung der Eigenkapitalgeber bestimmt (vgl. FRIEDRICHS, 2001, 270). Zusätzlich ist auch ein Risikozuschlag vorzusehen, da Investitionen auch in einer alternativen, risikolosen Anlage möglich sind (z.B. im einfachsten Falle Bindung der Geldmittel in Form von festverzinslichen Anleihen).

---

[51] Jeder Zeitpunkt, bis zu dem ab- bzw. aufgezinst wird, ist denkbar.

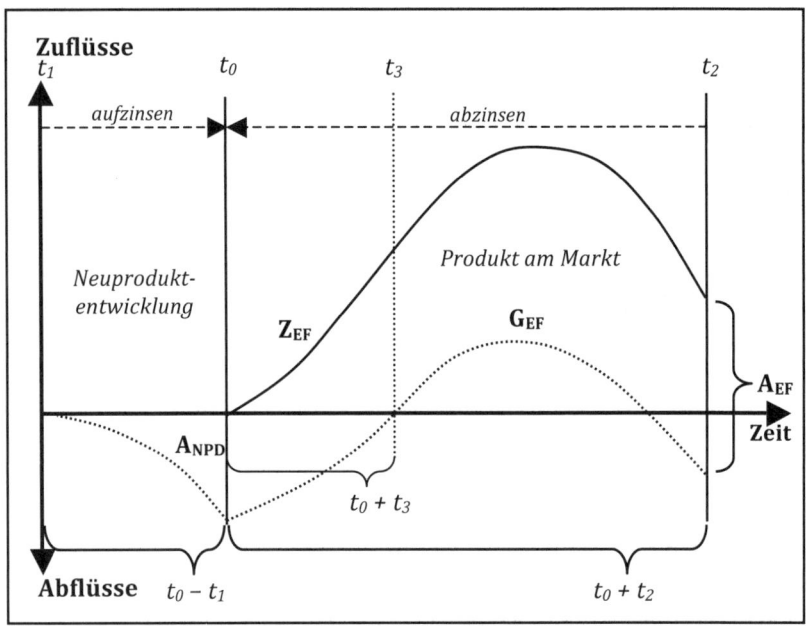

A_{NPD}	prognostizierte + getätigte Abflüsse für Produktentwicklung
Z_{EF}	prognostizierte Zuflüsse ab Produkteinführung (Umsatz)
A_{EF}	prognostizierte Abflüsse ab Produkteinführung
G_{EF}	prognostizierter Gewinn ab Produkteinführung (= Z_{EF} – A_{EF})
t_0	prognostizierte Produkteinführung
t_1	prognostizierter Start Produktentwicklung
t_2	prognostizierte Produkteliminierung
t_3	prognostizierter Break even (Kostendeckungspunkt)

Abbildung 22: Free Cashflow am Beispiel Neuproduktentwicklung mit Bewertungszeitpunkt t_0

Ein grobes Kalkulationsschema, das die Zahlungsab- und -zuflüsse berücksichtigt, hat das folgende Aussehen:

–	Zahlungsabflüsse für Neuproduktentwicklung im Zeitraum $(t_0 - t_1)$ bis zur Produkteinführung zum Zeitpunkt t_0: Forschungs- und Entwicklungskosten, aufgezinst auf t_0
+	zukünftige Zahlungszuflüsse ab Periode t_0 für den Verkauf der Produkte am Markt bis zur prognostizierten Produkt-elimination nach $(t_0 + t_2)$, abgezinst auf t_0
–	zukünftige Zahlungsabflüsse ab t_0, die durch das Produkt am Markt entstehen, abgezinst auf t_0
=	Free Cashflow zum Zeitpunkt t_0 = Neuprodukt-Wert bei ausschließlicher Eigenfinanzierung
+	Steuervorteile aus tatsächlicher Kapitalstruktur, abgezinst auf t_0
=	Gesamtwert
–	Marktwert des Fremdkapitals, ab- bzw. aufgezinst auf t_0, je nachdem, wann Fremdkapital aufgenommen wird
=	Marktwert

Nach Berechnung des Free Cashflow werden die *Steuervorteile*, die sich aus der tatsächlichen Kapitalstruktur ergeben, in der Kalkulation berücksichtigt. Da sich Fremdkapitalzinsen steuer-mindernd auswirken, muss dieser Schritt zur richtigen Bewer-tung der Neuproduktentwicklung erfolgen. Die diskontierten Steuervorteile sind demnach zum Free Cashflow zu addieren. Nach diesem Rechenschritt erhalten wir den Gesamtwert des Unternehmensbereiches bzw. des jeweiligen Neuprodukt-Projektes.

Schließlich muss hiervon der Marktwert des Fremdkapitals sub-trahiert werden, womit auch die Fremdkapitalstruktur je nach Neuprodukt-Projekt (bei einer Projektbewertung) berücksichtigt wurde und wir erhalten den *Marktwert*. Damit wurden auch die Zahlungen an die Fremdkapitalgeber (vgl. BECK, 1996, 134) in der Berechnung der Bewertungsgrundlage mitberücksichtigt.

Die Zahlungsströme sind keineswegs vorgegeben, sondern kön-nen je nach Erfordernis entsprechend angepasst werden, wobei hier insbesondere die Investitionsstrategie, der Zeithorizont der Investitionsauszahlungen und die Prämissen, aufgrund derer die Finanzierung erfolgt, zu nennen sind (vgl. DRUKARCZYK, 2001, 172f.). Weiters ist zu klären, ob das notwendige Eigenkapital auf dem Wege der Thesaurierung der Kapitalerhöhung beschafft werden soll, für welche Dauer und wann das Fremdkapital beschafft werden muss usw.

Die Hauptschwierigkeit, die dabei zu lösen ist, betrifft die *Prognose* der Zu- und Abflüsse. Dies geht einher mit der Hauptkritik, die dem DCF entgegengebracht wird: Die große Differenz zwischen dem tatsächlichen Marktwert eines Unternehmens (oder wie hier eines Unternehmensbereichs) und dem Ergebnis der DCF-Bewertung. Manchmal übersteigt der Marktwert den DCF um 30 bis 50%. Die Gründe hierfür sind einleuchtend: Entweder es werden die Eingangsdaten für den DCF zu konservativ bewertet oder die Marktwerte sind überhöht (vgl. JOWETT, s.a.). Wie berechtigt diese Kritik pauschal gesehen auch sein mag, wenn größte Sorgfalt in die Prognose der Daten gelegt wird, müsste der DCF eigentlich den Marktwert recht gut widerspiegeln. Die komplexe Bewertung und die Probleme der Feststellung der Kapitalkosten bei rein eigenfinanzierten Unternehmen dürften die größten Hürden zum Einsatz des hierin vorgestellten APV-Ansatzes als Bewertungsmethode sein (BEHRINGER, 2002, 93). Letztlich könnte er aber bei sorgfältiger Anwendung dazu herangezogen werden, eine Auswahlentscheidung – wie hier zwischen verschiedenen Projekten aus dem Innovationsmanagement, der Neuproduktentwicklung – zu treffen, wobei in diesem Fall vergangene und zukünftige Zahlungsströme berücksichtigt werden können.

Abschließend sei angemerkt, dass der DCF zur Bewertung ganzer Unternehmensbereiche und nicht nur einzelner Projekte, Investitionsvorhaben usw. angewendet werden kann. Für unsere Zielsetzung wird der DCF für einzelne Investitionsprojekte prognostiziert, damit Barwerte unabhängig vom Zeithorizont miteinander verglichen werden können. Naturgemäß könnte auch eine einfachere Periodenerfolgsrechnung durchgeführt werden, um die Wirtschaftlichkeit von Investitionsprojekten zu prognostizieren und evaluieren. Allerdings würde dies wesentliche Aspekte wie die Kapitalstruktur vernachlässigen, weshalb hierin versucht wurde, die grundsätzliche Anwendung einer Methode darzulegen, die in der Lage ist, die tatsächlichen zukünftigen Zahlungsströme, die sich aus den unternehmerischen Aktivitäten ergeben, besser abzubilden.

(C) Der Analytische Hierarchieprozess

1 Einleitung

"What we need is not a more complicated way of thinking,
since it is difficult enough to do simple thinking."
Thomas L. Saaty

Der Analytische Hierarchieprozess (AHP; vgl. MEIXNER und HAAS, 2002) ist eine einfach anzuwendende Methode – auch wenn man dies bei diesem Namen nicht vermuten würde. Gemeinsam mit Thomas L. Saaty, dem Begründer des AHP, forschen die Autoren seit Jahren an der Anwendung und Modellerweiterung des AHP zur Lösung komplexer Probleme. Im anglo-amerikanischen und asiatischen Raum ist der AHP eine weithin anerkannte und in unzähligen Problemstellungen angewandte und bewährte Methode. Allein das „Hierarchon", eine Sammlung von bewährten AHP-Entscheidungsmodellen (SAATY und FORMAN, 1996), beinhaltet 567 Modelle, die alle in der Praxis erfolgreich eingesetzt wurden. Die behandelten Probleme umfassen volkswirtschaftliche, juristische, betriebswirtschaftliche, energiewirtschaftliche und medizinische Fragestellungen. Im deutschsprachigen Raum wird der AHP zur Entscheidungsunterstützung deutlich weniger häufig eingesetzt; letztendlich soll die vorliegende Arbeit sowie dessen Vorläufer von MEIXNER und HAAS (2002) dieser Methodik zu mehr Bekanntheit auch im deutschsprachigen Raum verhelfen. Aufgrund der hohen Flexibilität des AHP und dem systematischen Zugang zur Entscheidungsfindung dürfte ein breiterer Einsatz des AHP auch im deutschsprachigen Raum ein großes Potential haben.

Wissenschaftlichen Methoden, die für betriebs- oder volkswirtschaftliche Fragestellungen entwickelt wurden, sind häufig komplex in der Anwendung. Deren Beherrschung ist so zeit- und nervenaufreibend, dass sie in der Praxis kaum zum Einsatz kommen. Erklärtes Ziel dieses Buches ist es, eine einfach anzuwendende Methode darzustellen, aufzuzeigen wie einfach die Lösung komplexer Probleme sein kann und ein Werkzeug für die Lösung von komplexen Problemen vorzustellen. Deshalb bemühen wir uns wissenschaftliche Erkenntnisse so darzustellen, dass sie allgemein verständlich sind. Denn bezüglich der Schreibweise und Anwendung von Methoden pflichten wir TROUT und RIFKIN (1999) bei, wenn sie meinen: *„Komplexität ist nicht bewundernswert, sondern zu vermeiden"*.

Um Missverständnissen vorzubeugen, die folgenden Ausführungen richten sich *nicht speziell* an Akademiker, die sich auf einer wissenschaftlich theoretischen Ebene mit dem AHP auseinandersetzen wollen. Zum wissenschaftlichen Diskurs wird auf die vorhandene Literatur verwiesen (siehe WEBER, 1995, SAATY, 1990, DYER, 1990 u.a.). Ebenso verfolgt dieses Buch *nicht* das Ziel, den wissenschaftlichen Nachweis zu erbringen, dass der AHP die einzige, optimale und fehlerfreie Methode zur Lösung komplexer Probleme ist (Attribute, die keine der bekannten DSS auf sich vereinigen kann)
Wie auch andere Methoden weist der AHP theoretische und methodische Schwächen auf (vgl. PEREZ, 1995, VON NITSCH, 1993, SCHNEEWEIß, 1991). Wichtig für Entscheidungsträger ist, wie sich eine Methode in der Praxis bewährt. Der AHP hat sich seit seiner erstmaligen Vorstellung durch Thomas L. Saaty in den 1970ern in Tausenden von praxisbezogenen Problemstellungen hervorragend bewährt.[52] Somit stellt der AHP eine Methode dar, die sich einfach und rasch erlernen lässt und Ergebnisse liefert, deren Qualität den Anforderungen der Praxis entspricht.

---

[52] Unter http://www.expertchoice.com findet sich eine aktuelle Auswahl von interessanten AHP-Anwendungen in der Praxis. Auch im wissenschaftlichen Diskurs sind unzählbare Veröffentlichungen verfügbar, die sich dieser Methodik widmen.

2 AHP Methodik

2.1 AHP – eine Einführung

Der AHP ist – einfach gesagt – ein Prozess, durch den *komplexe* Entscheidungen strukturiert und evaluiert werden, um dadurch zu einer systematischen, optimalen und rational nachvollziehbaren Entscheidung zu gelangen.

- *„Hierarchisch"*: Elemente, die zur Lösung eines Problems herangezogen werden, werden stets in eine hierarchische Struktur gebracht. Die Bezeichnung für diese Elemente lauten je nach Anwendung Kriterien, Merkmale, Attribute, Alternativen etc. Elemente einer Hierarchie können in Gruppen eingeteilt werden, wobei jede Gruppe nur jeweils eine andere („höhere") Gruppe von Hierarchieelementen beeinflusst und nur von einer anderen („niedrigeren") beeinflusst wird. Die Elemente innerhalb einer Gruppe beeinflussen sich per Definition gegenseitig nicht; sie sind voneinander unabhängig.
- *„Analytisch"*: Eine Problemkonstellation wird in all ihren Abhängigkeiten umfassend analysiert; auch nicht direkt messbare Attribute können dabei erfasst und zur Entscheidungsfindung herangezogen werden.
- *„Prozess"*: Der AHP gibt einen prozessualen Ablauf vor, wie Entscheidungen strukturiert und analysiert werden. Dieser Ablauf ist im Prinzip immer gleichbleibend, wodurch der AHP bei mehrfachem Einsatz zu einem leicht einsetzbaren, einer Routinehandlung gleichkommenden Entscheidungstool wird; der Entscheidungsprozess entspricht prinzipiell dem idealtypischen, entscheidungstheoretischen Entscheidungsprozess wie im Kapitel B2, S. 76ff beschrieben.

Im beruflichen und privaten Alltag sind wir häufig mit komplizierten Entscheidungssituationen konfrontiert, bei denen sich keine der möglichen Wahlalternativen per se als die optimale herausstellt. Es kommen eine Vielzahl von Einflussfaktoren zum Tragen und die Entscheidung für eine Alternative ist immer auch mit dem Risiko verbunden, eine sub-optimale Lösung gewählt zu haben. Es stellen sich Fragen wie: Wurde die richtig entschieden und damit das beste Ergebnis erzielt? Ist dies auch längerfristig betrachtet die beste Wahlmöglichkeit? Betrachten wir folgende Konstellationen:

Fallbeispiel 9

Aufgrund von Kapazitätsengpässen sieht sich ein europäischer Lebensmittelproduzent genötigt, eine neue Produktionsstätte zu errichten. Dabei werden Fragen auftauchen wie: Wo soll er diese ansiedeln? In Länder außerhalb der EU, in denen das Unternehmen Kosteneinsparungen durch ein niedrigeres Lohnniveau realisieren könnte und damit die Produktionskosten gesenkt werden könnten, oder innerhalb der EU, wo keine Importbeschränkungen bestehen? Welche Regionen bieten die besten Förderungen im Hinblick auf die Errichtungskosten? Wie sieht es mit der Infrastruktur bei den möglichen Standorten aus? Wie weit sind die Zulieferanten entfernt? Wo liegen die Hauptabnehmer des Unternehmens? usw.

Ein Unternehmen, das vor diese Fragen gestellt ist (ein typisches Standortproblem), wird über eine Vielzahl möglicher Alternativen verfügen und zahlreiche Kriterien heranziehen, um jeden einzelnen Standort zu beurteilen und zu bewerten. Der AHP kann hierbei helfen, dieses unstrukturierte Entscheidungsproblem zu systematisieren (Hierarchiebildung und Analyse).
Damit soll vor allem erreicht werden, dass die Wichtigkeit, die den einzelnen Kriterien zukommt, im Verhältnis zueinander bewertet werden können (Kriterien sind z.B. Lohnniveau, Regionalförderung, Grundstückspreise, Zugang zu Abnehmern und Zulieferern usw.). Daran anschließend können die einzelnen Alternativen (hier: Standorte), die dem Lebensmittelproduzen-

ten zur Auswahl stehen, anhand dieser Kriterien beurteilt und bewertet werden. Durch diesen Strukturierungsprozess ermöglicht der AHP die Lösung komplexer, unstrukturierter Entscheidungsprobleme. In diesem Sinne dient er nicht zuletzt dazu, dass die befassten Manager des Lebensmittelkonzerns die gewählte Alternative vor dem Vorstand, den Mitarbeitern und der Öffentlichkeit vertreten können und rationale Begründungen für ihre Wahl finden.

Fallbeispiel 10

Eine regionale Umweltbehörde ist mit der weiteren Besiedlung von bisher nicht als Bauland gewidmeten kommunalen Flächen befasst. Dabei muss sie naturgemäß sowohl die ökonomischen und sozialen Auswirkungen dieser Urbanisierung berücksichtigen, als auch die ökologischen Folgen, die beispielsweise durch eine weitere Verstädterung bisher ungenutzter Flächen hervorgerufen werden können. Unter Berücksichtigung umweltpolitischer Auswirkungen werden sich eine ganze Reihe unterschiedlicher Fragen stellen: Welche Aktivitäten sollen von den Bewohnern der Region gesetzt werden, um die Umwelt zu schützen bzw. zu welchen sollen sie verpflichtet werden? Soll die Behörde die ökonomische Entwicklung der Region zulassen und gleichzeitig Geld für den Schutz der Umwelt zur Verfügung stellen oder soll sie die Entwicklung der Region einschränken, um damit einen verbesserten Umweltschutz zu gewährleisten? Welche baulichen Auflagen müssen mit einer möglichen Urbanisierung verknüpft werden? usw.

Entscheidsträger, die sich dieses Problems mittels des AHP annehmen, werden zunächst die Ist-Situation sorgfältig analysieren, wobei sie so viele relevante Details wie möglich in ihre Betrachtungen einbeziehen werden. Daraus könnte eine Entscheidungshierarchie abgeleitet werden, wie sie graphisch in der folgenden Abbildung aufbereitet ist. Die höchste Hierarchieebene stellt das *Hauptziel* (z.B. die Erhaltung/Förderung einer

möglichst hohen Umweltqualität) dar. Die unterste Hierarchieebene gibt die Aktivitäten wieder, d.h. die alternativen Strategi-
en, die sich positiv oder negativ auf das Hauptziel auswirken –
über den Einfluss, den sie auf die Zwischenmerkmale haben. Als
Alternativen wurden gewählt:

    (A) die Region wird nicht entwickelt
    (B) eine partielle Urbanisierung wird angestrebt
    (C) eine vollständige Urbanisierung wird angestrebt

Die dazwischen liegende Hierarchieebene umfasst zwei Haupt-
merkmale zur Evaluierung von Umweltqualitäten: (1) Ästheti-
sche Merkmale und (2) Wasserwirtschaft. Auch diese werden
weiter unterteilt.

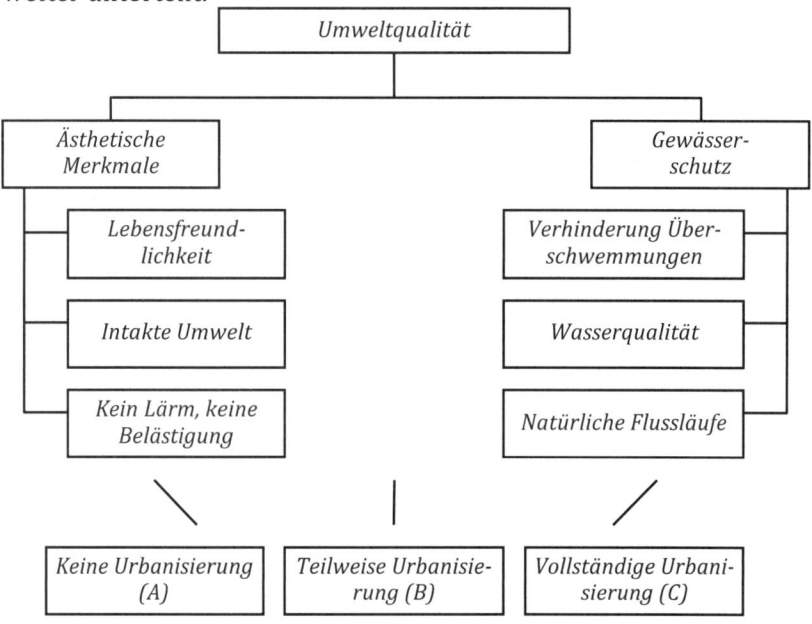

**Abbildung 23: Hierarchie des Entscheidungsproblems zur
Urbanisierung einer Region**

Anhand dieser Hierarchie wurde das oben dargestellte Problem gelöst. Wie es sich herausstellte, wurde von den beteiligten Entscheidungsträgern (Regionalplaner, Umweltbeauftragte, Kommunalpolitiker, Vertreter aus Wirtschaft, Bürgerinitiativen usw.) Alternative (B) als die optimale angesehen, da sie die soziale und wirtschaftliche Entwicklung der Region fördert ohne die Umwelt übermäßig zu belasten.

Diese beiden Beispiele aus Wirtschaft und Politik dienen der Veranschaulichung möglicher Problemfelder, in denen der Analytische Hierarchieprozess angewendet werden kann. Der AHP trägt hier zu einer Vereinfachung und Visualisierung des Entscheidungsprozesses bei.

2.2 Axiome des AHP

Damit der AHP angewendet werden kann, ist es notwendig, bestimmte Voraussetzungen zu akzeptieren (sog. Axiome; vgl. HARKER, 1989, 14f.):

Axiom 1: Der Entscheider ist in der Lage, zwei Elemente i und j sinnvoll miteinander in Beziehung zu setzten. Dieses geschieht in Form eines paarweisen Vergleiches a_{ij} im Hinblick auf ein Kriterium c (entnommen einem Set von Kriterien C) auf Basis einer eigenen metrischen Skala. Diese Skala ist reziprok, weshalb gilt:

$$a_{ij} = \frac{1}{a_{ji}}$$

a_{ij}, a_{ji} ... Paarvergleiche

Axiom 2: Der Entscheider erachtet niemals eine Hierarchieelement als unendlich viel besser als ein anderes Hierarchieelement im Hinblick auf ein Kriterium c ∈ C. Es gilt also:

$$a_{ij} \neq \infty$$

Axiom 3: Ein Entscheidungsproblem kann als Hierarchie formuliert werden. Dies ist nicht bei allen Entscheidungsproblemen möglich, z.B. dann, wenn zwischen den einzelnen Hierarchieelementen Abhängigkeiten bestehen, die eine hierarchische Struktur ausschließen.

Axiom 4: Alle Kriterien und Alternativen, die einen Einfluss auf das Entscheidungsproblem haben, sind in der Hierarchie enthalten. Alle Faktoren, die bei der Lösung des Problems wichtig sind, werden in Form von Kriterien bzw. Alternativen in die Hierarchie aufgenommen. Die Hierarchieelemente werden mit Prioritäten bewertet; diese Prioritäten sind kompatibel mit den Vorstellungen des Entscheiders.

Diese Axiome sind nicht unumstritten. Wir werden uns ihnen erneut zuwenden (siehe Kapitel C2.6: Kritische Anmerkungen zur Methode, S. 186). Axiom 1 bis 4 stellen die Basis des AHP dar und müssen daher vorerst als gegeben angenommen werden. Für die meisten Entscheidungssituationen stellt dies auch kein gravierendes Problem dar. Sollten Entscheidungssituationen auftauchen, bei denen obige Voraussetzungen nicht gegeben sind (z.B., weil Kriterien nicht miteinander sinnvoll in Beziehung gesetzt werden können), so ist die Problemlösung mittels AHP nicht möglich. In diesem Fall muss auf andere Entscheidungsunterstützungssysteme ausgewichen werden.

Bei allen Problemfeldern, die mittels des AHP gelöst werden können, kommen grundsätzlich *drei Prinzipien hierarchischen Denkens* zur Anwendung. Diese sind Gegenstand der folgenden Ausführungen.

2.3 Prinzipien des hierarchischen Denkens

Bei der Problemlösung durch logische Analyse anhand des AHP müssen drei grundlegende Prinzipien beachtet werden (vgl. SAATY, 1995): (1) das Prinzip des Aufbaus von Hierarchien; (2) das

Prinzip der Prioritätensetzung; (3) das Prinzip der logischen Konsistenz.

ad 1) Aufbau von Hierarchien

Der Mensch verfügt über die Möglichkeit, Dinge und Vorstellungen wahrzunehmen, sie zu identifizieren und darüber zu kommunizieren, was sie beobachtet haben. Zum Zwecke einer detaillierten Kenntnis von Sachverhalten zerlegen wir komplexe Wirklichkeiten gedanklich in ihre *konsistenten Teile*, zerlegen diese Teile wieder in Teile usw. Im obigen Beispiel wurde eine die Problemstellung in eine Hierarchie von 12 Elementen gebracht: Ein Oberziel, zwei Subelemente, sechs weitere, diesen untergeordnete Elemente und drei Alternativen. Indem die Wirklichkeit in derartige (Sub-)Elemente zerlegt wird und diese wiederum in noch kleinere Einheiten unterteilt werden, kann eine große Anzahl von Informationen in eine Problemstruktur eingebracht werden, woraus sich ein geeignetes Abbild/Modell des Gesamtsystems ergibt (oben: Standortwahl bzw. Urbanisierung). Dieses Modell kann schließlich zur Problemlösung herangezogen werden und stellt die *Entscheidungshierarchie* eines Problemlösungsprozesses dar. Die Erstellung derartiger Entscheidungshierarchien wird vor allem im Kapitel C3.3, S. 200ff. behandelt.

Auch bei Alltagsentscheidungen gehen wir intuitiv diesen Weg, komplexe Wirklichkeiten zu strukturieren und Hierarchien zu bilden, auch wenn wir uns dessen nicht bewusst sind. Denken wir daran, wie wir üblicherweise einkaufen: In der Regel werden mehrere Merkmale (Attribute) von Produkten/Dienstleistungen bei der Kaufentscheidung relevant sein: Preis, Qualität, Aussehen, Farbe, Markenimage, Funktionalität usw. bzw. meistens eine Kombination derartiger Merkmale. Und selbst wenn dann die Auswahl von Außenstehenden als irrational angesehen wird, so standen subjektiv gesehen doch meistens rationale Gründe für die Wahl einer Alternative im Vordergrund.

Im Geschäftsleben werden derartige Entscheidungshierarchien deutlich bewusster gebildet (z.B. in Form von Kennzahlen), um Wahlmöglichkeiten beurteilen zu können (z.B. Standortkosten im obigen Beispiel). Durch den AHP können eine große Anzahl an Attributen und Alternativen in einer Entscheidungshierarchie berücksichtigt und miteinander in Beziehung gesetzt werden[53], was ohne Anwendung eines geeigneten Decision Support Systems ungemein schwierig und zeitaufwändig wäre.

ad 2) Prioritätensetzung

Der Mensch hat das Vermögen, Beziehungen zwischen den beobachteten Dingen herzustellen. Im Prinzip werden zwei vergleichbare Dinge in Bezug auf ein bestimmtes Merkmal oder Kriterium miteinander in Beziehung gesetzt. Dabei wird die Intensität der Präferenz des einen gegenüber des anderen Teiles festgehalten (z.B.: A ist mir *viel lieber* als B). Anschließend werden die gebildeten Urteile zusammengeführt – durch einen geistigen schöpferischen Akt oder, bei Verwendung des AHP, durch einen logischen Prozess –, wodurch ein besseres Verständnis des Gesamtsystems erzielt werden kann.

Es werden also Beziehungen zwischen Einzelelementen jeder Hierarchieebene hergestellt, indem jedes Element einem *Paarvergleich* mit den anderen Elementen zugeführt wird (zum Paarvergleich siehe Kapitel C3.1, S. 189). Diese Beziehungen spiegeln den relativen Einfluss wider, den die Elemente einer bestimmten Hierarchieebene bezogen auf jedes einzelne Element der nächst höheren Ebene haben (i.e. *Kriterium, Merkmal, Attribut*). Das Ergebnis dieses In-Beziehung-Setzens der Einzelelemente ist die relative Wichtigkeit der Einzelelemente in Bezug auf jedes ein-

---

[53] Damit wird bereits das zweite Prinzip des analytischen Denkens im AHP angesprochen.

zelne Merkmal. In der Sprache des AHP wird die relative Wichtigkeit der Einzelelemente als *Priorität* oder *Gewicht* bezeichnet.

Dieser paarweise Vergleich wird für jedes Element auf jeder Zielebene wiederholt. Schließlich wird die Hierarchie in einem abschließenden Schritt zusammengeführt. Als Ergebnis dieser Synthese erhalten wir eine Anzahl von Prioritäten/Gewichten für das unterste Niveau der Zielhierarchie gewonnen. Das Element mit der höchsten Priorität – im obigen Beispiel Alternative (B) – ist dann als die Alternative anzusehen, die am ehesten gewählt werden sollte.[54] Das Prinzip der Prioritätensetzung wird im Kapitel C3.5, S. 205ff. einer eingehenden Betrachtung unterzogen.

ad 3) Logische Konsistenz

Das dritte Prinzip analytischen Denkens ist die logische Konsistenz (Widerspruchsfreiheit). Der Mensch ist in der Lage, Beziehungen zwischen Dingen und Vorstellungen in einer Weise herzustellen, dass sich daraus ein kohärentes Verhältnis ergibt. D.h., dass diese Vorstellungen und Objekte untereinander in einer logischen Beziehung stehen und demnach weitgehende Konsistenz vermitteln. Unter Konsistenz ist dabei zweierlei zu verstehen:

1. Ähnliche Ideen und Objekte werden nach Homogenität und Relevanz gruppiert. Z.B. können eine Weintraube und eine Murmel in eine homogene Gruppe zusammengefasst werden,

---

[54] Die anderen Alternativen sollten allerdings noch nicht vollständig aus den folgenden Überlegungen ausgeschlossen werden, da eine Änderung der Ausgangsbedingungen zu einer Verschiebung der Prioritäten für die Alternativen führen könnte. Im Übrigen gibt es auch Bewertungshierarchien, deren Ziel nicht die Alternativenauswahl sondern die Kriteriengewichtung ist (siehe Fallbeispiel 20, Unternehmensstrategie, S. 233).

wenn das relevante Kriterium das *Kugelvolumen* ist, aber nicht, wenn als relevantes Kriterium der Geschmack herangezogen wird.

2. Die Intensität der Beziehungen zwischen Ideen und Objekten hinsichtlich eines bestimmten Kriteriums bedingt sich in einer logischen Weise gegenseitig (*Transitivität*). Wenn daher die Süße als Kriterium gewählt wird und Honig als fünf mal so süß wie Zucker und Zucker wiederum als zwei mal so süß wie Sirup angesehen wird, so müsste Honig zehn mal so süß wie Sirup sein. Wenn aber Honig nur vier Mal so süß wie Sirup beurteilt wird, so sind die Beurteilungen inkonsistent. Es könnte sinnvoll sein, den Prozess der Urteilsfindung zu wiederholen, wenn abzusehen ist, dass exaktere Urteile zu erreichen sind.

Die *logische Konsistenz* ist ein wichtiger Bestandteil des AHP und wesentliches Kriterium zur Beurteilung der Qualität von Entscheidungen. Sie ist Gegenstand des Kapitels C3.9, S. 237ff.

Indem diese Prinzipien integraler Bestandteil des Analytischen Hierarchieprozesses sind, können sowohl *quantitative*[55] als auch *qualitative* Aspekte menschlichen Denkens berücksichtigt werden:

---

[55] Sowohl für die quantitative Datenanalyse als auch für die quantitative Simulation kann man den AHP ohne weiteres einsetzen (siehe Kapitel B4.2, S. 116). Zahlreiche Kosten-Nutzen- und Prognosemodelle sind mithilfe des AHP bereits berechnet worden. So prognostizieren die Studenten von Thomas L. Saaty alljährlich den Ausgang der NBA-Profiliga der USA und erzielen eine richtige Trefferquote von über 80%. Vergleicht man dies mit der Tatsache, dass von 1556 wissenschaftlichen Prognosen, die innerhalb von 50 Jahren zwischen 1890 und 1940 abgegeben wurden, nur 40 Prozent eintrafen, so ist dieser Wert durchaus beachtlich (vgl. BRETSCHNEIDER et al., 1999, 165).

- quantitative, in Zahlen fassbare Aspekte; Beurteilungen und Präferenzen sind präzise messbar (z.b. Umsatz, ROI, Kosten, Deckungsbeitrag, Länge, Fläche, Leistung usw.)
- qualitative Aspekte, i.e. subjektive Merkmale, die zahlenmäßig nicht erfassbar sind (z.b. Schönheit, Design, Aussehen, Qualität, Image usw.).

Durch den AHP können in der Regel alle Kriterien zur Bewertung einer Problemstellung ohne größere Probleme in den Entscheidungsprozess einfließen. Zur besseren Entscheidungsfindung ist es im Allgemeinen – vor allem bei komplexen Entscheidungssituationen – notwendig unterschiedlichste Aspekte zu berücksichtigen und zu evaluieren. Für jedes Element der Entscheidungshierarchie müssen dabei Prioritäten ermitteln werden. Bei qualitativen Attributen ist hierfür eine adäquate Mess-Skala notwendig. Eine für den AHP geeignete, fundamentale Skala wird im Kapitel C3.4, S. 201, vorgestellt.

2.4 Flexibilität beim AHP

Diese Basisbetrachtungen der menschlichen Natur und des analytischen Denkens führten in den 1970ern zur Entwicklung des Analytischen Hierarchieprozesses durch den amerikanischen Mathematiker Thomas L. Saaty.

Zunächst kann der AHP als eine wirkungsvolle Methode angesehen werden, Probleme auf quantitativer Basis zu lösen – auch unter Einbindung qualitativer Aspekte. Darüber hinaus ist der AHP ein flexibles Modell, das es Individuen oder Gruppen ermöglicht, Vorstellungen einzubringen und ein Problem zu definieren, indem sie von ihren eigenen Annahmen ausgehen und daraus eine subjektiv wünschenswerte Lösung ableiten. Durch Einbindung von Expertenwissen ist es vor allem aber möglich, eine Objektivierung von subjektiven Entscheidungssituationen herbeizuführen. Kommen wir kurz zurück auf die an anderer Stelle präsentierten Ergebnisse nach NUTT (1998). In einer Aufstellung

zu den Vorteilen von DSS konnte aufgezeigt werden, dass es verschiedene Situationen gibt, in denen DSS zum Einsatz gelangen
können (siehe Tabelle 9, S. 143): Optimieren, Verstehen, Analogien bilden und Kreativität fördern.

Der AHP eignet sich für drei von vier Lösungsarten. Durch seine
Fähigkeit zur Strukturierung von Problemen ist er ein ausge-
zeichnetes Instrument um das *Verstehen von Problemen* zu fördern. Selbst wenn es darum geht, die *Kreativität* zu fördern, ist er
ein nützliches Instrument, da Lösungsansätze und Hierarchisie-
rung von Problemstellungen ein gewisses Maß an Kreativität
erfordern. Einer der wesentlichsten Vorteile ist aber sicherlich
der, dass ein Problem in all seinen *Dimensionen* erfasst wird und
Lösungsansätze entsprechend dieser Dimensionen bewertet
werden können, was maßgeblich zur Komplexreduktion beiträgt.

Tabelle 12: Anspruch an das DSS, Entscheidungssituation und AHP

Anspruch an das DSS	Entscheidungssituation	Anwendungs-felder für AHP
Optimieren	stark-analytischer Entscheidungsträger, gut strukturiertes Problem, stabile Marktsituation, ausreichend Zeit für die Entscheidung	ja
Verstehen	schwach strukturiertes Problem, veränderliche Marktsituation, beschränkt verfügbare Zeit für Entscheidungsfindung	ja
Analogien bilden	schwach-analytischer Entscheidungsträger, kaum strukturiertes Problem, sehr starker Zeitdruck	nein
Kreativität fördern	unpräzise Problemdefinition, kein Zeitdruck, divergentes Denken, Erweiterung des Lösungs-raumes	ja

Der AHP ermöglicht es den Entscheidungsträgern, die Stabilität
und Konsistenz der Lösung auch bei veränderter Informationsla-
ge zu überprüfen. Durch Verwendung eigener Softwareapplika-
tionen, die für den AHP entwickelt wurden (z.B. Expert Choice™,

DecisionLens, Superdecisions [für ANP; siehe Kapitel C6, S. 280] usw.), können diese Prüfgrößen darüber hinaus recht einfach und sukzessive generiert werden, wodurch der/die Entscheidungsträger schon während des Entscheidungsprozesses ein Gefühl für die Qualität ihres Lösungsansatzes bekommen.

In der Praxis wird der AHP vor allem zur Lösung komplexer politischer und sozioökonomischer Fragestellungen herangezogen, da er im Hinblick auf die menschliche Psychologie entwickelt wurde und uns weniger in das starre Korsett vorgegebener Denkweisen zwingt. Beurteilungen und persönliche Werte werden beim AHP in einer logischen Weise gleichermaßen einbezogen. Er ist abhängig von Vorstellungskraft, Erfahrung und Wissen um die Strukturierung einer Problemhierarchie und von Logik, Intuition und der Erfahrung, Urteile abzugeben. Einmal akzeptiert und angewendet, zeigt uns der AHP, wie verschiedene Elemente eines Teils eines Problems mit jenen eines anderen Teils verbunden werden, um zu einem kombinierten Ergebnis zu gelangen. Er kann als ein Prozess verstanden werden, bei dem die Interaktionen in einem Gesamtsystem identifiziert, verstanden und bewertet werden.

Um ein komplexes Problem zu definieren und stimmige Beurteilungen abzugeben, sollte der AHP immer wieder verwendet werden oder im Zeitverlauf wiederholt werden. Der AHP ist dabei flexibel genug, um Revisionen zu erlauben – Entscheidungsträger können sowohl die Elemente der Problemhierarchie erweitern, als auch ihre Beurteilungen verändern. Jede Iteration des AHP ist der Hypothesengenerierung und -prüfung vergleichbar; die fortschreitende Verfeinerung der Hypothesen führt zu einem besseren Verständnis des Systems.

Die zahlreichen praktischen Anwendungen des AHP haben Beispielhierarchien hervorgebracht. In diesem Zusammenhang sei z.B. eine Sammlung von Fallstudien angesprochen mit einer Fülle von möglichen Lösungsansätzen für komplexe Problemstellungen im Marketingbereich (DYER et al., 1988). Diese Modellhierarchien geben dem geneigten Leser ein Gefühl für die Anwendung des AHP und können bei ähnlich gelagerten Problemkonstellationen übernommen und angewendet werden, um eigene Marketing-Probleme zu strukturieren und zu lösen. Dem Leser sollte es darüber hinaus nach der Lektüre dieser Einführung in den AHP problemlos gelingen, Entscheidungssituationen anhand des AHP zu strukturieren und zu analysieren – immer unter der Voraussetzung, dass genügend Basisinformationen zur Problemlösung beschafft wurden.

Ein weiterer Bestandteil des AHP ist die Möglichkeit, Gruppen bei der Entscheidungsfindung und Problemlösung einzubinden. Durch Gruppenentscheidungen können Vorstellungen und Beurteilungen einzelner in Frage gestellt werden bzw. durch Sichtweisen, die von anderen Gruppenmitgliedern eingebracht werden, verstärkt oder aufgeweicht werden. Bei der Konzeptualisierung eines Problems durch den AHP müssen Vorstellungen, Beurteilungen und Tatsachen, die von anderen eingebracht werden, berücksichtigt werden. Gruppenentscheidungen können dabei einen Beitrag zur Gültigkeit der Ergebnisse leisten, obwohl deren Übertragung nicht einfach ist, wenn die unterschiedlichen Sichtweisen weit voneinander abweichen. Daher sollten in den Entscheidungsprozess alle wissenschaftlich oder intuitiv gewonnen Informationen eingeschlossen werden.

Der Prozess kann auf alle in der Realität auftretenden Probleme angewandt werden und ist insbesondere zur Verteilung von Ressource, zur Planung und Analyse der Auswirkungen politischer Strategien und der Lösung von Konflikten geeignet. Soziologen und Naturwissenschafter, Techniker, Politiker und sogar Laien können diese Methode auch ohne Einbeziehung von Experten anwenden.

Derzeit wird der AHP z.B. in der betrieblichen Planung (siehe Fallbeispiel S. 220), der Strategiewahl (S. 253), der Kosten/Nutzenrechnung von Investitionsvorhaben (S. 252), im Bereich der öffentlichen Verwaltung (S. 173) und allgemein zur Ressourcenallokation verwendet.

Auf internationaler Ebene wird er weiters zur Planung von Infrastrukturmaßnahmen in Entwicklungsländern oder zur Bewertung natürlicher Ressourcen für Investitionen herangezogen. SAATY (1995) nennt unter anderem die folgenden Vorteile der Anwendung des AHP zur Problemlösung und Entscheidungsfindung:

- Einfaches, leicht verständliches, flexibles Werkzeug
- Integration deduktiver Vorgehensweise mit Systemansatz zur Lösung komplexer Probleme
- Kann mit Interdependenzen von Systemelementen umgehen; keine absolute Notwendigkeit für lineare Denkmuster
- Strukturierung durch Hierarchiebildung (Überblick; Bildung homogener Gruppen usw.); Evaluierung auf Basis der Zielhierarchie des Entscheidungsträgers
- AHP Messskala: Messmethodik und mathematischer Algorithmus zur Prioritätenschätzung vorhanden
- Konsistenzprüfung integraler Bestandteil des AHP
- Synthese im Hinblick auf generelle Wünschbarkeit von Alternativen
- Konsens ist nicht unbedingt notwendig; Verdichtung zu einem repräsentativen Gruppenergebnis ist möglich
- Evaluierungsprozess kann solange verfeinert und verbessert werden, bis zufriedenstellende Lösung gefunden wurde

2.5 Grundstruktur des AHP

Beim AHP handelt es sich um ein multi-kriterielles Verfahren zur Lösung eines Entscheidungsproblems. Im Hinblick auf ein zentrales, vorgegebenes Gesamtziel (goal) werden Kriterien bzw. Merkmale (attributes) formuliert, die zur Strukturierung des Entscheidungsproblems beitragen. Diese Kriterien können weiters in Unterkriterien gegliedert werden, sollte dies zu einer besseren Strukturierung des zu lösenden Problems beitragen. Daraus ergibt sich eine hierarchische Struktur des Entscheidungsproblems, was dem AHP letztlich den Namen gegeben hat.

Schließlich sind mehr oder weniger viele Alternativen (alternatives) zu berücksichtigen, aus denen anhand eines speziellen mathematischen Verfahrens die zur Lösung des Problems am besten geeignete Alternative ausgewählt werden kann.

Auf Basis dieser Grundstruktur werden alle AHP-Entscheidungshierarchien erarbeitet. Prinzipiell kann der AHP anhand eines vierstufigen Prozesses dargestellt werden (vgl. ZAHEDI 1986, 96f.; HAEDRICH et al. 1986, 121):

Stufe 1:   Aufstellung einer *Entscheidungshierarchie*: Ein Entscheidungsproblem wird in „Entscheidungselemente" (Kriterien und Attribute), die miteinander in Beziehung stehen, zerlegt.

Stufe 2:   *Bewertung* der Entscheidungshierarchie mittels quantitative Informationen (wenn verfügbar), Durchführung von *Paarvergleichen* zur qualitativen Bewertung.

Stufe 3:   *Prioritätenschätzung*: Errechnung der Prioritäten der Entscheidungselemente, indem die „Eigenwertmethode" angewendet wird (Gewichtungsvektoren) und Überprüfung auf Konsistenz der Prioritätenschätzung.

Stufe 4:   *Aggregation der Prioritäten* der Entscheidungselemente, um zu einer Rangreihung der Entscheidungsalternativen zu gelangen (Ziel-/Maßnahmengewichtungen für die gesamte Entscheidungshierarchie).

Diese Struktur dient uns als grober Leitfaden zur Problemlösung mittels des AHP. Eine weiter aufgegliederte Struktur dieses Leitfadens folgt weiter unten.

2.6 Kritische Anmerkungen zur Methode

Naturgemäß gibt es auch einige Bedenken, die vor allem von Seiten der Wissenschaft gegen den AHP vorgebracht wurde. Der größte Kritikpunkt betrifft die Gültigkeit der theoretischen Basis des AHP. Saaty selbst hat erst Jahre nach den ersten Veröffentlichungen zur Methode selbst Stellung genommen. So ist es wenig verwunderlich, dass die Kritiker ein ideales Betätigungsfeld fanden und die Methode daher z.T. ablehnten.

Die Kritikpunkte, die dem AHP entgegengebracht werden (siehe hierzu auch B5.6: Nachteile von Decision Support Systemen, S. 146), haben zumindest teilweise durchaus Berechtigung. So wird kritisiert, dass es bei diesem Verfahren zu sog. „rank reversals"[56] kommen kann, womit – wie bereits an anderer Stelle angesprochen – eine Verschiebung der Rangreihung von Alternativen und Kriterien unter bestimmten Umständen, z.B. bei Einführung einer neuen Alternative in den Entscheidungsprozess, gemeint ist (vgl. VON NITSCH, 1993, 114f.). Auch wird die Annahme von sog. Axiomen (d.h. nicht bewiesenen Sätzen oder Annahmen), die das theoretische Fundament des AHP ausmachen, vonseiten der Wissenschaft kritisiert (vgl. DYER, 1990, 250f.).

Es ist an dieser Stelle nicht angebracht, eine umfassende kritische Würdigung des AHP vorzunehmen. Es sei aber angemerkt, dass sich der AHP vor allem dadurch auszeichnet, in der Praxis

---

[56] *Beispiel für ein Rank Reversal:* Angenommen, wir müssten auf Basis von 3 Kriterien (K1, K2, K3) 2 Alternativen (A1 und A2) bewerten. Der AHP-Methodik folgend haben wir die Kriterien mittels Paarvergleich gewichtet. Für die Alternativen liegen folgende quantitative Informationen vor:

	K1	K2	K3
w_i	0,54	0,30	0,16
A1	6	10	9
A2	8	8	7

Daraus errechnet sich eine Rangreihung **A2 > A1** (w_{A1} = 0,49; w_{A2} = 0,51). Kommt jetzt eine dritte Alternative hinzu A3 mit den Ausprägungen A:15; B:5; C:5 so errechnet sich für die 3 Alternativen die Rangreihung **A3 > A1 > A2** (w_{A1} = 0,311; w_{A2} = 0,306; w_{A3} = 0,383). Zwischen A1 und A2 kommt es demnach zu einem Rank Reversal. Offensichtlich ist dies auf die hohe Bewertung der Alternative A3 beim Kriterium K1 zurückzuführen. Dies stellt ein methodisches Grundproblem im AHP dar, das auf die multiplikative Verknüpfung der Gewichtungsfaktoren zurückzuführen ist (zu den einzelnen Berechnungen siehe ab Kapitel C3.5, S. 205ff.).

hervorragende Problemlösungen bei entsprechender Vorarbeit geliefert zu haben. Auch konnten die wenigsten Kritikpunkte des AHP (wie Scheingenauigkeit, „Zielfetischismus" usw.) in der empirischen Praxis bestätigt werden. Manche der angeführten Beispiele, die zur Kritik des AHP ausgeführt wurden, wirken darüber hinaus konstruiert, in der Entscheidungspraxis sind sie kaum nachzuvollziehen.

Es sollte uns bewusst sein, dass der AHP nicht die Lösung aller Entscheidungsprobleme darstellen kann. Bei unsachgemäßer oder sogar missbräuchlicher Anwendung kann es sogar schädlich sein, durch eine scheinbar objektive Methode eine bestimmte Entscheidung herbeizuführen. Letztlich hängt es von dem oder den Nutzern ab, inwieweit diese Methode zielführend eingesetzt werden kann oder nicht.

Offensichtlich ist auch der AHP wie alle anderen in der Entscheidungsunterstützung entwickelten Methoden nicht unumstritten. Doch trotz der kritischen Auseinandersetzung bzgl. der theoretischen Fundierung des AHP[57] im wissenschaftlichen Diskurs hat der AHP fest in die Praxis Eingang gefunden. Die zahllosen Entscheidungen, die auf Basis des AHP getroffen wurden und die Bedeutung, die diese Entscheidungen z.T. gehabt haben, zeigen dies eindrucksvoll. Beispielsweise hat die US-Amerikanische Regierung auf Basis des AHP die Entscheidung getroffen, China trotz der massiven Menschenrechtsverletzung (Stichwort „Platz des Himmlischen Friedens/Tian'anmen-Massaker" im Juni 1989) *nicht* mit einem Wirtschaftsembargo zu belegen (aber Waffenembargo durch USA und EU), da dies nach Meinung der Entscheidungsträger (Experten, Mitglieder aus Regierung und Verwaltung usw.) mehr negative als positive Konsequenzen gehabt

---

[57] Das theoretische Fundament des AHP wurde durch die hohe Aufmerksamkeit, die die Methode in der wissenschaftlichen Auseinandersetzung erhalten hat, deutlich verbreitert. Einige grundsätzliche Fragestellungen, wie die korrekte Schätzung der Bedeutungsgewichte, sind aber noch immer ungeklärt.

hätte und an der Menschenrechtssituation in China kaum etwas geändert hätte.

3 Problemlösung mit dem AHP

3.1 Einführung

Üblicherweise wird davon ausgegangen, dass ein Problem durch sachlich-logische Überlegungen analysiert und gelöst werden kann. Die dabei geforderte *deduktive* Vorgehensweise ist aber nicht immer möglich und empfehlenswert.

Unter *deduktivem Vorgehen* wird verstanden: Eine große Zahl an Informationen werden gesammelt und durch Anwendung entsprechender Algorithmen so verdichtet, dass dadurch offene Problemstellungen beantwortet werden können (im weitesten Sinne werden *Hypothesen* überprüft). Durch Sammlung vieler Einzelfälle kann auf das Allgemeine geschlossen werden.

Fallbeispiel 11

Ein Beispiel aus dem Marketing: Ein Entscheidungsträger der Marketingabteilung ist damit beauftragt, die Werbebudgets für die nächste Periode zu vergeben. Damit er/sie beurteilen kann, welche Werbemedien eingesetzt werden sollen (Fernsehen, Radio, Printmedien) analysiert er/sie alle bisher vergebenen Werbebudgets hinsichtlich der Auswirkungen auf die Umsätze der beworbenen Produkte. Im Prinzip versucht er/sie –wenn auch nicht bewusst – Gesetzmäßigkeiten abzuleiten, wie sich die Werbung in verschiedenen Medien auswirkt. Man versucht also, aus einzelnen „Fällen" der Vergangenheit allgemein gültige Regeln abzuleiten, die helfen, eine die Zukunft betreffende Entscheidung zu fällen. Diese Vorgehensweise ist allgemein üblich und anerkannt, birgt aber auch Risiken in sich. Es können sich Parameter ändern, wie Einstellungen oder Geschmäcker der Konsumenten, ihr Medienkonsum-Verhalten, die allgemeine wirtschaftliche Entwicklung, rechtliche Rahmenbedingungen (Werbeverbote), die Konkurrenzsituation usw. Haben dann diese „allgemeine Regeln" noch immer Gültigkeit? In diesen Fällen wird man sich häufig auf Erfahrung und Intuition verlassen müssen, was – wie wir gesehen haben – nicht immer erfolgversprechend ist.

Es erfordert langes Training und Übung, ehe deduktive Vorgehensweisen wirkungsvoll angewandt werden können. Da komplexe Probleme sich üblicherweise aus einer Vielzahl relevanter Faktoren zusammensetzen, führen traditionelle, logische Denkmuster zu einer Reihe von Konzepten, die so verwirrend sein können, dass die möglichen Interdependenzen zwischen den verschiedenen Konzepten nicht mehr wahrgenommen werden können. Mit anderen Worten, man verliert den Überblick, welche Faktoren sich wie auswirken können, welche Faktoren man daher besonders berücksichtigen muss und welche vernachlässigbar sind.

Der Gegensatz zu deduktivem Vorgehen stellt *induktives* Vorgehen dar. Hierbei werden im Extremfall von einem einzigen „Fall" allgemein gültige Regeln abgeleitet. Meist entspricht diese Vorgehensweise eher unserem natürlichem Zugang der Entscheidungsfindung: aus einer Erfahrung, die wir in der Vergangenheit gemacht haben, leiten wir Regeln und Vorgehensweisen für die Zukunft ab (eine erfolgreich durchgeführte Werbestrategie wird auch auf andere Produkte übertragen; ein misslungener Versuch, ein neues Produkt zu lancieren, verhindert auch andere Produktneueinführungen usw.).

Das Fehlen eines kohärenten Entscheidungsprozesses ist insbesondere dann als kritisch zu betrachten, wenn Intuition – induktives Vorgehen – allein nicht ausreicht zu bestimmen, welche von mehreren Alternativen die wünschenswerteste ist (bzw. welche der Zielsetzung am ehesten entspricht). Daher ist es notwendig festzulegen, welche Ziele andere Ziele sowohl kurz- wie auch mittel- und langfristig beeinflussen bzw. überlagern.

Da wir es mit real existierenden Problemen zu tun haben, wird es darüber hinaus immer wieder notwendig sein, Kompromisse einzugehen, um zu einer Lösung zu gelangen, die eine möglichst breite Akzeptanz findet. Deshalb muss ein Problemlösungsprozess auch Konsensbildung und Kompromissfindung gestatten. Dies trifft ganz besonders dann zu, wenn die anstehende Entscheidung nicht von einer Einzelperson getroffen wird, sondern von einer ganzen Gruppe (z.B. Marketingmanager/in, Leiter/in der Finanzabteilung, Vorstand etc.).[58]

Das Wissen und die Erfahrung einer Einzelperson reichen meist nicht aus, um Entscheidungen zu fällen, die die Wohlfahrt oder die Lebensqualität einer Gruppe von Menschen betreffen. Hierzu sind die Teilnahme und Diskussionsbereitschaft auch der betroffenen Gruppen notwendig. Diskussion und Gedankenaustausch *innerhalb einer* funktionierenden Gruppe herzustellen, um einen Konsens über eine bestimmte Fragestellung zu erreichen, erweist sich meist als unproblematisch. Schwieriger wird es, wenn *zwischen mehreren* betroffenen Gruppen eine Diskussion bzw. ein Konsens erreicht werden soll. Naturgemäß wird es gerade bei Gruppenentscheidungen oft nicht leicht sein, eine von allen Beteiligten gleichermaßen akzeptierte Lösung zu finden, vor allem dann, wenn die Vorstellungen der Einzelnen stark voneinander abweichen.

Fallbeispiel 12

Ein Beispiel aus dem Alltag soll die Schwierigkeiten, die sich hierbei stellen, verdeutlichen: Angenommen ein Familienvater möchte einen neuen PKW kaufen, mit dem alle Familienmitglieder einigermaßen zufrieden sind. Er selbst möchte ein großräumiges Fahrzeug, in dem die ganze Familie möglichst leicht Platz findet, die Mutter bevorzugt ein eher kleines Auto, das sich im Stadtverkehr bewährt, der Sohn ein schnittiges Fahrzeug mit viel Leistung und die Tochter ist indifferent, ihr ist es relativ egal, welches Fahrzeug angeschafft wird. In dieser Konstellation divergieren die Ansichten der Beteiligten erheblich, zusätzlich sind

---

58 Siehe hierzu insbesondere Kapitel C5.4, S. 273.

weitere Merkmale zu berücksichtigen, wie Design, Ausstattung, Herkunft, Marke, Verbrauch usw. Wie kann diese Familie zu einer Entscheidung finden?

Das Oberziel (main goal) unseres Entscheidungsproblems würde lauten: „Kauf eines optimalen PKW". Zunächst scheint es vorteilhaft, alle kaufrelevanten Merkmale zu erfassen, in unserem Beispiel könnten dies sein:

- Kosten (Anschaffungskosten, laufende Kosten)
- Größe (Sitzplätze, Stauraum)
- Sportlichkeit/Design
- Leistung

Diese Merkmale dienen dazu, das Oberziel möglichst optimal zu erfüllen. Als Alternativen stehen der Familie verschiedener Automarken und Typen zur Verfügung. Hierbei werden Ausschluss-Kriterien zur Anwendung kommen, da nicht alle Alternativen wirklich zur Auswahl stehen (diese sind dann auch keine adäquaten *Wahlmöglichkeiten*). Ein solches Kriterium stellt z.B. das maximale Budget dar. Weitere Ausschlusskriterien könnten eine Mindestausstattung hinsichtlich technischer Fahrleistung, maximaler Kraftstoffverbrauch oder minimale Sicherheitsfeatures sein. Bei den sicherlich noch immer zahlreichen Alternativen in unserem Fallbeispiel wird es unter Berücksichtigung mehrerer Merkmale schwierig sein, eine intuitive Entscheidung „aus dem Bauch heraus" zu fällen, die von allen Familienmitgliedern gleichermaßen akzeptiert wird und die einen brauchbaren Kompromiss darstellt, auch wenn in der Realität Entscheidungen häufig auf diese Weise gefällt werden. Dies entspricht nicht den Bedingungen, die an eine rationale Entscheidungsfindung – siehe hierzu auch Kapitel B1, S. 71ff. – gestellt werden (EISENFÜHR und WEBER, 2003):

- *Rationalität in den Prozeduren:* Prozedur, die zur Entscheidung führt (das richtige Problem; Klarheit über eigene Ziele und Präferenzen; adäquates Verhältnis zwischen Kosten und Nutzen der Informationsbeschaffung; relevante, möglichst objektive Daten zur Bildung von Erwartungen über die Zukunft)

- *Erwartungen und Präferenzen* können subjektiv sein, müssen aber begründet und konsistent sein (im Sinne der Rationalität)
- *Konsistente Entscheidungen* (Transitivität, widerspruchsfreie Prämissen, richtiger Umgang mit Wahrscheinlichkeiten und Präferenzbildung)
- *Komplexreduktion durch Dekomposition*
- Richtiger *Umgang mit Unsicherheit und Unvollständigkeit*

Wie kann dieses Entscheidungsproblem – nehmen wir an, die Familie möchte eine vernünftige, auf rationalen Prinzipien basierende Entscheidung treffen – anhand des AHP gelöst werden? Erinnern wir uns an die 4 Schritte (1) Aufstellung einer Entscheidungshierarchie, (2) Bewertung der Entscheidungshierarchie, (3) Prioritätenschätzung mittels „Eigenwertmethode" inkl. Überprüfung auf Konsistenz und (4) Aggregation der Prioritäten, Rangreihung der Entscheidungsalternativen.

Zunächst wird obige Struktur der Entscheidung graphisch aufbereitet, damit die Entscheider verstehen, *wie* die Entscheidung zustande kommt, d.h. unter Anwendung welcher Kriterien die Entscheidung gefällt werden soll. Es werden alle Merkmale erfasst, die den Entscheidern beim Kauf eines PKW wichtig sind (Kosten, Leistung usw.) und in eine entsprechende Struktur gebracht. Anschließend werden die Merkmale und in der Folge alle Alternativen miteinander in Beziehung gesetzt, damit aus den möglichen Alternativen jene gewählt werden kann, welche für die Familie einen tragbaren *Kompromiss* darstellt. Graphisch würde diese Entscheidungshierarchie der folgenden Abbildung entsprechen.

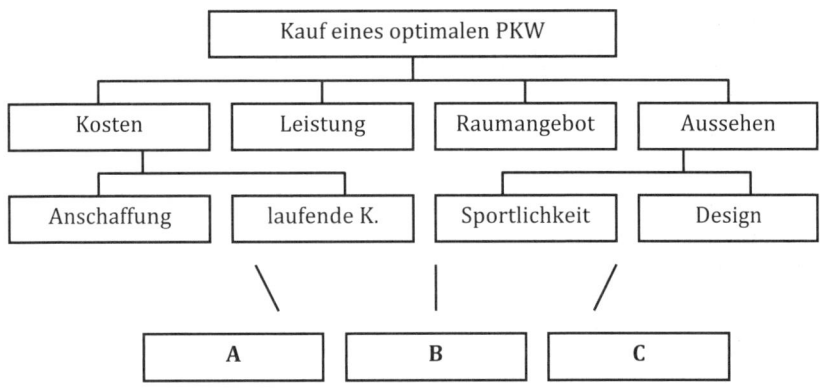

Abbildung 24: Schematische Darstellung Kauf eines PKW

Auf jeder Hierarchieebene werden nun Paarvergleiche zur subjektiven Bewertung durchgeführt oder – wenn verfügbar –
quantitative Kennzahlen herangezogen, die die Wichtigkeit der
einzelnen Hierarchieelemente in zahlenmäßig erfassbaren
Kenngrößen ausdrücken. Diese Kenngrößen werden durch einen
entsprechenden Algorithmus so verdichtet, dass daraus eine
Entscheidung zugunsten einer der drei Alternativen A, B oder C
getroffen werden kann.
Wie dies konkret durchgeführt wird, ist Gegenstand der folgenden Ausführungen. An dieser Stelle sollte lediglich gezeigt werden, wie schwierig es schon im Alltag sein kann, eine optimale
Entscheidung zu treffen. Wie viel schwieriger wird es dann erst,
wenn es sich beispielsweise um betriebliche Investitionsentscheidungen handelt oder um politische Handlungsfelder. Vor
allem hier offenbaren sich wichtige Anwendungsfelder für den
AHP.

Der Paarvergleich: Beim Paarvergleich werden alle Elemente
einer Hierarchieebene im Hinblick auf ein übergeordnetes
Merkmal/Ziel miteinander verglichen. In unserem Beispiel würden die Paarvergleiche lauten:

- Die Kosten sind in Bezug auf das Hauptziel (viel, sehr viel usw.) wichtiger/unwichtiger als die Leistung
- Die Sportlichkeit ist in Bezug auf das Ziel Aussehen (viel, sehr viel usw.) wichtiger/unwichtiger als das Design
- Automarke **A** verursacht (viel, sehr viel usw.) mehr/weniger laufende Kosten (= übergeordnetes Merkmal/Ziel) als **B** usw.[59]

Komplexe Probleme machen es häufig notwendig, Problemstellungen in kleinere, abgegrenzte und problembezogene Einheiten aufzuteilen, innerhalb derer verschiedene (Experten-)Gruppen festhalten, wie jeder Teilbereich das Gesamtproblem berührt. Ein großer und komplexer Problembereich kann demnach am ehesten dadurch gelöst werden, dass die Teillösungen zu diesen Problembereichen zu einer Gesamtlösung kombiniert werden. Wenn dieser Prozess erfolgreich verläuft, kann die Ausgangsfrage herangezogen werden und im Lichte der vorgeschlagenen Lösungen erneut überdacht werden. Ein gewichtiger Nachteil bestehender Entscheidungsfindungsmethoden ist dabei darin zu sehen, dass sie ein hohes Maß an Expertenwissen erfordern, eine geeignete Problemstruktur zu generieren und darin den Entscheidungsprozess einzubetten. Ist das notwendige Expertenwissen nicht verfügbar oder übertragbar (weil es sich um implizites Wissen handelt), wie soll dann vorgegangen werden? Dieser Frage widmet sich ein Großteil des Kapitels zum AHP. Halten wir zunächst fest, welche Charakteristika ein Entscheidungsfindungsprozess im Sinne eines Decision Support Systems

---

[59] Auf Basis entscheidungstheoretischer Überlegungen stimmt es daher auch nicht, dass *Äpfel und Birnen* nicht miteinander verglichen werden können, es kommt immer darauf an, welches Merkmal herangezogen wird. Man kann sie z.B. anhand des Geschmacks, der Intensität der Farbe, der Größe usw. vergleichen. Es kommt also beim Paarvergleich immer darauf an, welches *übergeordnete Merkmal* betrachtet wird.

(DSS) aufweisen sollte, um sinnvoll und effektiv angewendet werden zu können:

- *einfach* in der Anwendung
- zur Verwendung von *Einzelpersonen* wie auch von *Gruppen* geeignet
- den natürlichen *Denkmustern* des Menschen folgend
- *Kompromiss und Konsens* fördernd
- keine außergewöhnliche *Spezialisierung* notwendig, um bewältigt werden zu können
- leicht *kommunizierbare* Ergebnisse
- *transparente* Ergebnisse

Diese Forderungen haben den amerikanischen Mathematiker Thomas L. Saaty in den 1970ern zur Entwicklung des AHP motiviert. Zwar ist es auch beim AHP empfehlenswert, über Grundkenntnisse zur Theorie und den prozessualen Abläufen zu verfügen, um beispielsweise die Bedeutung und Berechnung von Prioritäten, wie sie im AHP Verwendung finden, zu verstehen. Allerdings genügt es meist, über relativ einfache Grundregeln Bescheid zu wissen, um die Berechnungen, die innerhalb des AHP durchgeführt werden und den Prozess, der im AHP angewendet wird, zu erfassen. Zur Vereinfachung der Abläufe des AHP hat die Entwicklung spezieller AHP-Software wesentlich beigetragen; wie wir noch sehen werden, ist der AHP mittels Softwareunterstützung wesentlich einfacher und effizienter anzuwenden. Zusammenfassend kann der AHP daher als ein Prozess der „systematischen Rationalität" betrachtet werden. Der AHP ermöglicht eine umfassende Problembetrachtung und die Analyse der Beziehungen zwischen Teilbereichen innerhalb einer Problemhierarchie. Grundgedanke bei der Entwicklung des AHP war es, den Denkmustern des Menschen bei seiner Entscheidungsfindung zu folgen und die dabei angewendeten Verfahren (Zerlegung eines Problembereiches in überblickbare Teilprobleme) soweit zu erweitern, dass auch komplexe Probleme aus den Bereichen Wirtschaft, Politik, Recht, Gesellschaft usw. gelöst werden können. Auch Gruppenentscheidungen können mittels des AHP getroffen werden. Diese werden an entsprechender Stelle eingehend betrachtet (siehe Kapitel C5.4, S. 273).

3.2 Ablauf des Analytischen Hierarchieprozesses

Prinzipiell läuft der AHP immer nach einem bestimmten Schema ab: Zunächst wird das Problem, das es zu lösen gilt, genau umrissen (① im AHP-Ablaufdiagramm, S. 199) und in einer hierarchischen Struktur modelliert (②). Prinzipiell kann davon ausgegangen werden, dass *jedes* Entscheidungsproblem durch dieses Verfahren strukturiert werden kann.[60] Leider existiert aber keine allgemeingültige Hierarchie („Meta-Hierarchie"), da diese immer von der jeweiligen Problemsituation und der subjektiven Einschätzung durch den oder die Entscheidungsträger abhängig ist (vgl. GUSSEK, 1992, 399). Einige prinzipielle Regeln lassen sich allerdings formulieren:

1. Ausgangspunkt der Überlegungen, wie ein Problem strukturiert und gelöst werden kann, ist stets ein Oberziel (Erfolgsziel).
2. Aus diesem Oberziel lassen sich Unterziele ableiten. Diese werden in der Folge als Merkmale bzw. Attribute bezeichnet.
3. Zur Zielerreichung werden Maßnahmen (Alternativen) getroffen (vgl. HAEDRICH et al., 1986, 121). Ein wichtiges Spezifikum des AHP ist, dass sowohl quantitative (z.B. Kosten) wie auch qualitative Informationen (z.B. Geschmack, Design) in

---

[60] Nicht garantiert werden kann durch dieses Ablaufschema die Unabhängigkeit der Hierarchieelemente auf einer Hierarchieebene, eine Forderung des AHP. Ist diese nicht gegeben, kann z.B. der ANP (Analytic Network Process) eingesetzt werden, in dem derartige Abhängigkeiten/Kausalitäten explizit berücksichtigt werden können.

den Entscheidungsprozess zur Beurteilung dieser Maßnahmen einfließen können (vgl. PLATT et al., 1993, 18).[61]

Oberster Grundsatz bei der Hierarchieerstellung ist es, durch die Hierarchie ein möglichst realitätsnahes Abbild der Wirklichkeit, also der tatsächlichen Situation zu erlangen (vgl. HAEDRICH et al., 1990, 125). Nach Erstellung der Hierarchie (① und ②)[62] folgen alle Schritte, die zur Beurteilung und Gewichtsberechnung notwendig sind. Zunächst sind die Hierarchieelemente jeder Ebene einem Paarvergleich mit allen Elementen derselben Ebene zuzuführen (soweit keine quantitativen Informationen vorliegen). Aus diesen Paarvergleichen lassen sich Partialgewichte für die Elemente einer Ebene errechnen (③ und ⑤). Nach Prüfung auf Konsistenz (④ und ⑥) können alle Partialgewichte aller Ebenen zu Gesamtgewichten verdichtet werden (⑦). Diese Prioritäten stellen unter der Voraussetzung ausreichender Gesamtkonsistenz (⑧) die Lösung des Entscheidungsproblems dar. In der Folge wird überprüft, wie stabil die Prioritäten bei geänderter Merkmalsgewichtung sind (Sensitivitätsanalyse ⑨). Bei ausreichender Stabilität liegt ein endgültiges Ergebnis vor (Ranking der Alternativen ⑩), das umgesetzt werden kann: Es wird (bei einem Auswahlproblem) jene Alternative(n) gewählt, für die die höchste Priorität, das höchste Gewicht, errechnet wurde(n).

---

[61] Quantitativen Informationen können unmittelbar Zahlenwerte zugeordnet werden (Alter, Kaufpreis, Kosten usw.). Bei qualitativen Informationen ist dies nicht möglich.

[62] Es ist empfehlenswert, den gesamten Prozess der Entscheidungsfindung, die Hierarchieentwicklung, die wichtigsten Informationsquellen den Evaluationsprozess usw. detailliert zu dokumentieren, damit auch nicht unmittelbar Beteiligte nachvollziehen können, wie es zu der Entscheidung gekommen ist. Eine durchgängige Dokumentation stellt auch den Nachweis vergangener Entscheidungen dar (= Wissen) und kann als Vorlage für zukünftige Problemlösungsansätze dienen. Damit einher geht ein kontinuierlicher Wissenstransfer.

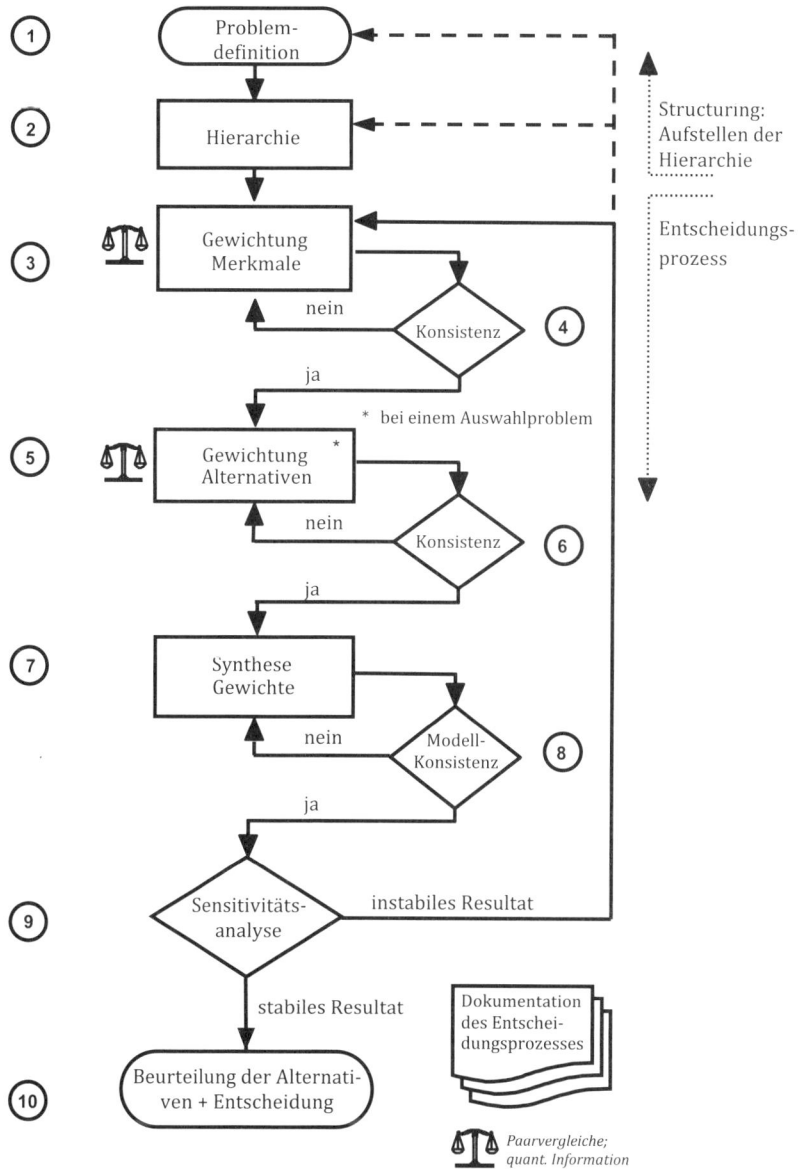

Abbildung 25: Schematischer Ablauf AHP

Schematisch entspricht der AHP dem obigen Ablaufdiagramm. Der obere Teil des Ablaufschemas wird als Strukturbildung (Structuring, ① und ②) bezeichnet, der untere repräsentiert den eigentlichen Entscheidungsprozess (③ bis ⑩).

3.3 Problemdefinition und Hierarchiebildung

Der erste Schritt jedes Entscheidungsprozesses ist eine exakte Problemdefinition. Wir sollten uns fragen, wie das Problem, das es zu lösen gilt, in einem Satz, in einem kurzen Statement, zu umschreiben ist. Ausgehend von diesem Oberziel, werden sodann die Merkmale/Attribute, anhand derer das Oberziel erreicht werden kann, vollständig erfasst. Diese können sich weiter in Subattribute unterteilen. Schließlich müssen alle Alternativen, die zur Lösung unseres Entscheidungsproblems herangezogen werden können, ermittelt werden. In diesem Zusammenhang muss beachtet werden, dass in die Strukturbildung mindestens ebensoviel Aufwand investiert werden sollte, wie in den Entscheidungsprozess, stellt sie doch die Basis für die Qualität der nachfolgenden Beurteilungen und damit für die Qualität der Entscheidung dar.

Zwar ist die Grundstruktur des AHP schematisch recht einfach darstellbar und auch graphisch einfach zu strukturieren, doch gerade die Füllung dieses Schemas mit Inhalten stellt den wichtigsten Schritt bei der Entscheidungsfindung mittels AHP dar. Wurde dieser Schritt sorgfältig vorgenommen, ist die Beurteilung der Merkmale und Alternativen meist relativ einfach vorzunehmen (solange die entsprechenden Informationen bzw. das entsprechende Wissen vorhanden sind).

Wir müssen uns verdeutlichen, wie unterschiedlich schon die Problemdefinition ausfallen kann. Mögliche Zielsetzungen von Hierarchien können z.B. sein:

- Ermittlung jener Alternative, die den größten Nutzen bringt (*Nutzenhierarchie*)
- Ermittlung jener Alternative, die die geringsten Kosten verursacht (*Kostenhierarchie*)
- Ermittlung jener Alternative, die das geringste Risiko in sich birgt (*Risikohierarchie*)
- Ermittlung jener Alternative, die am wahrscheinlichsten eintritt (*Prognosehierarchie*)
- Ermittlung jener Alternative, die das beste Verhältnis aus Kosten/Nutzen aufweist (*Kosten/Nutzen-Analyse*)
- Ermittlung jener Alternative, die das beste Verhältnis aus Kosten/Nutzen/Risiko aufweist (*Kosten/Nutzen/Risiko-Analyse*)
- Ermittlung jener Alternative, die den größten Beitrag hinsichtlich weiterer Zielsetzungen[63] leistet.

Aus der Zielsetzung der Hierarchie lässt sich u.a. auch die Interpretation der Bedeutungsgewichte ableiten. Wir sollten es uns zur Regel machen, stets zu fragen, welche Alternative *„mehr"* verursacht – mehr Nutzen, höhere Kosten, höhere Risiken oder höhere Wahrscheinlichkeiten. Wenn wir uns an diese Regel halten, können bestimmte Rechenschritte verallgemeinert werden und müssen nicht je nach Hierarchie modifiziert werden. Im Detail sind wir auf das Thema Problemformulierung im Kapitel B2.2: Präzise Formulierung des zu lösenden Problems, S. 78, eingegangen.

3.4 Die AHP-Skala

Um auch *qualitative* Informationen verarbeiten zu können, ist es notwendig, eine geeignete Skala zu verwenden. Da beim AHP –

---

[63] Damit sind Ziele gemeint, die nicht in die genannten Kategorien passen, wie Größe, Beliebtheit usw.

soweit keine metrischen Daten zur Verfügung stehen – meist Paarvergleiche durchgeführt werden (nur in Ausnahmefällen ist die Verwendung sog. „ratings" erforderlich; siehe Kapitel 5.1, S. 259), muss es anhand dieser Skala möglich sein, der semantischen Bedeutung eines Paarvergleichs einen metrische Zahlenwert zuzuweisen. Ein einfaches Beispiel soll dies verdeutlichen: Angenommen, es werden zwei geometrische Figuren A und B hinsichtlich ihrer Größe (geometrische Fläche) verglichen, so besteht grundsätzlich die Möglichkeit, dass

    1.   die Figur A gleich groß ist wie B,

    2.   die Figur A größer ist als B oder

    3.   die Fläche A kleiner ist als B.

(Siehe Abbildung 26)

Da der Punkt 3. in dieser Aufstellung dem reziproken Verhältnis des Punkts 2. entspricht (kleiner = $^1/_{\text{größer}}$), genügt es, nur zwei Basisvergleiche zu verwenden: gleich groß und größer.

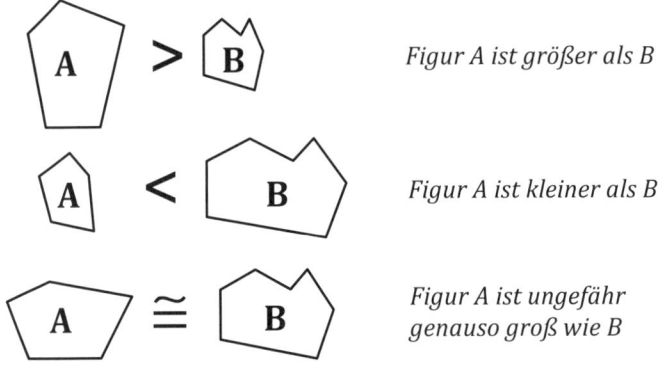

Figur A ist größer als B

Figur A ist kleiner als B

Figur A ist ungefähr
genauso groß wie B

Abbildung 26: Größenvergleich

Naturgemäß ist es nicht ausreichend, nur über wenige Abstufungen zu verfügen, die einen Paarvergleich repräsentieren. Daher verwendet die AHP-Skala insgesamt 9 Abstufungen[64], die diesem Vergleich entsprechen: 5 Grundstufen und 4 weitere Zwischenwerte, wobei für „groß" jedes andere Attribut, das einen Vergleich ausdrückt (Wichtigkeit, Präferenz, Wahrscheinlichkeit), verwendet werden kann. Die Gründe für die 9-Punkte-Skala sind (vgl. HAEDRICH et al., 1986, 123):

1. Mehr Abstufungen überfordern Auskunftspersonen.
2. Die einzelnen Werte in der Skala entsprechen inhaltlich sinnvollen semantischen Bedeutungen, die Aussagen über die Prioritäten zulassen (Tabelle 13).

Tabelle 13: AHP-Skala

Werte	Beschreibung	Interpretation
1	gleiche Bedeutung	Die Elemente haben die gleiche Bedeutung (immer im Bezug auf das Element der nächst höheren Stufe).
3	etwas größere Bedeutung	Erfahrung und Einschätzung (i.e. Intuition) sprechen für eine etwas größere Bedeutung des einen Elements im Vergleich zum anderen Element.
5	erheblich größere Bedeutung	Erfahrung und Einschätzung sprechen für eine erheblich größere Bedeutung des einen Elements im Vergleich zum anderen Element.
7	sehr viel größere Bedeutung	Die erheblich größere Bedeutung, die ein Element im Vergleich zum anderen hat, konnte in der Vergangenheit klar gezeigt werden.
9	absolut dominierend	Größtmöglicher Bedeutungsunterschied, der zwischen zwei Elementen denkbar ist.
2,4,6,8	Zwischenwerte	Feinabstufung

Quelle: in Anlehnung an HAEDRICH et al. (1986, 123)

---

[64] Die Skala geht auf SAATY (1995) zurück, der zahlreiche Skalen empirisch überprüft hat, inwieweit sie sich für Paarvergleiche eignen. Die Skala verfügt über keinen Skalenpunkt 0, Paarvergleichsmatrizen können mittels des Eigenvektors ausgewertet werden. Aus jedem Wert kann der entsprechende reziproke Wert errechnet werden.

Unabhängig von der semantischen Zuordnung nach dem obigen Schema – letzteres dient vor allem der verständlichen Interpretation der Zahlenwerte – kann aber jeder Zwischenwert zwischen 1 und 9 gewählt werden (man ist nicht auf ganzzahlige Bewertungen beschränkt, auch wenn diese meist ausreichen). Es handelt sich demnach um eine echte Intervallskala. Ein umgekehrtes Verhältnis zwischen zwei Elementen wird durch Reziprokwerte ausgedrückt:

Tabelle 14: Umgekehrte Relation in der AHP-Skala

AHP-Werte	Beschreibung
$1/3$	etwas geringere Bedeutung
$1/5$	erheblich geringere Bedeutung
$1/7$	sehr viel geringere Bedeutung
$1/9$	absolut unterlegen
$1/2, 1/4, 1/6, 1/8$	Zwischenwerte

Auf einem Kontinuum aufgetragen ergibt dies untenstehende Abbildung. Aus einem paarweisen Vergleich errechnen sich daher Werte größer 1 bis maximal 9 oder kleiner 1 bis zum Skalen-Minimum $1/9$ (1 = Mitte der Skala, indifferent). Wie gesagt sind auch noch feinere Abstufungen zwischen $1/9$ und 9 möglich; für die subjektive Schätzung im Rahmen des Paarvergleichs reichen aber meist ganzzahlige, mit semantischen Bedeutungen versehene Schätzwerte (bzw. deren reziproke Entsprechung), da es sich um ein *qualitatives Urteil* und keine quantitative Messung handelt.

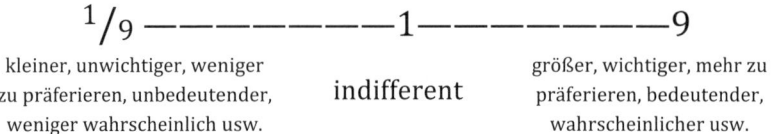

$$1/9 \text{————————} 1 \text{————————} 9$$

| kleiner, unwichtiger, weniger zu präferieren, unbedeutender, weniger wahrscheinlich usw. | indifferent | größer, wichtiger, mehr zu präferieren, bedeutender, wahrscheinlicher usw. |

Abbildung 27: AHP-Skala

Anhand dieser Skala können alle Paarvergleiche im AHP durchgeführt werden. Die metrischen Werte stellen die Basis für die Berechnung der Gewichte der Kriterien/Alternativen dar. Hierzu werden Matrixberechnungen durchgeführt, die Gegenstand des folgenden Kapitels sind.[65]

Diese Skala ist nicht unumstritten. Indem die Endpunkte absolut vorgegeben werden, sind bestimmte Urteilskombinationen nicht möglich (vgl. VON NITSCH, 1993, 112). Ein Beispiel: Wird Alternative A im Vergleich zu B der Wert 5 zugewiesen und der Alternative B im Vergleich zur Alternative C der Wert 2, so ergibt sich daraus ein hypothetischer Vergleichswert zwischen A und C von 10 – eine Zahl, die es bei der vorliegenden Skala nicht gibt. SAATY (1995) konnte allerdings zeigen, dass diese Skala unseren Gewohnheiten entspricht (metrisches Zahlensystem). In zahlreichen empirischen Untersuchungen hat sich obige Skala als valides Messinstrument erwiesen.

3.5 Prioritätenschätzung

Zum besseren Verständnis des AHP ist es hilfreich, sich mit der Berechnung der Prioritäten/Gewichte der Kriterien bzw. Alternativen vertraut zu machen. Dies kann auf zweierlei Weise erfolgen: Zunächst werden wir eine einfache Methode vorstellen, wie Prioritätenschätzungen durchgeführt werden können. Anschließend werden wir uns mit der exakten Methode befassen, so wie sie von SAATY (1995) vorgestellt wurde.[66]

---

[65] Es nicht unbedingt erforderlich, sich detailliert mit der Arithmetik des AHP zu befassen. Allerdings wird das Verständnis für den AHP wesentlich gefördert, wenn verstanden wird, wie die Gewichte und Konsistenzindices zustande kommen.

[66] Die exakte Methode ist komplexer als die vereinfachte Prioritätenschätzung. Es kann vorab nicht bestimmt werden, wie viele Rechenschritte notwendig sind, um zu einem ausreichend exakten Ergebnis zu gelangen (iterative Schätzung der korrekten Prioritäten).

Aus einer Paarvergleichsmatrix – diese enthält alle Skalenwerte, die die Paarvergleiche repräsentieren – werden Gewichte/Prioritäten geschätzt. Die Lösung der Frage, wie aus einer Matrix Gewichte abgeleitet werden können, stellt der sog. *Eigenvektor* dar (vgl. hierzu OPITZ, 1999, 353ff; SAATY, 1990, 156ff.).[67] Die folgenden Ausführungen dienen vor allem denjenigen, die ein Interesse für die Logik und die Berechnungen des AHP aufbringen. Auch ohne Kenntnis der Rechenschritte zur Gewichtung der Kriterien/Alternativen, zur Berechnung der Konsistenzindices usw. kann mittels spezieller Software-Programme recht gut mit dem AHP gearbeitet werden. Wichtig ist die richtige *Interpretation* der aufgrund der Bewertungen geschätzten Ergebnisse.

1) Evaluationsmatrix

Fallbeispiel 13

Gegeben sein folgendes Beispiel: Wir müssen abschätzen, wie groß die Figuren A, B, C im Verhältnis zu einander sind (Fläche).

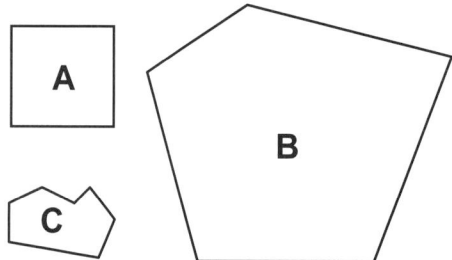

Abbildung 28: Geometrische Figuren A, B, C

---

[67] Neben der von SAATY (1995) vorgestellten Eigenvektormethode werden in der Literatur noch weitere Methoden vorgestellt (geometrischer Mittelwert, Kleinstquadratschätzungen usw.). Hierin wird aber nur die Eigenvektormethode berücksichtigt. Die Frage, welche Methodik die am besten geeignete zur Schätzung von Prioritäten ist, konnte noch nicht abschließend geklärt werden.

Die Figur A ist wesentlich kleiner als B. Wir vergeben den Wert $^1/_5$ in der AHP-Skala. A ist etwas größer als C (wir vergeben den Skalenwert 2), folglich muss Figur B viel größer sein, als die Figur C (geschätzter Skalenwert 8).[68] Ordnet man diesen Größenvergleich in tabellarischer Form an, so ergibt dies die folgende Matrix:

Tabelle 15: Größenvergleich; Paarvergleichsmatrix

		Vergleichselement	
		B	C
Basis-Element	A	$^1/_5$	2
	B		8

Diese Matrix repräsentiert die geschätzten Größenverhältnisse der Figuren A, B und C. Damit aus dieser Matrix Prioritäten geschätzt werden können, müssen wir sie vervollständigen, indem wir sie um die Paarvergleiche der Elemente mit sich selbst erweitern (Skalenwerte immer 1 für „gleich groß") und die untere Diagonalhälfte aus der oberen ableiten (i.e. reziproke Werte).

Innerhalb des AHP wir axiomatisch davon ausgegangen, dass Entscheidungsträger sich „reziprok" verhalten (siehe Axiome). Daher gilt für alle Paarvergleiche (a_{ij}) zwischen Element i und j (vgl. SCHNEEWEIß, 1991, 184):

$$a_{ij} = \frac{1}{a_{ji}} \quad \left\{ = a_{ji}^{-1} \right\}$$

---

[68] Dieses „Muss" spricht bereits eine Eigenschaft des AHP an, die als ein zentrales Bewertungskriterium der abgeleiteten Ergebnisse herangezogen wird: die Konsistenz von Paarvergleichen (*frei von Widersprüchen*). Einfach ausgedrückt: Wenn A > B und B > C, dann muss gelten: A > C. Ist dies nicht der Fall, dann liegt eine inkonsistente Bewertung vor (das Kriterium der *Transitivität* ist nicht erfüllt). Die Konsistenz wird an entsprechender Stelle detailliert behandelt (siehe Kapitel C3.9, S. 237ff.).

Eine *Evaluationsmatrix P* hat demnach immer folgendes Aussehen (vgl. HAEDRICH et al., 1986, 123):

$$
\begin{array}{cc}
 & \begin{array}{cccc} a_1 & a_2 & \cdots & a_n \end{array} \\[4pt]
P = \begin{array}{c} a_1 \\ a_2 \\ \vdots \\ a_n \end{array} &
\left(
\begin{array}{cccc}
1 & & & \\
 & 1 & a_{ij} & \\
a_{ji} & & \ddots & \\
= a_{ij}^{-1} & & & 1
\end{array}
\right)
\end{array}
$$

Abbildung 29: Allgemeine Schreibweise der Evaluationsmatrix

Im Allgemeinen wird eine Matrix *P* in Klammern gesetzt; der
Paarvergleich kann daher entsprechend vervollständigt und wie
folgt dargestellt werden:

$$
P = \begin{pmatrix}
1 & {}^1/_5 & 2 \\
5 & 1 & 8 \\
{}^1/_2 & {}^1/_8 & 1
\end{pmatrix}
$$

Fallbeispiel 14

Ein Abteilungsleiter muss für seine Angestellten neue Computer-
bildschirme anschaffen, in die engere Auswahl kommen die Ge-
räte A, B und C.
* Der Abteilungsleiter schätzt Gerät A als etwas besser ein als
  B (Wert 2 auf der AHP-Skala);
* A ist erheblich besser als C (Wert 6);
* B wird ebenfalls besser bewertet als C (Wert 3).
a) Wie wird die vollständige Paarvergleichsmatrix aussehen?
b) Ein Kollege meint, diese Bewertung sei nicht konsistent: Wenn
A um 2 besser als B und um 6 besser als C, dann muss B $^2/_6$ ($^1/_3$)

besser als C sein (also schlechter bewertet werden). Der Abteilungsleiter beharrt aber auf seiner Bewertung. Warum?

Lösung im Anhang, S. 295ff.

2) Umrechnung der Evaluationsmatrix in Partialgewichte

Zur Prioritätenschätzung muss bestimmt werden, wie viel jedem Element an Partialgewichten zukommt. Dies geschieht durch den folgenden Ablauf: Durch Summenbildung wird errechnet, wie viel jedem Element entsprechend der Schätzwerte in obiger Matrix zuzuordnen ist (= Spaltensummen der Evaluationsmatrix; z.B. für Figur A im obigen Beispiel: $1+5+1/2=6 \; 1/2$). Je höher die Spaltensumme für ein Element dabei im Verhältnis zu den anderen ist, umso größer ist auch dessen Bedeutung, Wahrscheinlichkeit, Präferenz usw. (hier Fläche) dieses Elements im Vergleich zu den anderen Elementen. Oder in der Sprache des AHP: Desto mehr *Gewicht* kommt diesem Element zu bzw. desto *höhere* Prioritäten werden für dieses Element errechnet.

Naturgemäß würde uns ein Gewicht von z.B. 6,5 für Element A wenig sagen, da wir die Bezugsgröße kennen müssen, um 6,5 beurteilen zu können. Daher sind die Werte der Evaluationsmatrix zu *normalisieren* (Basis = 1). Durch die Normalisierung einer Evaluationsmatrix werden alle Lokalgewichte in Partialgewichte umgerechnet. Die Gesamtsumme der Evaluationsmatrix beträgt demnach 1 (oder in Prozent ausgedrückt 100%; ein Prozentwert ist leicht zu interpretieren, da er immer die Basis 100 hat und ein Verhältnis zwischen verschiedenen Elementen auszudrücken vermag). Hierzu wird der Quotient aus den einzelnen AHP-Skalenwerten und der Spaltensumme c_i gebildet. Die so erhaltenen normalisierten Werte werden zur Zeilensumme r_i aufsummiert und durch die Anzahl der Elemente dividiert (durchschnittliche Zeilensumme). Auf diese Weise berechnen wir eine Verhältniszahl, die besagt, wie sich die Fläche der drei Figuren im Verhältnis zueinander aufgrund der subjektiven Einschätzung

209

darstellt, i.e. das Gewicht *w*. Synonyme für Gewicht sind Bedeutungsgewicht oder Priorität. Je nachdem, für welche Hierarchieebene *w* berechnet wird, sprechen wir von Merkmals/Attribut- oder Alternativengewichten.

Normalisierung der Evaluationsmatrix: Damit die Evaluationswerte miteinander verknüpft werden können, müssen diese Werte – ihre Höhe schwankt beim AHP bei Anwendung von Saatys fundamentaler Skala zwischen $1/9$ und 9 – auf eine vergleichbare Basis gebracht werden. Vereinfacht gesprochen, beträgt die Gesamtsumme der Evaluationsmatrix nach Normalisierung exakt der Anzahl der Elemente der Evaluationsmatrix (i.e. der *Eigenvektor* der Evaluationsmatrix). Dieser Rechenvorgang entspricht der Schätzung, wie viel Prozent jedem Element aufgrund der Bewertung durch den/die Entscheidungsträger zukommt (Eigenvektormethode).
Diese Gewichtsberechnung führen letztlich zur für die AHP-Methode charakteristischen Bestimmung des Eigenvektors der Evaluationsmatrix und damit auch zur Festlegung der Partialgewichte.

Ehe wir uns dem Fallbeispiel 13 (Größenvergleich) erneut zuwenden, soll kurz auf die allgemeine Schreibweise einer Evaluationsmatrix nach der AHP-Methodologie eingegangen werden (vgl. WEBER, 1995, 187f.). Jede Evaluationsmatrix setzt sich aus n·n Elementen zusammen. Dabei entspricht jedes Element innerhalb der Matrix einem Paarvergleich und ist eindeutig identifizierbar. Allgemein wird daher für einen Paarvergleich die Schreibweise a_{ij} gewählt. Wenn also die Attribute 1 und 2 miteinander in Beziehung setzen erhalten wir den Paarvergleich a_{12}. Aufgrund der bisherigen Ausführungen wissen wir, dass das Äquivalent hierzu der Paarvergleich zwischen 2 und 1 a_{21} ist. Letzterer ist unterhalb der Diagonale zu finden. Wenn alle Paarvergleiche a_{ij} (i,j=1,…,n) durchgeführt wurden und die Matrix vervollständigt wurde, erhalten wir daher die folgende Evaluationsmatrix (inklusive der Spalten- und Zeilensummen c_i und r_i:

Tabelle 16: Evaluationsmatrix

	a_1	a_2	...	a_n	$\sum = r_i$
a_1	$a_{11}=1$	a_{12}	...	a_{1n}	r_1
a_2	$a_{21}=1/a_{12}$	1		a_{2n}	r_2
.	.	.		.	.
.	.	.		.	.
.	.	.		.	.
a_n	$a_{n1}=1/a_{1n}$	a_{n2}	...	$a_{nn}=1$	r_n
$\sum = c_i$	c_1	c_2	...	c_n	

c_i ... Spaltensumme (column); r_i ... Zeilensumme (row)

Da jedes Element (1 bis n) mit jedem in Beziehung gesetzt wird und die Paarvergleiche a_{ii} stets den Wert 1 zugewiesen bekommen (gleiche Wichtigkeit), sind n·(n–1)/2 Paarvergleiche notwendig. Nach Berechnung der Spaltensumme (c_i), Normalisierung der Evaluationsmatrix (auf Basis 1 gebrachte Matrix), wird die Zeilensumme (r_i) sowie die Prioritätenschätzung (w_i) nach untenstehendem Schema berechnet. Das Gewicht w_i für die jeweilige Alternative wird als Partial(=Teil)gewicht bezeichnet (siehe Tabelle 17).

Tabelle 17: Gewichtsberechnung nach der Eigenvektorme-thode

	Evaluationsmatrix				Normalisierung				r_i[69]	w_i
	a_1	a_2	...	a_n	a_1	a_2	...	a_n		
a_1	$a_{11}=1$	a_{12}	...	a_{1n}	$\dfrac{a_{11}}{c_1}$	$\dfrac{a_{12}}{c_2}$	...	$\dfrac{a_{1n}}{c_n}$	r_1	$w_1 = \dfrac{r_1}{n}$
a_2	a_{21}	1		a_{2n}	$\dfrac{a_{21}}{c_1}$	$\dfrac{a_{22}}{c_2}$	...	$\dfrac{a_{2n}}{c_n}$	r_2	$w_2 = \dfrac{r_2}{n}$
$\vdots$	$\vdots$	$\vdots$		$\vdots$	$\vdots$	$\vdots$		$\vdots$	$\vdots$	$\vdots$
a_n	a_{n1}	a_{n2}	...	$a_{nn}=1$	$\dfrac{a_{n1}}{c_1}$	$\dfrac{a_{n2}}{c_2}$	...	$\dfrac{a_{nn}}{c_n}$	r_n	$w_n = \dfrac{r_n}{n}$
c_i[69]	c_1	c_2	...	c_n	1	1	...	1	n	$\sum\limits_{i=1}^{n} w_i = 1$

$$c_1 = \sum_{i=1}^{n} a_{i1},\ldots,c_n = \sum_{i=1}^{n} a_{in}$$

$$r_1 = \sum_{i=1}^{n} \frac{a_{1i}}{c_i},\ldots,r_n = \sum_{i=1}^{n} \frac{a_{ni}}{c_i} ; \sum_{i=1}^{n} r_i = n = \textit{Eigenvektor}$$

In unserem Beispiel „Größenvergleich" (siehe Abbildung 26, S. 202) sieht die vollständige Evaluationsmatrix daher wie folgt aus:

---

[69] Die Berechnung von c_i und r_i erfolgt als Zwischenschritt zur Partial-gewichtsberechnung und wird daher nicht interpretiert.

Tabelle 18: Evaluationsmatrix (Beispiel Größenvergleich)

	A	B	C	A	B	C	r_i	w_i
A	1	$1/5$	2	0,15	0,15	0,18	0,48	0,16
B	5	1	8	0,77	0,76	0,73	2,26	0,75
C	$1/2$	$1/8$	1	0,08	0,09	0,09	0,26	0,09
c_i	6,50	1,33	11	1	1	1	3	1

Die Normalisierung berechnet sich in unserem Beispiel:

Vergleich A mit A (Paarvergleichswert 1):

$$a_{11} = \frac{1}{6,5} = 0,15$$

Vergleich A mit B (Paarvergleichswert $1/5$):

$$a_{12} = \frac{1/5}{1,33} = 0,15 \text{ usw.}$$

Das Gewicht w_A der Alternative A (n = 3) berechnet sich dann durch Einsetzen in die Formel $w_i = r_i/n$ (i=1,…,n):

$$w_A = \frac{\overbrace{\left(\dfrac{1}{6,5} + \dfrac{1/5}{1,33} + \dfrac{2}{11} \right)}^{r_A}}{3} = 0,16$$

Für w_B und w_C sind äquivalente Berechnungen durchzuführen.

Dieser Größenindex besagt, dass nach unserer Schätzung die Figur A 16%, die Figur B 75% und die Figur C 9% der Gesamtfläche A+B+C einnimmt. Exakt vermessen beträgt der Anteil an der Gesamtfläche 13% für A, 80% für B und 7% für C. Wir sehen also, dass unsere Schätzung von der Realität abweicht (in diesem Fall ist dies auch überprüfbar indem die Flächen der geometrischen

Figuren exakt berechnet werden). Für die exakte Bewertung der Größe wäre daher der AHP nur für eine erste grobe Schätzung geeignet, genauere Methoden sind verfügbar, um hier zu validen Ergebnissen zu gelangen. Für die Entscheidungsfindung sind derartige exakte Methoden aber nicht immer verfügbar, bei nur subjektiv messbaren Variablen wird offensichtlich, warum der AHP zur Prioritätenschätzung eingesetzt werden kann.

Die Elemente sind gegen jedes andere Merkmal austauschbar (z.b. Investitionskosten, Aktienkurse, Fähigkeiten von Jobbewerbern, Leistungen von Logistikanbietern usw.). Häufig kann keine objektive Beurteilung (z.b. für Geschmack, Stil, Design, Schönheit usw.) abgegeben werden und man ist auf subjektive Urteile angewiesen (schon die Bestimmung der Wichtigkeit von Kriterien stellt meist eine Fragestellung dar, für die meist keine messbaren, quantitativen Informationen verfügbar sind). Zusätzlich muss beachtet werden, dass der Mensch psychologische Grenzen hat bei Bewertungsprozessen; sollen die Prioritäten für eine Vielzahl von Elementen bestimmt werden, übersteigt dies schnell unsere kognitiven Möglichkeiten. Schon bei 4, 5 Elementen dürfte diese Grenze überschritten werden, es ist uns dann nicht mehr möglich, autonom Gewichte für diese zu bestimmen.

Fallbeispiel 15

Autonome Bestimmung von Wichtigkeiten: Versuchen Sie auf einem Blatt Paper die wichtigsten Tätigkeiten, die Sie jeden Tag durchführen (also Essen, Arbeiten, Lernen, Lesen, Fernsehen, Schlafen usw.) tabellarisch aufzuschreiben und bestimmen Sie für jede dieser Tätigkeiten autonom wie viel Prozent der täglich verfügbaren Zeit Sie im Durchschnitt jeden Tag für die einzelnen Tätigkeiten verwenden. Am Ende sollte die Summe dieser Prozentsätze wieder 100% ergeben, die Prozentsätze multipliziert mit 24 Stunden sollte die Zeit ergeben, die Sie für diese Tätigkeiten im Durchschnitt verwenden. So trivial dies erscheinen mag, so schwierig ist es bei mehreren Tätigkeiten die Prozentsätze so zu verteilen, dass am Ende die Summe 100% ergibt und die Dauer der Tätigkeiten auch den realen Bedingungen entspricht (und dabei sprechen wir hier über ein objektiv messbares Kriterium, den Zeitaufwand – wie viel schwieriger wird es erst, wenn wir diese Bewertung mit einer semantischen Bedeutung versehen, z.B. der *Wichtigkeit*, die diese Tätigkeiten für unser Selbstwertgefühl haben).

Anhand der fundamentalen AHP-Skala ist es möglich, Merkmale *paarweise* miteinander zu vergleichen – eine entscheidende Reduktion der Komplexität der Wirklichkeit – allerdings immer unter der Voraussetzung, dass die beurteilende Person(en) über genügend Expertenwissen verfügt(en), um überhaupt eine sinnvolle Bewertung durchführen zu können. Die Qualität der Entscheidung hängt damit hauptsächlich von der *Qualität der verfügbaren Informationen* ab. Ohne einen ausreichenden Wissensstand können auch die besten Methoden keine zufriedenstellenden Ergebnisse liefern.

3) Exakte Berechnung der Partialgewichte

Die bisher dargestellte Prioritätenschätzung stellen eine vereinfachte Methode dar, die recht brauchbare Ergebnisse liefert, unter der Voraussetzung, dass einigermaßen konsistente Paarvergleiche vorliegen (zur „Konsistenz" siehe Kapitel C3.9, S. 237). Diese Methodik ist recht einfach in der Handhabung und gibt einen gleichbleibenden Ablauf der Prioritätenberechnung vor. Eine exaktere Schätzung der Prioritäten wird von SAATY (1995) vorgeschlagen und stellt einen iterativen Näherungsprozess dar. Hierzu sind einige Überlegungen notwendig. Die vollständige Paarvergleichsmatrix unseres Größenvergleichs hat bekanntlich folgendes Aussehen:

$$P = \begin{pmatrix} 1 & 1/_5 & 2 \\ 5 & 1 & 8 \\ 1/_2 & 1/_8 & 1 \end{pmatrix}$$

Diese Werte repräsentieren unsere subjektive Einschätzung nach folgendem Schema:

- Das Verhältnis von A gegenüber B ergibt den Wert $1/_5$. Umgekehrt repräsentiert der Wert 5 das Verhältnis von B gegenüber A.
- Der Vergleich A mit C ergibt den Wert 2, C mit A den Wert $1/_2$.
- Das Verhältnis zwischen B und C beträgt 8, zwischen C und B demnach $1/_8$.
- Der Vergleich der Elemente mit sich selbst ergibt jeweils den Wert 1.

Graphisch aufbereitet entspricht die Paarvergleichsmatrix der Abbildung 30. Würde es sich um eine konsistente Entscheidung handeln, wäre es möglich, aus dem Vergleich A : B und B : C auch auf den Vergleich A : C zu schließen.[70] Es müsste sich rein rechnerisch der Wert 5·2 = 10 ergeben.[71] Allerdings sind wir in unseren Entscheidungen nicht immer konsistent, so wie auch im vorliegenden Fall (Wert 8 anstatt 10). Würden wir ausgehend von zwei bestehenden Vergleichen auf den dritten Paarvergleich schließen, würden wir daher stets unterschiedliche Ergebnisse erhalten.

---

[70] Es könnte auch vom Vergleich A : B und A : C auf den Vergleich B : C geschlossen werden (oder von A auf B, wenn die beiden anderen Vergleiche vorliegen).

[71] Dass der Wert 10 außerhalb des möglichen Bereichs liegt, sei für an dieser Stelle vernachlässigt.

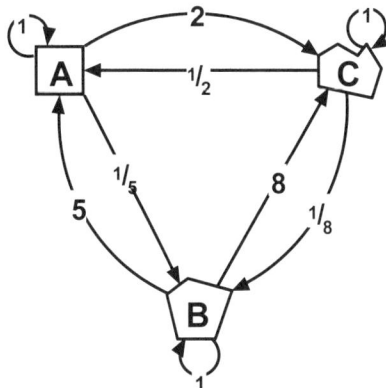

Abbildung 30: Größenvergleich – exakte Methode

Aufgrund des menschlichen Unvermögens, stets präzise zu sein, kann demnach aus einer Evaluationsmatrix nicht immer unmittelbar auf die jeweiligen Prioritäten geschlossen werden (es handelt sich nur um Schätzungen). Je *inkonsistenter* eine Evaluationsmatrix ist, umso mehr werden die so errechneten Prioritäten von der Realität abweichen. Um ein exaktes Ergebnis zu erhalten, müssen die Prioritäten aus einer Evaluationsmatrix nach SAATY (1990) mittels eines spezifischen mathematischen Algorithmus geschätzt werden, der sog. *Eigenvektormethode*. Nur so können auch aus inkonsistenten Matrizen Prioritäten abgeleitet werden. Das **Theorem[72]** hierzu besagt nach SAATY (1990, 158) sinngemäß: Die aus einer positiven, reziproken n·n-Matrix abgeleiteten Prioritäten entsprechen dem rechten Haupt-Eigenvektor (*„prinicipal right eigenvector"*).

---

[72] I.e. nach SAATY (1990) das theoretische Fundament, wie aus einer Paarvergleichsmatrix Prioritäten geschätzt werden können. Auch dies ist eine Approximation, keine exakte mathematische Ableitung

Mittels der vereinfachten Prioritätenberechnung konnte für unseren Größenvergleich 0,16 (Figur A), 0,75 (Figur B) und 0,09 (Figur C) ermittelt werden. Bei der exakten Berechnung ist ein iteratives Vorgehen, ein Herantasten an die wahren Prioritäten notwendig. Hierzu wird die Matrix *quadriert* (P²) und der Quotient aus Zeilensumme geteilt durch Gesamtsumme der Matrix berechnet. Diese Berechnungsweise wird solange wiederholt, bis an der *numerischen Höhe der Prioritäten von der einen zur nächsten Quadratur der Matrix nur noch minimale Änderungen* festgestellt werden können.

Rein rechentechnisch betrachtet stellt sich dieser Vorgang folgendermaßen dar:

- Die Evaluationsmatrix *P* wird quadriert (Multiplikation der Matrix mit sich selbst). Nach Normalisierung erhalten wir die Prioritäten.
- Im nächsten Schritt wird auch die *P²* wieder quadriert, die erhaltene Matrix wird normalisiert, die Prioritäten errechnet.
- Ein Vergleich der erhalten Prioritäten mit jenen der zuvor quadrierten Matrix zeigt, wie sich die Prioritäten geändert haben.
- Diese Änderung nimmt mit zunehmender Potenz der Matrix ab. Sind die Abweichungen zu hoch, wird der Prozess Quadratur, Normalisierung, Prioritätenvergleich erneut durchgeführt. Der iterative Prozess wird solange wiederholt, bis sich die Prioritäten nur noch geringfügig ändern.

Für den Größenvergleich (Figur A, B, C) werden aus P² nach der exakten Methode die Prioritäten 0,162, 0,751 und 0,087 geschätzt:

$$P^2 = \begin{pmatrix} 3 & 0{,}65 & 5{,}6 \\ 14 & 3 & 26 \\ 1{,}63 & 0{,}35 & 3 \end{pmatrix} ; w_i = \begin{pmatrix} 0{,}162 \\ 0{,}751 \\ 0{,}087 \end{pmatrix}$$

Würden wir diesen Prozess weiterführen und die Matrix erneut quadrieren, würden sich daraus Abweichungen von rund $\pm10^{-4}$ errechnen. D.h., die Schätzung der Prioritäten ist ausreichend genau, die Gewichte der Größe der Figuren können angegeben werden mit 0,162 (A), 0,751 (B) und 0,087 (C). Je höher die Potenz einer Evaluationsmatrix ist, desto weniger verändern sich die Prioritäten. Auch der Unterschied zwischen der vereinfachten und der exakten Methode ist gering – der Grund hierfür ist die geringe Inkonsistenz unserer Paarvergleichsmatrix. Dies zeigt, dass die vereinfachte Berechnung der Prioritäten bei einer einigermaßen konsistenten Entscheidung gute Ergebnisse liefert. Sind die Bewertungen widersprüchlich, d.h., ist die Konsistenzbedingung nicht oder nicht in ausreichendem Ausmaß erfüllt, sind die Abweichungen aber weitaus höher.[73]

Daraus kann auch abgeleitet werden, dass – wie bereits eingangs dieses Kapitels angesprochen – im Falle einer *konsistenten* Entscheidung kein Unterschied in der numerischen Höhe der Prioritäten ermittelt wird, gleichgültig nach welcher Methode wir vorgehen. Abschließend zur exakten Berechnungsweise der Prioritäten (die hier nur gekürzt wiedergegeben wurde) sei angemerkt, dass sich gerade hier der Vorteil der computergestützten Prioritätenberechnung zeigt. Die iterativen Matrix-Berechnungen (fortlaufende Quadratur der Matrix bis zu einer zufriedenstellenden Genauigkeit) sind manuell zeitaufwändig und würden den Einsatz des AHP wesentlich erschweren. Benutzerfreundliche Computerprogramme helfen bei diesen Berechnungen (und auch den folgenden Analysen wie der Sensitivitätsanalyse); Entscheidungen auf Basis des AHP zu treffen auch ohne Kenntnisse der Algorithmen ist daher unproblematisch.

---

[73] Die *Konsistenz einer Entscheidung* ist ein wesentliches Gütekriterium für eine gute Entscheidungsfindung. Wurde eine deutlich inkonsistente Evaluationsmatrix ermittelt, sollte diese vorab nochmals überdacht werden; siehe hierzu insbesondere Kapitel C3.9, S. 237ff.

4) Beispiel „Neuproduktauswahl

Zur Illustration des bisher Gesagten sei folgendes Beispiel angeführt (vgl. CALANTONE et al., 1999):

Fallbeispiel 16

Eine große Abteilung eines amerikanischen Konzerns steht vor der Aufgabe, unterschiedliche Neuprodukt-Ideen zu bewerten. Hierzu wird ein Team von fünf Entscheidungsträgern dieser Abteilung in die Entscheidung einbezogen (zur Gruppenentscheidung siehe Kapitel C5.4, S. 273ff.). Zur Auswahl stehen 4 Alternativen. Die Entscheidungshierarchie, auf die sich das Team nach einer umfassenden Recherche geeinigt hat, ist in Abbildung 31 dargestellt (zur übersichtlichen Darstellung werden die Zwischenebenen der Hierarchie vernachlässigt).

Projektbewertung

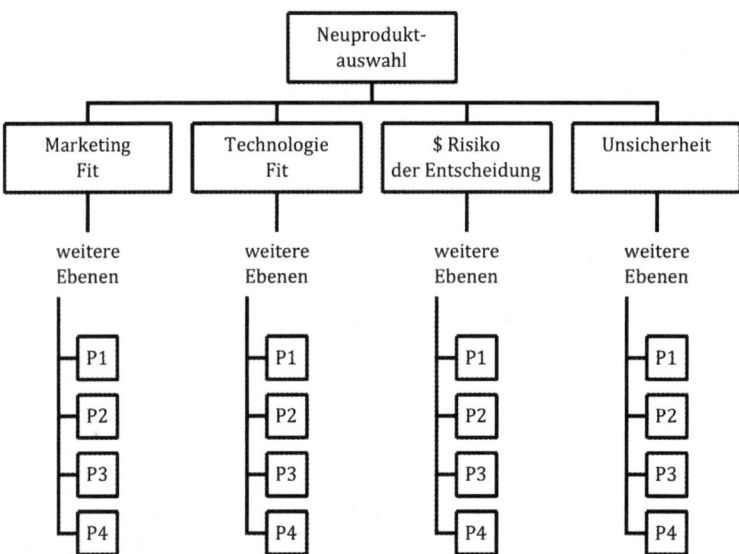

Abbildung 31: Entscheidungshierarchie Neuproduktauswahl

Marketing Fit: Wie passt das neue Produkt in die Marketing-
Kernkompetenzen des Unternehmens
Technologie Fit: Wie passt das neue Produkt in die technologischen
Kernkompetenzen des Unternehmens
$ Risiko[74]:   Mit welchem monetären Risiko (in $) sind die Neu-
produkte verbunden
Unsicherheit: Unsicherheit des Managements über die zu erwar-
tenden Ergebnisse der Neuprodukte
P1 bis P4:   Neuproduktideen

In einem ersten Schritt bewerteten die Entscheidungsträger die 4 Kriterien der ersten Ebene der Entscheidungshierarchie (aggregierte Beurteilung aller 5 Teammitglieder). Diese könnte z.B. folgendermaßen aussehen:

Tabelle 19: Paarvergleichsmatrix

	Technologie Fit	$ Risiko	Unsicherheit
Marketing Fit	2,5	0,7	2
Technologie Fit		0,6	2
$ Risiko			2,5

Aus der vollständigen Paarvergleichsmatrix lassen sich mittels AHP die Gewichte für die einzelnen Elemente schätzen. Ohne Anwendung des AHP müssten diese (und weitere) Evaluationen,

---

[74] Der Unterschied zwischen „Risiko" und „Unsicherheit" liegt darin, dass bei Entscheidungen unter Risiko Wahrscheinlichkeiten (subjektiv oder objektiv) über den Eintritt einer Alternative angegeben werden können, bei Entscheidungen unter Unsicherheit aber nicht. Für letztere wurden in der Literatur eigene Methoden entwickelt, wie die Minimax-Methode, durch die das minimal zu erwartende Ergebnis maximiert werden soll.

221

für die keine quantitativen Daten zur Verfügung stehen und die daher durchgängig auf den Erfahrungen und Einschätzungen der Entscheidsträger beruhen, autonom bestimmt werden. Dies ist bei 4 Elementen sicherlich noch möglich aber doch schon wesentlich schwieriger, als immer nur 2 Elemente miteinander in Beziehung zu setzen.

$$P = \begin{pmatrix} 1 & 2,5 & 0,7 & 2 \\ 0,4 & 1 & 0,6 & 2 \\ 1,43 & 1,67 & 1 & 2,5 \\ 0,5 & 0,5 & 0,4 & 1 \end{pmatrix} ; w_i = \begin{pmatrix} 0,32 \\ 0,20 \\ 0,36 \\ 0,13 \end{pmatrix}$$

Das Ergebnis dieses Entscheidungsproblems (vereinfachte Prioritätenschätzung) kann folgendermaßen interpretiert werden: Dem Team ist das monetäre Risiko (\$ Risiko) am wichtigsten (0,36), gefolgt vom Marketing Fit (0,32) und vom Technologie Fit (0,20). Am wenigsten wichtig ist den Entscheidungsträgern die Unsicherheit über die zu erwartenden Ergebnisse der Neuprodukte (0,13). Besonders viel Aufmerksamkeit muss daher der Risikobewertung der einzelnen Alternativen gewidmet werden. Keine der Prioritäten ist so gering, dass eines der obigen Kriterien ignoriert werden kann.

Naturgemäß ist die Gesamthierarchie wesentlich komplexer. Damit aber verschiedene Hierarchieebenen simultan berücksichtigt werden können, sind weitere Rechenschritte notwendig. Diese sind Gegensand des folgenden Kapitels.

Fallbeispiel 17

Wie würde die Lösung zum Fallbeispiel 14, S. 208, aussehen (Kauf von Computerbildschirmen)? Welche Prioritäten können auf Basis der vereinfachten AHP-Berechnungsmethode beschätzt werden (siehe untenstehende Tabelle)?

	A	B	C	A	B	C	r_i	w_i
A	1	6	2	...	...	...	...	...
B	...	1	3	...	...	...	...	...
C	...	...	1	...	...	...	...	...
c_i	...	...	...				...	

Lösung im Anhang, S. 295ff.

3.6 Partialgewichtsberechnung bei mehreren Hierarchiestufen

Bisher haben wir uns mit der Prioritätenschätzung auf einer Hierarchieebene beschäftigt. Der Terminologie von SAATY (1980) folgend, werden diese (absoluten) Gewichte als lokale Prioritäten (local priorities) bezeichnet. Sind in einer Entscheidungshierarchie mehrere Hierarchieebenen zur Lösung des Entscheidungsproblems notwendig, so muss die Bedeutung der lokalen Prioritäten errechnet werden – relativ gesehen zur Stellung, die die jeweiligen Elemente innerhalb der Hierarchie einnehmen. Die relativen Gewichte werden daher als globale Prioritäten (global priorities) bezeichnet. Mittels dieser Termini wird sehr deutlich die Stellung der Prioritäten in der Hierarchie zum Ausdruck gebracht: Lokale Prioritäten haben nur innerhalb einer Hierarchieebene „lokale" Gültigkeit. Damit sie „global", also für die Gesamthierarchie Gültigkeit haben, müssen sie mit den jeweils oberen Hierarchieelementen in Beziehung gesetzt werden.

1) Lokale Bedeutungsgewichte

Häufig bedarf es mehr als einer Hierarchieebene, um eine komplexe Entscheidungssituation sachgemäß zu strukturieren und zu analysieren (schon eine einfachste Alternativenauswahl an-

223

hand bestimmter Kriterien verlangt zumindest eine Hierarchie mit zwei Hierarchieebenen: Kriterien und Alternativen). Das obige Größenvergleichsbeispiel wird deshalb für die folgenden Ausführungen aufgegeben, um die Algorithmen aufzuzeigen, die bei einer mehrstufigen Hierarchie notwendig sind.

Im Prinzip erfolgt die Berechnung von Prioritäten immer nach dem dargestellten Schema. Jedes Element einer Hierarchiestufe/einer Merkmalsebene wird mit allen Elementen der jeweiligen Hierarchiestufe in Beziehung gesetzt. Sind mehrere Hierarchiestufen vorhanden, so werden zunächst die Prioritäten der jeweiligen Hierarchiestufe berechnet und anschließend aggregiert. Diese Aggregation basiert auf einer Umrechnung der Partialgewichte in globale Gewichte. Kehren wir zur Verdeutlichung zu Fallbeispiel 12 (PKW-Kauf, S. 191) zurück. Aufgrund der Überlegungen der Familie wurde eine Hierarchie mit insgesamt drei Hierarchieebenen zur Problemlösung herangezogen: Kriterien, Subkriterien und Alternativen.

Zunächst werden die Merkmale der 1. Merkmalsebene (Kosten, Leistung, Raumangebot, Aussehen) gewichtet (d.h. einem Paarvergleich unterzogen), anschließend die Merkmale der 2. Merkmalsebene (Anschaffungskosten mit laufenden Kosten und Sportlichkeit mit Design) und schließlich die drei Alternativen (Automarke A, B und C). Dabei werden sowohl subjektive Urteile berücksichtigt (beispielsweise für das Design), aber auch quantitative Urteile gehen in die Beurteilung ein (Kaufpreis in €, Leistung in kWh, Raumangebot in m^3). Die Behandlung quantitativer Daten werden wir an anderer Stelle gesondert betrachten (siehe Kapitel C3.7, S. 228).

Die in den folgenden Tabellen eingetragenen AHP-Werte werden manuell nach der vereinfachten Prioritätenberechnung in Gewichte umgerechnet, wobei angenommen wird, dass der Familie die Kosten etwas bis erheblich wichtiger sind als die Leistung

(Faktor 4 der AHP-Skala) und um den Faktor 6 wichtiger als das Raumangebot usw.

Laut der Beurteilung durch die Familie werden den Kosten (w_i=0,48) und dem Aussehen des PKW (w_i=0,33) vorrangige Bedeutung zugewiesen. Die Leistung und das Raumangebot wurden demgegenüber als unwichtiger eingestuft. Die Bewertung der 2. Hierarchieebene erbrachte das folgende Resultat: Bei den Kosten sind es vor allem die Anschaffungskosten, die ein überragendes Gewicht gegenüber den laufenden Kosten haben. Wir nehmen weiters an, dass der Familie ein sportliches Auto sehr wichtig ist. Daher wurde ein deutlich höheres Bedeutungsgewicht für das Merkmal „Sportlichkeit" als für das Merkmal „Design" errechnet.

Tabelle 20: Top down Beurteilung der 1. Hierarchieebene (Beispiel PKW-Kauf)

	Evaluationsmatrix				Normalisierung					Prioritäten
	K	L	R	A	K	L	R	A	r_i	w_i
K	1	4	6	2	0,52	0,43	0,40	0,58	1,93	0,483
L	$1/4$	1	3	$1/4$	0,13	0,11	0,20	0,07	0,51	0,128
R	$1/6$	$1/3$	1	$1/5$	0,09	0,04	0,07	0,06	0,25	0,062
A	$1/2$	4	5	1	0,26	0,43	0,33	0,29	1,31	0,328
c_i	1,92	9,33	15	3,45	1	1	1	1	4	1

K ... Kosten; L ... Leistung; R ... Raumangebot; A ... Aussehen

Da wir uns in verschiedenen Ebenen der Entscheidungshierarchie befinden, müssen die lokalen Bedeutungsgewichte in *globale Gewichte* umgerechnet werden. Hierzu werden recht einfache Berechnungen durchgeführt.

Tabelle 21: Beurteilung der 2. Hierarchieebene

		w_i
Kosten	Anschaffung (K_A)	0,750
	laufende Kosten (K_L)	0,250
Aussehen	Sportlichkeit (A_S)	0,800
	Design (A_D)	0,200

2) Globale Bedeutungsgewichte

Aus der in jeder Merkmalsebene durchgeführten Gewichtsberechnung ergeben sich auch die *globalen Bedeutungsgewichte* für die jeweiligen Merkmale. Die Summe aller Einzelgewichte muss sich immer auf 1 aufsummieren (oberste Hierarchieebene, i.e. das Untersuchungsziel). Daher muss jede *untergeordnete* Merkmalsebene mit dem Gewicht der *übergeordneten* Merkmalsebene multipliziert werden.[75] Allgemein errechnet sich daher für die n-te Hierarchiestufe $w_{rel}(i)$ (globales Gewicht des Elements i) nach folgender Formel:

$$w_{rel}(i) = w_z \cdot w_{z-1}$$

$w_{rel}(i)$ = globales Gewicht des Elements i; z = Hierarchiestufe

Globales Bedeutungsgewicht: Unter dem globalen Bedeutungsgewicht eines Hierarchieelementes ist jenes Gewicht zu verstehen, das die korrekte Bedeutung des jeweiligen Hierarchieele-

---

[75] Wir befinden uns im analytischen Zugang zur Lösung von Entscheidungsproblemen. D.h., ein zu lösendes Problem wird immer weiter in seine Bestandteile zerlegt und strukturiert, damit die Lösung desselben erleichtert wird. Im Sinne des AHP kann dann die *Summe der Teile*, i.e. das Ergebnis dieser Strukturierung, nicht mehr sein als das *Ganze* vor Aufsplitterung und Strukturierung des Entscheidungsproblems.

mentes im Kontext der Gesamthierarchie ausdrückt. Hierzu wird das Gewicht der Merkmale/Alternativen einer unteren Ebene mit dem Gewicht des Merkmals der darüber liegenden Ebene multipliziert. Werden die globalen Gewichte einer Ebene aufsummiert, so erhalten wir wiederum das Gewicht, das dem übergeordneten Hierarchieelement zukommt.

Für die Anschaffungskosten ergibt sich in unserem Beispiel daher ein globales Gewicht von 0,36 (048·0,75), für die laufenden Kosten 0,13 (0,48·0,25), für die Sportlichkeit 0,26 (0,33·0,80) und für das Design 0,07 (0,33·0,20). Für die Wahl der optimalen Alternative werden demnach vor allem die Merkmale Anschaffungskosten, gefolgt von der Sportlichkeit, der Leistung, den laufenden Kosten usw. heranzuziehen sein. Damit dieses Entscheidungsproblem gelöst werden kann, ist in der Folge jede Alternative an diesen Merkmalen zu messen. Da hierbei auch metrische Daten Eingang finden, muss zunächst überlegt werden, wie diese zu interpretieren sind und wie diese Daten in AHP-Gewichte umgerechnet werden können.

Tabelle 22: Globale Gewichte (Beispiel PKW-Kauf)

	$W_{1. Ebene}$	$W_{2. Ebene}$	W_{rel}
Kosten (K)	0,483		
Anschaffung (K_A)		0,750	0,362
laufende Kosten (K_L)		0,250	0,121
Leistung (L)	0,128		0,128
Raumangebot (R)	0,062		0,062
Aussehen (A)	0,328		
Sportlichkeit (A_S)		0,800	0,262
Design (A_D)		0,200	0,065
c_i	1		1

Fallbeispiel 18

Wie würde die obige Tabelle aussehen, wenn folgende Schätzung vorgenommen wurde? K_A:0,4 ; K_L:0,6 und A_S , A_D jeweils 0,5

Lösung im Anhang, S. 295ff.

3.7 Die Behandlung quantitativer Daten im AHP

Quantitative Daten können unmittelbar in den AHP eingehen und werden direkt in Bedeutungsgewichte umgerechnet. Dabei muss allerdings berücksichtigt werden, wie die metrische Höhe der Werte zu interpretieren ist. Geht es z.b. um die Kosten, so werden diese umso weniger Präferenz bekommen, je höher sie sind. Metrische Daten werden in Verhältniszahlen umgerechnet (Quotient zwischen den, den Elementen zugeordneten Daten und der Gesamtsumme aller Elemente):

$$w_i = \frac{a_i}{a_1 + a_2 + \cdots + a_n} \qquad i=1,...,n$$

Das bedeutet, dass höheren Zahlen auch höhere Bedeutungsgewichte zuzuordnen sind. Sollen höheren Zahlenwerte ein geringeres Gewicht erhalten (z.B. Kosten, Preise, Verbrauch etc.), werden die Reziprokwerte herangezogen, da damit das umgekehrte Verhältnis der Höhe einer Zahl berücksichtigt wird. Je höher ein Wert, umso niedriger wird das Bedeutungsgewicht:

$$w_i = \frac{a_i^{-1}}{a_1^{-1} + a_2^{-1} + \cdots + a_n^{-1}} \qquad i=1,...,n$$

Kehren wir zurück zum Beispiel „PKW-Kauf". Angenommen die Automarken haben folgende in Tabelle 23 eingetragenen Merkmalsausprägungen.

Tabelle 23: Kennzahlen (Beispiel PKW-Kauf)

	A	B	C
Anschaffungskosten	17.000 €	13.500 €	21.000 €
laufende Kosten/km	0,21 €	0,25 €	0,18 €
Leistung	75 kWh	67 kWh	96 kWh
Raumangebot	2,7 m³	3 m³	3,5 m³
Sportlichkeit [76]	5	7	12

Die Daten können beispielsweise Testberichten einschlägiger Zeitschriften entnommen werden. Kosten, Leistung, Raumangebot sind Fakten, wie sie die Hersteller veröffentlichen, für Sportlichkeit könnte beispielsweise ein Index herangezogen werden, wie er in den erwähnten Testberichten gefunden wurde.
Es ist davon auszugehen, dass die Familie niedrigere Kosten mehr präferiert als höhere (obwohl auch das Gegenteil denkbar ist, z.B. bei Prestigekäufen). Höhere Anschaffungskosten müssen demnach ein niedrigeres Gewicht bekommen als geringere. Das Bedeutungsgewicht für A wird daher nach obenstehender Gleichung berechnet, i.e. 0,326:

$$w_A = \frac{\dfrac{1}{17.000}}{\left(\dfrac{1}{17.000} + \dfrac{1}{13.500} + \dfrac{1}{21.000}\right)} = \frac{5,8823 \cdot 10^{-5}}{1,8052 \cdot 10^{-4}} = 0,326$$

---

[76] Annahme: Eine seriöse Fachzeitschrift veröffentlichte Testberichte, in denen Indices zwischen 1 und 20 für die Sportlichkeit vergeben wurden, wobei 1 „ganz unsportlich" und 20 „extrem sportlich" bedeutet. Dies zeigt, dass ungewöhnliche metrische Daten durchaus aus anderen Informationsquellen zur Operationalisierung von Merkmalen herangezogen werden können, soweit sie als zuverlässig und vertrauenswürdig eingestuft werden.

Tabelle 24: Gewichtsberechnung bei quantitativen Daten (Beispiel PKW-Kauf)

	A	B	C	w_A	w_B	w_C	Σ
Anschaffungskosten	17.000	13.500	21.000	0,326	0,410	0,264	1
laufende Kosten/km	0,21	0,25	0,18	0,333	0,279	0,388	1
Leistung	75	67	96	0,315	0,282	0,403	1
Raumangebot	2,7	3	3,5	0,293	0,326	0,380	1
Sportlichkeit	5	7	12	0,208	0,292	0,500	1

Die Spalten w_A, w_B, w_C stehen unter der übergeordneten Überschrift "Gewicht w".

Durch Einsetzen erhält man die Gewichte für die anderen Alternativen, i.e. 0,410 für B und 0,264 für C. Im Falle quantitativer Daten wird daher nicht die AHP-Skala verwendet, um zu Bedeutungsgewichten zu gelangen, sondern man kann diese durch Verwendung entsprechender Formeln direkt ermitteln.

3.8 Errechnung und Interpretation der Gesamtgewichte

Nachdem nun jeder PKW anhand der vorhandenen Merkmale beurteilt wurden, können wir daran gehen, das Entscheidungsproblem zu lösen. Für alle Alternativen wurden lokale Gewichte pro Merkmal errechnet. Da den Merkmalen unterschiedliches Gewicht zukommt, ist auch hier eine Relativierung der Gewichte vorzunehmen. Fassen wir also zunächst die errechneten lokalen Gewichte zu Tabelle 25 zusammen.

Zur Vervollständigung: Vor Berechnung der Gesamtgewichte ist es abschließend notwendig, das *Design* der drei Alternativen A, B und C zu beurteilen. Hier kann man wahrscheinlich nicht auf metrische Daten zurückgreifen. Es wird also wieder die subjektive Einsschätzung durch die Entscheidungsträger herangezogen. Die Berechnung der Gewichte für die Alternativen A, B und C erfolgt auf die bekannte Weise:

$$P = \begin{pmatrix} 1 & 3 & 1 \\ ^1/_3 & 1 & ^1/_5 \\ 1 & 5 & 1 \end{pmatrix}; w_i = \begin{pmatrix} 0,405 \\ 0,115 \\ 0,480 \end{pmatrix}$$

Tabelle 25: Lokale Gewichte der Alternativen A, B und C (Beispiel PKW-Kauf)

	w_A	w_B	w_C	Σ
Anschaffungskosten	0,326	0,410	0,264	1
laufende Kosten/km	0,333	0,279	0,388	1
Leistung	0,315	0,282	0,403	1
Raumangebot	0,293	0,326	0,380	1
Sportlichkeit	0,208	0,292	0,500	1
Design	0,405	0,115	0,480	1

Die Umwandlung der *lokalen Gewichte* in *globale Gewichte* erfolgt in der bekannten Weise durch Multiplikation der lokalen Gewichte der Alternativen mit den globalen Gewichten der darüber liegenden Merkmale. Ein Rechenbeispiel:

- globales Gewicht Anschaffungskosten w_{rel} = 0,362
- lokales Gewicht der Alternative A hinsichtlich Anschaffungskosten w_A = 0,326
- globales Gewicht für Alternative A hinsichtlich des Merkmals Anschaffungskosten w_{rel} (A) = 0,362·0,326 = 0,118

Durch eine abschließende Summenbildung, bei der alle globalen Gewichte je Alternative zusammengezählt werden, erhalten wir schließlich eine Kennzahl, die die Wichtigkeit jeder Alternative widerspiegelt. Je mehr Gewicht eine Alternative hat, desto mehr ist diese zu präferieren. Naturgemäß muss die Summe aller Alternativengewichte wieder 1 ergeben.

Damit liegt uns ein Ergebnis vor: Rangreihung C (0,380), B (0,322), A (0,298). Dieses besagt, wie bedeutend die einzelnen

Alternativen sind, wie viel jede Alternative zur Zielerreichung (Kauf eines optimalen PKWs) beizutragen vermag. Aufgrund dieser detaillierten Analyse wird die Familie demnach Alternative C wählen. Dies ist doch einigermaßen überraschend, da es sich hierbei um die teuerste Alternative handelt. Doch unter Berücksichtigung aller weiteren Merkmale, die der Familie beim PKW-Kauf wichtig sind, kann diese Lösung abgeleitet werden, trotz der damit verbundenen höheren Kosten.

Tabelle 26: Globale Gewichte und Gesamtgewichtung der Alternativen

	w_{rel}	w_i			w_{rel}		
		w_A	w_B	w_C	A	B	C
Anschaffungskosten	0,362	0,326	0,410	0,264	0,118	0,148	0,095
laufende Kosten/km	0,121	0,333	0,279	0,388	0,040	0,034	0,047
Leistung	0,128	0,315	0,282	0,403	0,040	0,036	0,051
Raumangebot	0,062	0,293	0,326	0,380	0,018	0,020	0,024
Sportlichkeit	0,262	0,208	0,292	0,500	0,055	0,077	0,131
Design	0,065	0,405	0,115	0,480	0,027	0,008	0,031
w_i					0,298	0,322	0,380

Es fehlen noch zwei wichtige Schritte, ehe dieses Ergebnis abschließende Gültigkeit erlangt: die Konsistenzprüfung (Kapitel C3.9, S. 237) sowie die Sensitivitätsanalyse (Kapitel C3.10, S. 243). Diesen werden nach Vorstellung eines weiteren Fallbeispiels, bei dem die gewonnenen Erkenntnisse auf die Managementpraxis umgelegt werden, zuwenden.

Fallbeispiel 19

Gegeben sei folgende Hierarchie: Kriterien A, B und C wurden mittels Paarvergleich bewertet. Wenn Sie zwischen zwei Alternativen A1 und A2 auswählen müssen, zu welchem Ergebnis werden Sie gelangen bei Verwendung untenstehender Informationen (höhere Werte sind besser)?

	A	B	C
w_i	0,3	0,2	0,5
A1:	3	7	6
A2:	4	5	7

Lösung im Anhang, S. 295ff.

Fallbeispiel 20
Unternehmensstrategie

Im folgenden Fallbeispiel soll gezeigt werden, dass der vorgestellte Zugang nicht nur zur Alternativenbewertung herangezogen werden kann: Ein Hightech-Unternehmen, das bisher sehr stark in der Forschung engagiert war, denkt über ihre zukünftige Unternehmensstrategie nach (vgl. ARBEL und TONG, 1982, 385ff.). Insbesondere möchte das Unternehmen verschiedene Forschungsergebnisse der Vergangenheit dazu nutzen, die Geschäftstätigkeit mittelfristig auch auf andere Bereich auszudehnen, vor allem durch die Entwicklung einer Reihe hoch konkurrenzfähiger Produkte, die mithilfe der erwähnten Forschungsergebnisse entwickelt werden könnten.

Die folgende Abbildung gibt eine Vorstellung davon, wie das Problem vom Unternehmen verstanden wird. Die Problemstellung bzw. Zielvorstellung könnte bezeichnet werden als „die Entwicklung einer strategischen Unternehmensplanung für die nächsten 3-5 Jahre". Die erste Hierarchieebene enthält die zukünftigen Betätigungsfelder des Unternehmens: Produktentwicklung, Software-Technologie, Forschung und Beratung (nur die Produktentwicklung ist ein neuer Bereich; die anderen Unternehmensbereiche haben auch bisher schon bestanden). In der zweiten Hierarchieebene finden sich einige typische Problemereiche bzw. Risiken für das Unternehmen: Belegschaft (Manpower), Kapitalressourcen, Markteintritt, Investitionsrisiko, Unternehmenspolitik der Regierung, Konkurrenz. Die Hierarchieebene

3 repräsentiert die Hauptakteure im Unternehmen: technisches Personal, Management, Kapitalgeber, Regierung, Konkurrenten. Schließlich werden in Ebene 4 die möglichen Ziele der Akteure dargestellt:

- eine hohe Reputation erzielen
- adäquates Einkommen erzielen
- effektive Kontrolle ausüben
- einen entsprechenden Marktanteil erzielen
- in der Belegschaft ein hohe Motivation erzielen

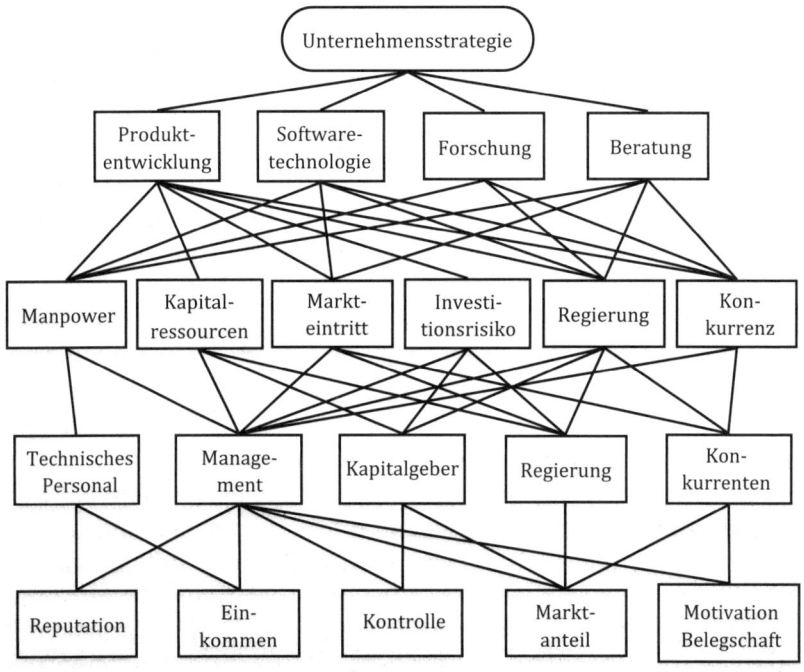

Abbildung 32: Hierarchie „Unternehmensstrategie"

Natürlich stellt diese Hierarchie ein recht idealisiertes Abbild dieses Unternehmens dar. Das Hauptargument für die Erstellung und Bewertung dieser Hierarchie muss auch weniger in der konkreten Problemlösung gesehen werden, als vielmehr in dem Bemühen des Unternehmens, sich und die möglichen Optionen für die Zukunft besser zu verstehen. Die Elemente der verschiedenen Ebenen sind nicht immer alle miteinander verbunden. Beispielsweise haben für die Forschung (Ebene 1.x) nur die Subziele Belegschaft, Unternehmenspolitik der Regierung und Konkurrenz (Ebene 2.x) eine Bedeutung, alle anderen sind für diesen Bereich vernachlässigbar. Nach der Evaluierung ergeben sich die folgenden Gewichte.

Diese Gewichte errechnen sich wie oben dargelegt als Summe der Gewichte der Ebene 1.x multipliziert mit den Gewichten der Hierarchieebene 2.x. Im Prinzip handelt es sich um eine Datenanalyse, bei der eine Synthese auf jeder Hierarchiestufe durchgeführt wurde, so als handle es sich um Alternativen der letzten Hierarchiestufe. Der Grund hierfür ist einleuchtend und ergibt sich aus der Zielsetzung der Hierarchie: Es sollte die Wichtigkeit jedes Elements im Hinblick auf übergeordnete Elemente ermittelt werden, damit daraus Kernstrategien für die Zukunft abgeleitet werden können. Es gilt demnach nicht, die beste, wirkungsvollste etc. Alternative zu ermitteln, sondern Strategieoptionen zu bewerten. Bei dieser Hierarchie handelt es sich daher um kein klassisches Auswahlproblem sondern vielmehr um ein Bewertungsmodell, bei dem die Prioritäten für unterschiedliche Merkmalskombinationen ermittelt werden.

Es zeigt sich, dass in jeder Hierarchieebene ein eindeutig dominanter Faktor gegeben ist. Produktentwicklung in Ebene 1.x, Markteintritt in Ebene 2.x usw. *Die Suche nach möglichen strategischen Optionen muss demnach bei diesen Elementen ansetzen.*

Tabelle 27: Evaluierung Unternehmensstrategie

Ebene 1: zukünftigen Betätigungsfelder des Unternehmens

1.1	Produktentwicklung	0,44
1.2	Software-Technologie	0,11
1.3	Forschung	0,22
1.4	Beratung	0,23

Ebene 2: Problembereiche/Chancen

2.1	Manpower	0,18
2.2	Kapitalressourcen	0,14
2.3	Markteintritt	0,39
2.4	Investitionsrisiko	0,09
2.5	Regierung	0,11
2.6	Konkurrenz	0,09

Ebene 3: Akteure

3.1	technisches Personal	0,08
3.2	Management	0,55
3.3	Kapitalgeber	0,15
3.4	Regierung	0,10
3.5	Konkurrenten	0,12

Ebene 4: Ziele

4.1	Reputation	0,37
4.2	Einkommen	0,13
4.3	Kontrolle	0,21
4.4	Marktanteil	0,13
4.5	Motivation der Belegschaft	0,16

Durch die starke Vereinfachung kann ein derartiges Modell naturgemäß nur erste vage Hinweise für eine strategische Grundorientierung eines Unternehmens sein. Es liefert aber wichtige Hinweise dahingehend, wie die einzelnen Faktoren vom Unternehmen gewichtet werden, welche Akteure vorrangig eingebunden sein müssen und welche Ziele damit erreicht werden können.

So gewinnt durch die hohe Priorität der Produktentwicklung das Element „Markteintritt" eine Schlüsselstellung. Vor allem hier liegen die Barrieren für eine erfolgreiche strategische Ausrichtung des Unternehmens. Und vor allem in diesem Bereich müssen demnach Ressourcen konzentriert werden (Verkaufspersonal, Forschungspersonal und -ausstattung in der Produktentwicklung, Marktforschung usw.).

Erreicht werden kann dies, wenn besonderes Augenmerk auf das Management gelegt wird (Ebene 3.x) – über Training von Managementfähigkeiten, Förderung eines entsprechenden Führungsstils usw. Durch adäquate Zielvorgaben und Leitlinien sollte es dem Unternehmen schließlich gelingen, den Unternehmenserfolg vor allem im Sinne von Reputation – dies ist das wichtigste Element der Zielebene (Ebene 4.x) – auch langfristig zu sichern.

Das Gesagte stellt eine mögliche Interpretation aus obiger Evaluierung dar. Es sind auch andere Interpretationen denkbar. Letztendlich zeigt diese Hierarchie, wie wichtige, komplexe Entscheidungen bzw. Problemstellungen systematisiert und analysiert werden können, um ein besseres, transparenteres Gesamtbild einer Problemstellung zu erhalten.

3.9 Konsistenzprüfung

Im Entscheidungsprozess ist es wichtig zu wissen, wie konsistent eine Entscheidung ist. Eine Entscheidung mit sehr geringer Konsistenz ist nicht wünschenswert, da es sich dann auch um eine Zufallsentscheidung handeln kann. Andererseits ist auch *vollständige Konsistenz* nicht immer zu erreichen. Diese wäre in dem folgenden Beispiel gegeben: Die Alternative A wird doppelt so gut beurteilt wie B, B wird drei mal so gut wie C bewertet und A sechs mal so gut wie C:

$$Alt_A \overset{2}{\mapsto} Alt_B \overset{3}{\mapsto} Alt_C$$

$$Alt_A \overset{6}{\mapsto} Alt_C$$

Bis zu einem gewissen Grad sind auch inkonsistente Entscheidungen kein Problem. So sind geringfügige Abweichungen von der Konsistenz ziemlich unschädlich (vgl. HAEDRICH et al., 1986, 124). Übersteigt die Inkonsistenz aber ein erträgliches Ausmaß, so muss der Entscheidungsprozess nochmals überdacht werden, um zu einer optimalen Lösung zu gelangen. Ansonsten wäre es auch denkbar, dass die Bewertung unsachgemäß oder zufällig zustande gekommen ist.

Da im Rahmen des AHP Paarvergleiche zur Gewichtsbestimmung herangezogen werden, ist es wichtig, eine Prüfung auf Konsistenz vorzunehmen. Hierzu wird der sog. Konsistenzindex (CI für consistency index) und daraus abgeleitet der Konsistenzwert (CR für consistency ratio) verwendet. Die Überlegungen, die hinter diesen Indices stehen, sind relativ komplexer Natur. Im Prinzip wird ein Vergleich angestellt zwischen dem *Eigenwert* λ (Lambda) einer Paarvergleichsmatrix bei einer vollständig konsistenten Entscheidung (dieser entspricht immer der Anzahl der Elemente n, i.e. die Summe der Diagonalen der Matrix) und dem maximalen Eigenwert der vorliegenden Paarvergleichsmatrix. Es gilt (vgl. HAEDRICH et al., 1986, 124):

$$\lambda = \sum_{i=1}^{n} \lambda_i = \text{Summe der Elemente der Hauptdiagonalen von P}$$

Nur im Falle vollständiger Konsistenz gilt λ_{max} = n. Teilweise wird man bei Paarvergleichen aber mehr oder weniger inkonsistent sein (dies liegt in der menschlichen Natur). Zur Beurteilung des

Grades an Inkonsistenz wird CR verwendet. Hierzu ist es notwendig, für jedes Element der Matrix P λ zu errechnen. Mittels Approximation von λ_{max} wird Konsistenzindex CI berechnet.[77] Die Durchschnittsmatrix wird gebildet anhand der Multiplikation der normalisierten Paarvergleichswerte mit dem errechneten Gewicht w_i.

Tabelle 28: Ursprüngliche Gewichtsberechnung

	a_1	a_2	...	a_n	a_1	a_2	...	a_n	r_i	w_i
a_1	$a_{11}=1$	a_{12}	...	a_{1n}	a_{11}/c_1	a_{12}/c_2	...	a_{1n}/c_n	r_1	$w_1=r_1/n$
a_2	(a_{21})	1		a_{2n}	a_{21}/c_1	a_{22}/c_2	...	a_{2n}/c_n	r_2	$w_2=r_2/n$
$\vdots$	$\vdots$		$\vdots$		$\vdots$		$\vdots$	$\vdots$	$\vdots$	$\vdots$
a_n	(a_{n1})	(a_{n2})	...	$a_{nn}=1$	a_{n1}/c_1	a_{n2}/c_2	...	a_{nn}/c_n	r_n	$w_n=r_n/n$
Σ	c_1	c_2	...	c_n	1	1	...	1	n	1

Die Berechnung der Durchschnittsmatrix ermöglicht es uns, einen Vergleich anzustellen zwischen einer konsistenten Entscheidung und der aktuellen Entscheidung. Je mehr beide voneinander abweichen, umso inkonsistenter ist unsere Entscheidung.

---

[77] Basis hierfür ist die normalisierte Matrix der Paarvergleiche, wobei der Quotient aus der Zeilensumme und den diagonalen Werten der *durchschnittlichen, normalisierten* Matrix gebildet wird, i.e. λ_i.

Tabelle 29: Berechnung der Durchschnittsmatrix

	a_1	a_2	...	a_n	$\overline{r_i}$
a_1	$w_1 \cdot a_{11}$	$w_2 \cdot a_{12}$	...	$w_n \cdot a_{1n}$	$\overline{r_1} = \sum\limits_{i=1}^{n} w_i \cdot a_{1i}$
a_2	$w_1 \cdot a_{21}$	$w_2 \cdot a_{22}$	...	$w_n \cdot a_{2n}$	$\overline{r_2}$
$\vdots$	$\vdots$	$\vdots$		$\vdots$	$\vdots$
a_n	$w_1 \cdot a_{n1}$	$w_2 \cdot a_{n2}$	...	$w_n \cdot a_{nn}$	$\overline{r_n}$

Diese Beurteilung wird anhand des Eigenwerts der Durch-schnittsmatrix durchgeführt (i.e. λ). Der Eigenwert einer konsistenten Entscheidung entspricht wie gesagt immer n. Damit ein Vergleich zwischen einer konsistenten Entscheidung und λ angestellt werden kann, müssen wir die maximale, durchschnittliche Abweichung errechnen. Diese wird über den maximalen, durchschnittlichen Eigenwert der aktuellen Durchschnittsmatrix errechnet (i.e. λ_{max}).

$$\lambda_i = \frac{\overline{r_i}}{w_i \cdot a_{ii}} \quad i = 1,\dots,n \; r$$

$$\begin{pmatrix} \overline{r_1} \\ \overline{r_2} \\ \vdots \\ \overline{r_3} \end{pmatrix} \div \begin{pmatrix} w_1 \cdot a_{11} \\ w_2 \cdot a_{22} \\ \vdots \\ w_n \cdot a_{nn} \end{pmatrix} = \begin{pmatrix} \lambda_1 \\ \lambda_2 \\ \vdots \\ \lambda_n \end{pmatrix} \longrightarrow \lambda_{max} = \frac{\sum\limits_{i=1}^{n} \lambda_i}{n}$$

Aus λ_{max} kann der Konsistenzindex CI errechnet werden, der Aufschluss über die Konsistenz der Entscheidung gibt. Je größer die Diskrepanz zwischen λ_{max} und n, desto inkonsistenter ist die

Evaluierung und desto höher fällt der Konsistenzindex aus (bei einer inkonsistenten Entscheidungssituation gilt $\lambda_{max} > n$).

$$CI = \frac{\lambda_{max} - n}{n - 1}$$

CI .... consistency index; Konsistenzindex

Um beurteilen zu können, ob eine Abweichung von der Konsistenz noch tolerierbar ist, wird CI mit einem Durchschnittswert (R) zufällig zustande gekommener, gleich großer Matrizen verglichen (siehe Tabelle 30). Die Verhältniszahl daraus ist CR. Denn wir müssen uns vor Augen halten, dass die Höhe von CI unter anderem davon abhängig ist, wie groß eine Evaluationsmatrix ist, d.h. wie viele Elemente miteinander verglichen werden müssen. Je größer eine Evaluationsmatrix ist, umso schwieriger wird es, bei den Paarvergleichen konsistent zu bleiben. So sind bei einer 9×9-Evaluationsmatrix 36 Paarvergleiche notwendig. Es ist leicht einzusehen, wie viel schwieriger es ist, hier konsistent zu bleiben, als wenn beispielsweise eine 3×3 Evaluationsmatrix vorliegt, bei der nur 3 Paarvergleiche gemacht werden müssen. Deshalb ist es wichtig, den Konsistenzindex CI mit dem Konsistenzindex bei Eingabe von *zufälligen Urteilen* zu vergleichen. Dieses Verhältnis wird ausgedrückt in der folgenden Formel, wobei die Zufallskonsistenz R (für „random") Erfahrungswerte repräsentiert, die empirisch in zahlreichen Testreihen nachgewiesen wurden.

$$CR = \frac{CI}{R}$$

CR ...... consistency ratio; Konsistenzverhältniszahl

Mit anderen Worten: Je höher die Anzahl der Elemente, desto höher ist auch die zu *erwartende zufällige Inkonsistenz* R. R steigt demnach mit zunehmenden n. Die Zufallskonsistenz R kann für die jeweilige Größe einer Evaluationsmatrix der Tabelle 30 entnommen werden.[78]

Tabelle 30: Zufallskonsistenz R bei gegebener Matrixgröße

Größe der Matrix	1	2	3	4	5	6	7	8	9	10
Zufallskonsistenz R	0,00	0,00	0,52	0,89	1,11	1,25	1,35	1,40	1,45	1,49

Als Richtwert, wie hoch CR werden darf, um von befriedigender Konsistenz sprechen zu können, sollte nach SAATY (1995) 0,1 herangezogen werden (manche Autoren meinen, auch 0,2 sei als Grenzwert akzeptabel, vor allem bei sehr komplexen Entscheidungshierarchien). Bleibt CR unter diesem Richtwert, so wirkt sich die Inkonsistenz im Evaluationsprozess auf das Gesamturteil nicht schädlich aus.

Im Beispiel Größenschätzung würden sich folgende Werte für $\overline{r}_i$, λ_i, CI und CR errechnen (R=0,52 für die 3·3 Evaluationsmatrix):

Tabelle 31: Berechnung von CI und CR für Fallbeispiel 13 (Größenschätzung)

	A	B	C	A	B	C	r_i	w_i	$\overline{r}_i$	λ_i	CI	CR
A	1	1/5	2	0,15	0,15	0,18	0,48	0,16	0,49	3,003		
B	5	1	8	0,77	0,76	0,73	2,26	0,75	2,26	3,012		
C	1/2	1/8	1	0,08	0,09	0,09	0,26	0,09	0,26	3,001		
Σ	6,50	1,33	11	1	1	1	3	1		9,017	0,003	0,005

---

[78] Die Koeffizienten in Tabelle 30 wurden von den Verfassern auszugsweise überprüft und konnten bestätigt werden.

In diesem Fall kann also von einer annähernd konsistenten Beurteilung ausgegangen werden. CR liegt unter 0,01. Unter 0,1 kann von ausreichender Konsistenz gesprochen werden, über 0,1 (bzw. 0,2) sollte aber die Beurteilung überdacht werden (0,1 ist als Richtwert zu verstehen). Beim computergestützten Einsatz des AHP gibt es Hilfsmittel zur Ermittlung jener Bewertungen, die die schlechteste Konsistenz aufweisen.

Fallbeispiel 21

Welcher der beiden untenstehenden Paarvergleiche ist konsistent?

$$P_1 = \begin{pmatrix} 1 & 2 & 4 \\ ^1/_2 & 1 & 8 \\ ^1/_4 & ^1/_8 & 1 \end{pmatrix} ; P_2 = \begin{pmatrix} 1 & ^3/_2 & 3 \\ ^2/_3 & 1 & 2 \\ ^1/_3 & ^1/_2 & 1 \end{pmatrix}$$

Lösung im Anhang, S. 295ff.

3.10 Sensitivitätsanalyse

Nach erfolgter Konsistenzprüfung sollte ein weiterer Schritt folgen, ehe die Entscheidung auf Basis der errechneten Bedeutungsgewichte getroffen wird. Es sollte untersucht werden, in welchem Maße *Änderungen in der Merkmalsgewichtung Auswirkungen auf die Alternativenreihenfolge haben* – immer unter der Voraussetzung einer gleichbleibenden Modellstruktur (vgl. WEBER, 1993, 108). Im Prinzip wird also analysiert, wie *stabil* das errechnete Ergebnis ist. Liegen die Gewichte der Merkmale recht eng beisammen, muss sich der Entscheider fragen, ob er seine „wahren" Präferenzen in Form der Paarvergleichsurteile eingebracht hat. Ein Instrument, das zur Evaluierung der subjektiven Präferenzurteile dient, ist die *Sensitivitätsanalyse* (vgl. OSSADNIK, 1998, 234f.). Die objektiven Präferenzurteile in Form quantitativer Daten stehen hierbei nicht zur Diskussion, da sie auf objektiv nachvollziehbaren Informationen (Preise etc.) basieren.

Im Prinzip werden sensitive Grenzen bestimmt (durch kontinuierliche Verlagerung der Gewichte der Merkmale), bei denen sich
die Reihung der zu wählenden Alternativen umkehrt, d.h. dass
anstatt der aktuell zu wählenden Alternative eine andere gewählt werden würde. Liegen diese Grenzen unweit der aktuellen
Merkmalsgewichte, so deutet dies auf ein instabiles Ergebnis hin.
Als Folge daraus scheint es ratsam, den Beurteilungsprozess
nochmals zu wiederholen bzw. zu überprüfen. Es kann sogar
notwendig werden, die Problemdefinition sowie die Hierarchiebildung nochmals zu überarbeiten (siehe Feedback-Pfeile im
AHP-Ablaufdiagramm, S. 199). Letzteres sollte aber eher die
Ausnahme sein, wenn bei der Problemdefinition und -struktu-
rierung mit großer Umsicht vorgegangen wurde.

Fallbeispiel 22

Zur besseren Illustration sei folgendes, sehr einfach gehaltenes
Beispiel gegeben: Zur Wahl stehen zwei Produktalternativen (A
und B), die zum Ankauf stehen und anhand der Kriterien Kaufpreis und Qualität beurteilt werden sollen.

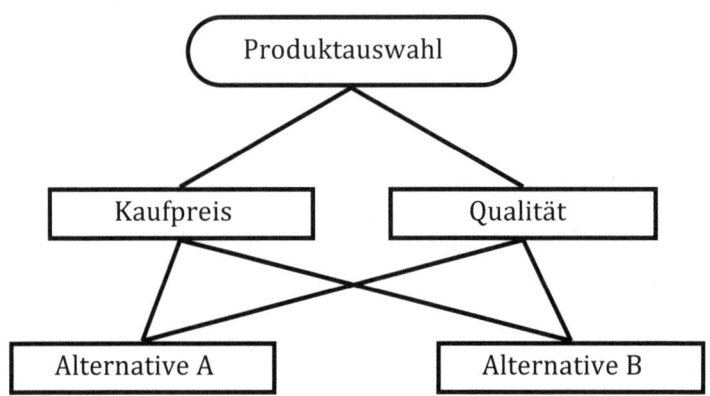

Abbildung 33: Modellhierarchie Produktauswahl

Die Kriterien seien wie folgt gewichtet: Kaufpreis 0,67 und Qualität 0,33. Die zwei Alternativen wurden anhand von Paarvergleichen hinsichtlich der beiden Kriterien evaluiert. Das Ergebnis dieser Evaluation ist im Folgenden dargestellt:

1. Kaufpreis

$$P = \begin{pmatrix} 1 & {}^1\!/_5 \\ 5 & 1 \end{pmatrix}; w_i = \begin{pmatrix} 0,167 \\ 0,833 \end{pmatrix}$$

Aus diesem Paarvergleich berechnen sich lokale Prioritäten von 0,167 für die Alternative A sowie 0,833 für die Alternative B. Transformiert man diese lokalen Prioritäten in globale Prioritäten, so ergibt dies 0,111 für A [$W_{P(A)}$ = 0,167×0,667] und 0,556 für B [$W_{P(B)}$ 0,833×0,667].

2. Qualität

$$P = \begin{pmatrix} 1 & 3 \\ {}^1\!/_3 & 1 \end{pmatrix}; w_i = \begin{pmatrix} 0,75 \\ 0,25 \end{pmatrix}$$

Aus dem Paarvergleich zur Qualität berechnen sich lokale Prioritäten von 0,75 für die Alternative A sowie 0,25 für die Alternative B; in globale Prioritäten ausgedrückt: 0,25 für A [$W_{Q(A)}$ = 0,75·0,333] und 0,083 für B [$W_{Q(B)}$ = 0,25·0,333].

Insgesamt errechnen sich für beide Alternativen somit Gesamtprioritäten wie folgt:

$$W_A = \overbrace{(0,17 \cdot 0,67)}^{0,111} + \overbrace{(0,75 \cdot 0,33)}^{0,25} = 0,36$$

$$W_B = \overbrace{(0,83 \cdot 0,67)}^{0,56} + \overbrace{(0,25 \cdot 0,33)}^{0,08} = 0,64$$

Doch wie ändern sich diese Prioritäten, wenn sich die Prioritäten der Kriterien verschieben? Die Klärung dieser Frage ist Aufgabe der Sensitivitätsanalyse. Hierzu werden die Prioritäten der Kriterien verschoben und sodann errechnet, wie sich dabei die Gewichte der Alternativen verändern. Insbesondere gilt es zu klären, ab welcher metrischen Höhe der Kriterienprioritäten es zu einer Verschiebung in der Rangreihung der Alternativen kommt.

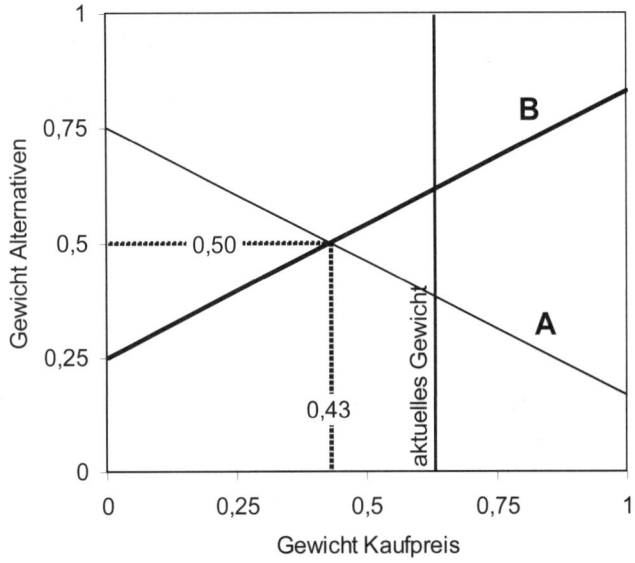

Abbildung 34: Sensitivitätsanalyse Kriterium „Kaufpreis"

In Abbildung 34 ist diese Verschiebung graphisch aufbereitet. Auf der X-Achse sind die jeweiligen Gewichte des Kriteriums „Kaufpreis" eingetragen, auf der y-Achse jene der beiden Alternativen A und B. Es zeigt sich, dass ab einer bestimmten Prioritätenverteilung (ab einem Gewicht für den Kaufpreis < 0,43) die Alternative A der Alternative B vorzuziehen wäre.

Betrachten wir nun das Kriterium „Qualität" (Hinweis: Nachdem nur 2 Kriterien erfasst wurden, stehen diese naturgemäß in unmittelbarer Beziehung; d.h., sobald das Gewicht für ein Kriterium um den Faktor X erhöht wird, verringert sich das Gewicht für das andere Kriterium um den selben Faktor X). Hier verhält es sich genau umgekehrt. Erhöht man die Wichtigkeit des Kriteriums, so gewinnt die Alternative A an Gewicht. Ab einer bestimmten Höhe (> 0,57) bekommt auch hier die Alternative A mehr Bedeutung für die Lösung des Entscheidungsproblems als die Alternative B (siehe Abbildung 35).

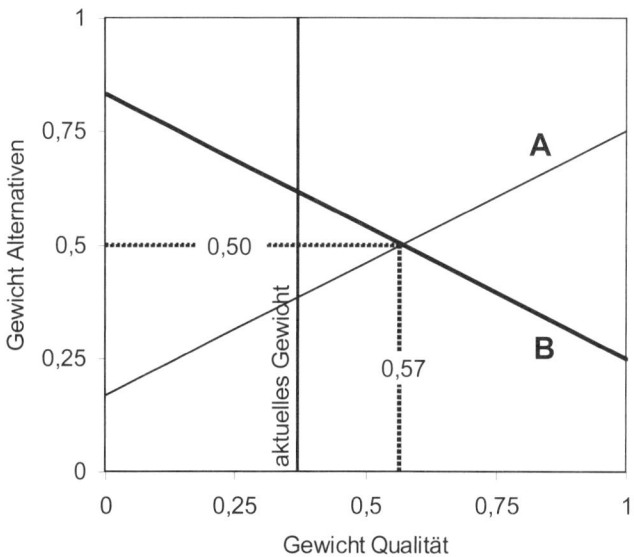

Abbildung 35: Sensitivitätsanalyse Kriterium „Qualität"

Die Entscheidungsträger erfahren durch die Sensitivitätsanalyse demnach, welche Toleranzgrenzen überschritten werden müssen, ehe eine Alternativenumkehr bzw. ein anderes Ranking der Alternativen eintritt. Jedenfalls ist die Sensitivitätsanalyse gemeinsam mit der Konsistenzprüfung ein taugliches Mittel, die Qualität der eigenen Entscheidung zu überprüfen.

Rechentechnisch ist die Sensitivitätsanalyse praktisch nur computergestützt durchzuführen, da die Bedeutungsgewichte kontinuierlich verlagert werden müssen, wonach stets neue Alternativen-Gewichte berechnet werden. Im obigen Beispiel einer stark vereinfachten Entscheidungshierarchie mit nur zwei Kriterien sowie zwei Alternativen wäre es zwar noch denkbar, die Sensitivitätsanalyse manuell durchzuführen (zur Problemlösung derartig einfacher Problemkonstellationen benötigt man eigentlich kein DSS). Doch schon bei drei Kriterien ist die manuell durchgeführte Sensitivitätsanalyse nicht mehr praktikabel. Wir werden uns daher der Sensitivitätsanalyse erneut an entsprechender Stelle (computergestützter Einsatz des AHP) zuwenden.

3.11 Interpretation des Ergebnisses

Aufgrund des Evaluierungsprozesses sowie der durchgeführten Konsistenzprüfung und Sensitivitätsanalyse kann nun eine Entscheidung getroffen werden. Handelt es sich um ein stabiles, konsistentes Ergebnis, so wird in der Regel die Alternative mit dem höchsten Gewicht gewählt.

Zur Interpretation des Ergebnisses werden die Prioritäten der jeweiligen Alternativen herangezogen. Je höher ein Alternativengewicht ist, umso mehr kann sie zur Lösung des Entscheidungsproblems bzw. zur Erreichung des „main goals" beitragen. Man kann die errechneten Gewichte auch mit physischen Gewichten vergleichen. Je mehr Gewicht eine Alternative hat, umso „schwerer wiegt" sie gegenüber den anderen Alternativen, so wie oben Alternative B mit einem Gewicht von 0,64 deutlich mehr Präferenz zugeordnet bekommt als Alternative A mit 0,36.

Allerdings kann ein Problem bei der Interpretation der Gewichte auftauchen. Wir müssen uns verdeutlichen, wie diese Urteile zustande kommen:

• Es wird eine Entscheidungshierarchie gebildet.

- Merkmale und Alternativen werden in der dargestellten Weise miteinander verglichen (z.T. sind quantitative Informationen vorhanden, z.T. müssen Paarvergleiche zur Prioritätenschätzung verwendet werden).
- Es werden Prioritäten für jedes Merkmal/Attribut und mittels dieser Alternativengewichte errechnet.
- Die ermittelten Ergebnisse werden schließlich auf Konsistenz und Stabilität überprüft.

Daraus wird ersichtlich, dass schon bei der Hierarchieerstellung, aber vor allem beim Bewertungsvorgang, ein deutlich subjektiver Einfluss des Bewerters möglich ist. Die exakten Gewichte müssen daher auch immer auf diese Weise interpretiert werden.[79]
Zusätzlich kann es vorkommen, dass die Gewichte für zwei oder mehr Alternativen recht eng beieinander liegen und die geringfügige Änderung schon eines Paarvergleiches eine andere Reihung der Alternativen bedingen würde.[80] Auch kann die Einführung einer neuen Alternative eine Umkehrung der Prioritäten nach sich ziehen (sog. „rank reversal"; vgl. PÉREZ, 1995, 1091ff; siehe Kapitel B5.6, S. 146 und C2.6, S. 186). Daher scheint es ratsam, bei der Interpretation der Bedeutungsgewichte der Alternativen sehr vorsichtig zu sein, sollte sich keine eindeutige Präferenz für eine Alternative herauskristallisieren. In unserem PKW-Beispiel ermittelten wir folgende Bedeutungsgewichte (siehe Tabelle 31, S. 242): Automarke A: 30%, B: 32%, C: 38%. Automarke C hebt sich von den anderen Alternativen relativ deutlich ab und das angesprochene Problem kommt hier kaum zum Tragen. Doch angenommen, Alternative C erhält 38% und Alternati-

---

[79] Neuere Entwicklung tragen diesem Sachverhalt verstärkt Rechnung, indem z.B. nicht mehr exakte Datenpunkte zur subjektiven Bewertung erhoben werden, sondern Bereiche, in denen der „wahre" Wert des Beurteiler liegt (sog. Fuzzy AHP; vgl. etwa KONG und LIU, 2005).

[80] Dieser Sachverhalt wird durch die Konsistenzprüfung und vorgestellte Sensitivitätsanalyse *nicht* überprüft.

ve B 37% des Gesamtgewichts. In diesem Fall wäre es sicherlich ratsam, den Prozess nochmals zu überdenken (*Intuition steht am Ende des Entscheidungsprozesses!*), da schon eine geringfügige Änderungen der einen oder anderen Evaluationsmatrix (und i.d.F. der daraus errechneten Prioritäten) eine Verschiebung der zu wählenden Alternativen bedingen kann.

Wenn möglich, sollte sich daher die zu wählende Alternative relativ deutlich hervorheben, ehe eine Entscheidung auf Basis des dargestellten Prozesses getroffen wird. Trifft dies zu, so ist bei einer Nutzenhierarchie jene Alternative zu wählen, die das höchste Bedeutungsgewicht erhält (welche Alternative bringt den größten Nutzen) bzw. im Falle einer Kostenhierarchie jene Alternative, die das niedrigste Bedeutungsgewicht erhält (welche Alternative verursacht die geringsten Kosten).[81]

Dokumentation: Wurde die Entscheidung korrekt getroffen, so ist sie ausreichend zu dokumentieren, damit auch andere Personen, die nicht unmittelbar mit der Entscheidungsfindung befasst waren oder die mit der Umsetzung der Entscheidung betraut sind oder von dieser Umsetzung betroffen sind, nachvollziehen können, wie diese Entscheidung zustande gekommen ist. Im Übrigen hilft eine durchgängige Dokumentation auch den Entscheidern:

*   Die getroffene Entscheidung und der Problemlösungsprozess sind auch nach längerer Zeit transparent und nachvollziehbar;
*   bei sich geänderten Präferenzen kann die Entscheidung jederzeit wiederholt und gegebenenfalls revidiert werden;
*   die Entscheidungshierarchie kann bei zukünftigen Entscheidungen als Vorlage dienen.

---

[81] Auf Kosten/Nutzenhierarchien wird im Kapitel 5.2, S. 261ff. näher eingegangen.

4   Computergestützter Einsatz des AHP

Es ist empfehlenswert, das gezeigte Instrumentarium mittels Computerunterstützung einzusetzen. Bei entsprechenden Kenntnissen ist es durchaus möglich, zur Berechnung der Prioritäten einschlägige Tabellenkalkulationsprogramme zu verwenden. Allerdings gibt es spezielle Softwarelösungen, die unter anderem die Hierarchiebildung, die notwenigen Paarvergleiche und Eingaben quantitativer Daten und der damit zusammenhängenden Rechenschritte, die Konsistenzprüfung und die Sensitivitätsanalyse enthalten. Derartige Softwareprogramme erleichtern den Einsatz des AHP ungemein, es empfiehlt sich daher, für diese bei Bedarf eine Lizenz zu erwerben. Problemstellungen können damit wesentlich schneller und effizienter bearbeitet werden. Im Allgemeinen kommen aber dieselben Rechenregeln zur Anwendung, die bis jetzt dargestellt wurden.[82]
Der effektive Einsatz des AHP ist aufgrund deren Komplexität wohl nur computergestützt, mittels spezieller Software möglich.[83] Unabhängig von der eingesetzten Software läuft der Einsatz des AHP computergestützt stets in etwa nach dem folgenden Schema ab:
1. Erstellung einer neuen Hierarchie mit Oberziel (Problemstellung), Kriterien, Subkriterien und Alternativen
2. Bewertung der Kriterien und Subkriterien im Hinblick auf deren Wichtigkeit
3. Bewertung der Alternativen (soweit vorhanden)
4. Partialgewichtsberechnung und Konsistenzbeurteilung, meist nach jedem Bewertungsvorgang, bei dem Paarvergleiche eingesetzt wurden

---

[82] Soweit Sie der Methodik Saaty's folgen; wie angesprochen wurden auch andere Methoden aufgezeigt, wie die Prioritätenschätzung durchgeführt werden kann.

[83] Eines der gängigsten Software-Programme zum AHP stellt Expert Choice™ (EC) dar, an dessen Entwicklung auch Saaty mitgewirkt hat.

5. Synthese der Beurteilungen (Globalgewichte)
6. Beurteilung der Gesamtkonsistenz
7. Sensitivitätsanalyse
8. Entscheidung

Fallbeispiel 23

Auswahl von Produktionsanlagen: Ein Industriebetrieb (Chemiewerk) möchte die Produktionskapazität erweitern. Es hat zu entscheiden, welche Anlage von vier Herstellern chemischer Produktionsanlagen gekauft werden sollte (Äthylesteranlage). Die Anlagen unterschieden sich im Preis, in der technischen Ausstattung und in den Serviceleistungen der Hersteller. Die technische Ausstattung wurde weiters beurteilt anhand der relevanten Qualitätskriterien Energieverbrauch im Produktionsprozess, mengenmäßiger Durchfluss in der Zeit, erreichbare Temperatur.

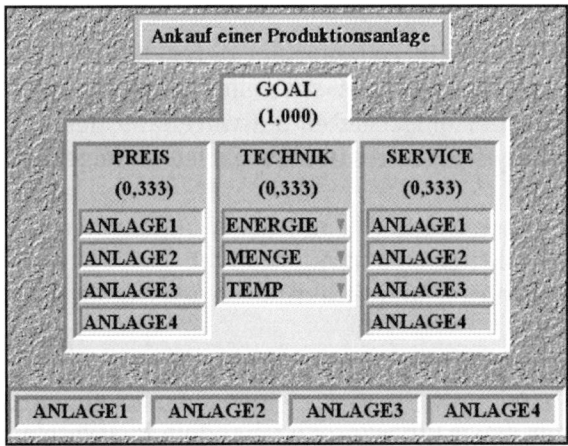

Abbildung 36: Beispiel-Hierarchie „Ankauf von Produktionsanlagen"
(erstellt mit Expert Choice™)[84]

---

[84] Die Software Expert Choice™ wurde in der Version 9.5 verwendet; mittlerweile ist diese Software in einer weiterentwickelten Version (gleiche Funktionalität, anderes grafisches Design) verfügbar.

Die recht einfach gehaltene Entscheidungshierarchie, soll nicht darüber hinwegtäuschen, wie hoch der Informationsbedarf zur Durchführung einer gültigen Evaluierung ist. Um die Evaluierung durchführen zu können, wird sie computergestützt erstellt.

In der Folge müssten jetzt die einzelnen Bewertungsvorgänge durchgeführt werden, sowie die Berechnung und Beurteilung der Konsistenzindices und die Sensitivitätsanalyse. Daran anschließend könnte die Auswahl einer Anlage vorgenommen werden. Auch die Berechnung der Konsistenzindices und die Sensitivitätsanalyse kann bei einschlägigen Softwareprogrammen computergestützt durchgeführt werden, was die Benutzerfreundlichkeit der Anwendung des AHP stark steigert. Die Berechnung der Konsistenzindices erfolgt dabei nach jedem Paarvergleich sowie für die gesamte Hierarchie; zur Sensitivitätsanalyse sind eigene Subroutinen in den Softwareprogrammen enthalten.

Fallbeispiel 24

Ziel-/Maßnahmenhierarchie – Ableitung von Unternehmens- und Marketingstrategien: Um die bisherigen Ausführungen anhand einer konkreten Anwendung zu illustrieren, wird auf ein Beispiel aus der Literatur zurückgegriffen (vgl. HAEDRICH et al., 1986, 120ff.). HAEDRICH et al. (1986) zeigten dabei, wie der AHP zur Bestimmung geeigneter Unternehmens- und Marketingstrategien wirkungsvoll eingesetzt werden kann. Die aufgestellte Hierarchie stellt hier kein eigentliches Auswahlproblem dar, sondern soll zeigen, welche unterschiedlichen Strategieoptionen es gibt und wie die Situation des Unternehmens zurzeit eingeschätzt wird (i.e. ein Unternehmen der Konsumgüterindustrie).

Konkret wurde mittels der unten dargestellten Hierarchie ein Produkt der Konsumgütermärkte evaluiert. Dieses Produkt befand sich in der Wachstumsphase des Lebenszyklus und konnte zum damaligen Zeitpunkt einen Marktanteil von 7% in einem mengenmäßig stark wachsenden Markt (+18% pro Jahr) erzielen. Der Anbieter liegt damit weit hinter dem Marktführer (Marktanteil 42%) und rangiert insgesamt an vierter Stelle. Das

Produkt wird in etwa zu gleichen Kosten wie die Produkte der Konkurrenz erzeugt, weist allerdings geringfügige Qualitätsnachteile auf. Daraus lässt sich eine strategisch eher ungünstige Situation gegenüber dem Hauptkonkurrenten ableiten. Mittels des AHP wurde daher ein Ziel-/Maßnahmenanalyse durchgeführt, um eventuell bessere Strategien für dieses Produkt abzuleiten.

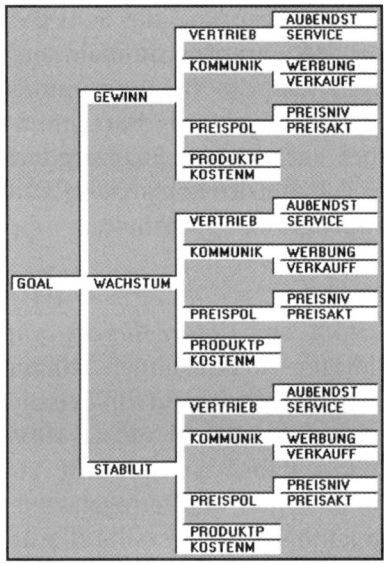

Abbildung 37: Hierarchie Ziel-/Maßnahmenanalyse
(erstellt mit Expert Choice™)

Als übergeordnetes Ziel wurde sehr allgemein „Erfolg" festgelegt. Dieser wird nach Ansicht der Entscheidungsträger hauptsächlich von den Faktoren „Gewinn" (= kurzfristiger Gewinn), „Wachstum" (= langfristiges Umsatzwachstum des Produktes) und „Stabilität" (= Stabilität der Nachfrage) beeinflusst. Auf der Maßnahmenebene wurden festgelegt: „Vertriebspolitik", „Kommunikationspolitik", „Preispolitik", „Produktpolitik" und „Kostenma-

254

nagement". Diese Maßnahmen wurden z.T. weiter differenziert, beispielsweise der Bereich „Vertriebspolitik" in „Außendienst" und „Service". Wie die Hierarchie in Abbildung 37 zeigt, geht es bei diesem Entscheidungsproblem *nicht* darum, die optimale Alternative auszuwählen, sondern zu beurteilen, welche Prioritäten den Maßnahmen im Hinblick auf die jeweiligen Oberziele zugewiesen werden.

Aufgrund von Paarvergleichen konnten die Prioritäten für die einzelnen Ebenen errechnet werden (Abbildung 38 zeigt ein Beispiel für die grafische, computergestützte Durchführung von Paarvergleichen). Vor allem über die grafische Bewertung kann die AHP-Skala als echte Intervallskala genutzt werden, da prinzipiell jeder Wert zwischen 1 und 9 möglich ist. Über die graphische Eingabe der Werte (siehe Tabelle 32) werden automatisch metrische Werte errechnet.

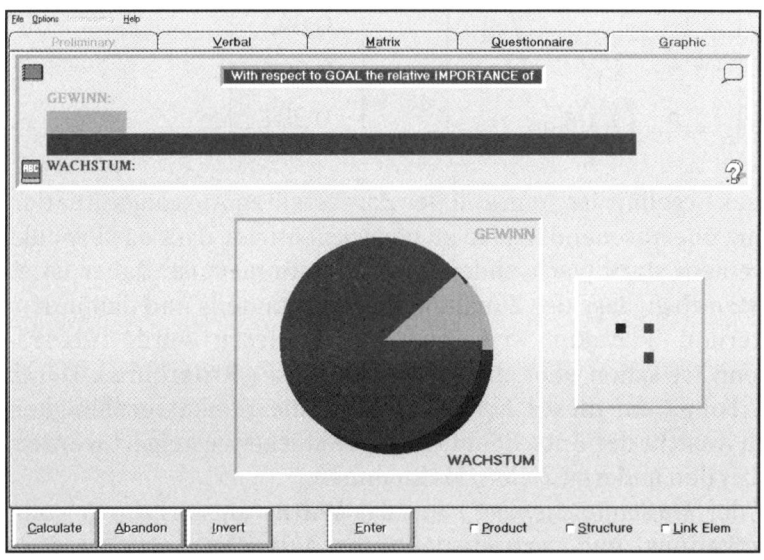

Abbildung 38: Paarvergleich Ziel-/Maßnahmenanalyse
(erstellt mit Expert Choice™)

Die Datenmatrix für die erste Ebene hätte aufgrund der Paarvergleiche folgendes Aussehen:

Tabelle 32: Datenmatrix Paarvergleiche Ziel-/Maßnahmenanalyse

	Wachstum	Stabilität
Gewinn	$1/7{,}7$	$1/2{,}2$
Wachstum	1	3,5

Für zukünftige Strategien des Unternehmens errechnet sich daher eine sehr hohe Priorität des Faktors „Wachstum" ($w_{Wachstum}$ = 0,702) gegenüber „Stabilität" ($w_{Stabilität}$ = 0,201) und „Gewinn" (w_{Gewinn} = 0,092).

$$P = \begin{pmatrix} 1 & 1/7{,}7 & 1/2{,}2 \\ 7{,}7 & 1 & 3{,}5 \\ 2{,}2 & 1/3{,}5 & 1 \end{pmatrix}; w_i = \begin{pmatrix} 0{,}092 \\ 0{,}707 \\ 0{,}201 \end{pmatrix}$$

Dieses Ergebnis ist aufgrund der dargestellten Ausgangssituation wenig überraschend: Es ist zu berücksichtigen, dass das Produkt auf einem stark wachsenden Markt positioniert ist. Daher ist es verständlich, dass der Zunahme des Marktanteils und damit dem Kriterium *Wachstum* viel Gewicht zugewiesen wurde (überraschend ist schon eher die Dominanz dieses Kriteriums). Durch den Fokus auf dieses Kriterium kann die Konkurrenzfähigkeit nach Ansicht der Entscheidungsträger stärker gesteigert werden, als bei den anderen Zielen/Maßnahmen.

Auf der *Maßnahmenebene* kann das Wachstumsziel durch kommunikations- und vertriebspolitische Aktivitäten erreicht werden (den damit im Zusammenhang stehenden Maßnahmenbereichen „Vertriebspolitik" und „Werbung" wird hohes Gewicht zugewiesen).

Tabelle 33: Prioritäten Ziel-/Maßnahmenanalyse

1. Ebene

Gewinn	0,092	
Wachstum	0,707	
Stabilität	0,201	

2. Ebene

Vertriebspolitik	0,444	
Kommunikationspolitik	0,269	
Preispolitik	0,137	
Produktpolitik	0,084	
Kostenmanagement (Rationalisierung)	0,066	

2. + 3. Ebene (unterste Elemente der Hierarchie)

Außendienst	0,367	
Service	0,077	
Werbung	0,195	
Verkaufsförderung	0,074	
Preisniveauänderung	0,097	
Preisaktionen	0,040	
Produktpolitik	0,084	
Kostenmanagement (Rationalisierung)	0,066	

Bei der Analyse fällt auf, dass den angesprochenen *Qualitäts-nachteilen* deutlich weniger Aufmerksamkeit zuteil wurde; dieser Bereich (Produktpolitik) wurde gegenüber den Bereichen Vertriebs- und Kommunikationspolitik deutlich geringer bewertet. Dies könnte u.U. auch negative Konsequenzen haben, vor allem dann, wenn diese geringfügigen Unterschiede für die Kunden kaufentscheidend sind. Insgesamt wurden für alle Elemente der Hierarchie die in Tabelle 33 eingetragenen Prioritäten errechnet. Damit sind die vorrangigen Maßnahmen bzw. deren Bündelung klar: Kommunikations- und vertriebspolitische Maßnahmen stehen im Vordergrund; Preis-, Produktpolitik und Kostenmanagement sind für die Zielsetzung dieses Entscheidungsproblems sekundär.

5 Spezifika der Entscheidungsfindung mittels AHP

Bisher hatten wir es mit Problemen zu tun, die eine Strukturierung in Form einer einzigen Hierarchie zulassen und deren Lösung wir durch Erstellung einer Evaluationsmatrix erreichten. Die Berechnungen, die hierbei durchgeführt wurden, sind auch im Folgenden anzuwenden. Im Unterschied zu obiger Hierarchieerstellung werde allerdings anderer Wege aufgezeigt, wie die Bedeutungsgewichte ermittelt werden:

- Zusätzlich zu den bisher dargestellten Möglichkeiten, eine Bewertung durchzuführen, besteht auch im Rahmen des AHP die Möglichkeit, eine Evaluierung auf Basis sog. „Ratings" vorzunehmen (Kapitel C5.1).
- Häufig scheint es sinnvoll, sich zu überlegen, welcher Nutzen mit der Wahl einer Alternative erzielt werden kann und welche Kosten damit verbunden sind. So ist die Wahl einer bestimmten Maschine (z.B. im Produktionsbereich) immer mit Kosten- (Kaufpreis, Wartung etc.) und Nutzenfaktoren (Kapazität, Qualität der Produktion etc.) verbunden (Kapitel C5.2).
- Manchmal kommen auch noch Risikofaktoren hinzu (z.B. Kapitalrisiko). Daher ist es häufig ratsam, Hierarchien getrennt nach Kosten-, Nutzen- und manchmal auch Risikofaktoren zu erstellen und zu evaluieren (Kapitel C5.3).

- Ein weiteres Spezifikum der Entscheidungsfindung stellen Gruppenentscheidungen dar, die anhand unterschiedlicher Algorithmen und Methoden durchgeführt werden können. Hierin werden diese Spezifika auf Basis des AHP aufgezeigt (Kapitel C5.4).

5.1 Ratings

Bei Ratings werden die Alternativen nicht wie oben beschrieben mittels Paarvergleichen beurteilt, sondern anhand ordinaler Skalen, die vom Beurteiler selbst entwickelt werden. Dies ist vor allem dann wichtig, wenn sehr viele Alternativen zur Auswahl stehen und beurteilt werden sollen, für die keine quantitativen Informationen zur Verfügung stehen (Paarvergleiche sind bei mehr als 9 Elementen nicht mehr zielführend; bei mehr Zielen werden diese über Hierarchieebenen neu strukturiert; bei mehr Alternativen müssen Ratings herangezogen werden). Bei der Alternativenbeurteilung anhand von Ratings wird jede Alternative isoliert anhand von Merkmalen beurteilt, wobei vorher die Skalenpunkte und das jedem Skalenpunkt zugewiesene Gewicht vom Beurteiler fixiert werden müssen. Die Zuweisung von Skalenpunktgewichten und die Aufstellung der Evaluierungsattribute erfolgt dabei nach der oben beschriebenen Methode, lediglich die Evaluierung der Alternativen ist als Besonderheit der Ratings-Methode anzusehen.

Fallbeispiel 25

Folgendes Beispiel soll dies verdeutlichen: Angenommen, wir wollen Wohnungen anhand einer geeigneten Hierarchie beurteilen, um so die für uns passende Wohnung zu finden. Gehen wir davon aus, dass mehr als eine Wohnung zur Auswahl steht. Zunächst ist es wichtig festzuhalten, welche Merkmale/Attribute für uns bei der Beurteilung einer Wohnung von Bedeutung sind, z.B. Miethöhe, Zustand der Wohnung, Lage. Jeder dieser Merkmale muss in einem nächsten Schritt eine Skala zugewiesen werden. Dies könnte in der folgenden Form geschehen:

Miethöhe: *billig – mittel – teuer – sehr teuer*
Zustand Wohnung: *gut – mittel – schlecht*
Lage: *zentral – zentrumsnahe – Außenbezirk*
                      – Peripherie

Jeder dieser Skalenpunkte wird nun ein Gewicht zugewiesen. Dies kann durch Paarvergleiche oder durch direkte Eingabe erfolgen. Daraus ergibt sich schematisch die folgende Hierarchie.

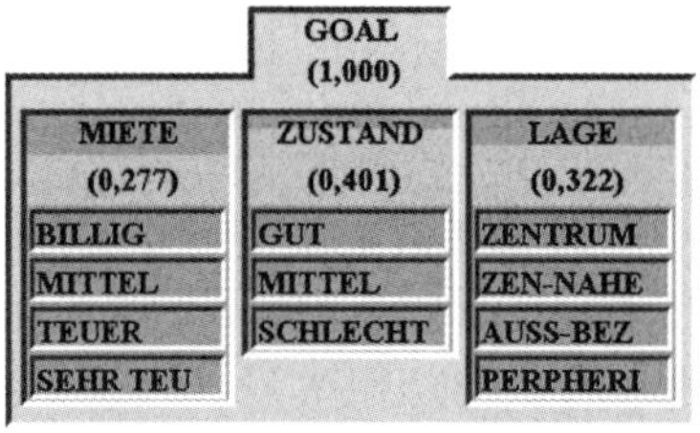

Abbildung 39: Modellhierarchie
(erstellt mit Expert Choice™)

Die hierarchische Struktur wird dann zur Alternativenbewertung in ein Ratingmodell übergeführt, anhand dessen der Alternativen-Evaluierungsprozess durchgeführt werden kann. D.h., jede in Frage kommenden Wohnungen wird anhand der Eigenschaften Miethöhe/Zustand/Lage entsprechend den vorgewählten Skalenpunkten beurteilt.

In unserem Fall sollen 23 Wohnungen anhand der drei Merkmale evaluiert werden. Aus den Beurteilungen werden die Gewichte geschätzt und zur Entscheidung herangezogen. Das Ergebnis wäre in unserem Beispiel eine Rangreihung der Präferenzen für 23 mögliche Wohnungsalternativen.

Das Gesamtgewicht errechnet sich aus den Partialgewichten der drei Merkmale sowie der Beurteilung jeder Alternative bei jedem Merkmal. Welche Wahlmöglichkeiten (Ausprägungen) hierbei gegeben sind, muss vorab festgelegt werden, z.B. indem die Skalenpunkte – wie bereits angesprochen – einem Paarvergleich unterzogen werden oder ihnen metrische Daten zugewiesen werden. Das höchste Gewicht würde entsprechend dieser Beurteilung die Wohnung 11 bekommen, die zwar in einem Außenbezirk liegt, aber aufgrund der günstigen Miete und dem guten Zustand präferiert wird.

	Alternatives	TOTAL	MIETE .2766	ZUSTAND .4014	LAGE .3220
1	wohnung 11	0,807	BILLIG	GUT	AUSS-BEZ
2	wohnung 5	0,770	SEHR TEU	GUT	ZENTRUM
3	wohnung 4	0,751	TEUER	GUT	ZEN-NAHE
4	wohnung 6	0,742	BILLIG	GUT	PERPHERI
5	wohnung 20	0,705	SEHR TEU	GUT	ZEN-NAHE
6	wohnung 14	0,705	SEHR TEU	GUT	ZEN-NAHE
7	wohnung 9	0,705	SEHR TEU	GUT	ZEN-NAHE
8	wohnung 23	0,683	MITTEL	MITTEL	ZEN-NAHE
18	wohnung 19	0,655	TEUER	MITTEL	ZENTRUM
19	wohnung 1	0,...5	TEUER	MITTEL	ZENTRUM
20	wohnung 18	0,494	TEUER	SCHLECHT	ZENTRUM
21	wohnung 3	0,486	BILLIG	SCHLECHT	AUSS-BEZ
22	wohnung 22	0,421	BILLIG	SCHLECHT	PERPHERI
23	wohnung 21	0,191	SEHR TEU	SCHLECHT	PERPHERI

MIETE

BILLIG 1 (1,000)	MITTEL 2 (.667)	TEUER 3 (.333)	SEHR TEU 4 (.167)

Abbildung 40: Ratings – Beurteilung von Alternativen anhand von Ratingskalen
(erstellt mit Expert Choice™)

5.2 Kosten/Nutzen-Analyse

Die Kosten/Nutzen-Analyse wird traditionell für verschiedenste Fragestellungen eingesetzt, häufig im Zusammenhang mit Ressourcenallokation. Es handelt sich dabei um eine praktische Methode für

- die Entscheidung, ob bestimmte Projekte durchgeführt werden sollen oder nicht;

- die Auswahl der produktivsten Aktivitäten mit dem besten Kosten/Nutzen-Verhältnis;
- die Auswahl von Projekten, deren Nutzen auf die jeweiligen Beteiligten auf unterschiedlichste Weise verteilt werden kann;
- die Maximierung des zu erwartenden Gesamtprofits unter Berücksichtigung bestehender Restriktionen (wie z.B. des Budgets);
- die Re-Evaluierung bestehender Projekte, um auf diese Weise durch deren mögliche Eliminierung Ressourcen freizusetzen usw.

Dies hat mehrere Vorteile: Durch den Einsatz des AHP kann, nachdem ein Kosten/Nutzenproblem in einer analytischen Hierarchie strukturiert wurde, die Paarvergleichsmethode anhand der fundamentalen AHP-Skala dazu eingesetzt werden, bisher unberücksichtigt gebliebene, qualitative Faktoren in den Entscheidungsprozess zu integrieren. Die hierarchische Struktur des Entscheidungsproblems erlaubt uns einen rationalen Ausgleich zwischen einer Vielzahl von Kriterien, die zur Beurteilung von Strategien oder Projekten herangezogen werden können – selbst wenn die Kriterien eine Vielzahl von Leistungszielen und -ergebnissen einschließen. Traditionelle Methoden haben vor allem das Ziel, den Gesamtgewinn bzw. den Gesamtnutzen zu maximieren (unter Berücksichtigung der politischen und ökonomischen Bedingungen, in deren Umfeld eine Entscheidung zu treffen ist). Weil es aber bei den traditionellen Methoden schwierig ist, nicht direkt mess- und fassbare Faktoren (wie z.B. politische Stabilität) in einen einzigen Entscheidungsprozess einfließen zu lassen, suchten die Experten ihr Heil in der gleichzeitigen Anwendung unterschiedlichster Analysemethoden. Der AHP schafft hier die Verknüpfung qualitativer und quantitativer Daten und zeigt, wie die unterschiedlichsten Kriterien in ein einziges Entscheidungsunterstützungssystem integriert werden können und zur Problemlösung beitragen können. In diesem Sinne ist es möglich, politische *und* ökonomische Faktoren als Zielgrößen oder Kriterien zur Evaluierung heranzuziehen.

Um die Vorteile der Kosten/Nutzen-Analyse mittels AHP nutzen zu können, werden komplementäre Kosten- und Nutzen-Hierarchien aufgestellt. Kosten- und Nutzen-Verhältniszahlen können dabei auch in die Zukunft projiziert werden, damit beurteilt werden kann, ob ein Projekt zur Umsetzung geeignet ist. In der Folge wird daher auch gezeigt, dass die Kosten/Nutzen-Analyse eine explizite Zeitdimension enthalten kann, die es einem Entscheidungsträger erlaubt, verschiedenste Zinsraten und Risikomanagementstrategien zu unterschiedlichen Zeiten anzuwenden.

Schließlich kann die Kosten/Nutzen-Analyse mittels AHP auch dazu benutzt werden, Ressourcenkombinationen zu generieren, die sodann miteinander verglichen werden können. Diese Möglichkeit werden wir anhand einer Portfolioauswahl bei einem Unternehmen aufzeigen. Ehe wir uns aber konkreten Anwendungen widmen, muss zunächst geklärt werden, welche Besonderheiten, Probleme und Restriktionen bei der Trennung von Kosten und Nutzen berücksichtigt werden müssen.

1) Restriktionen der Kosten/Nutzen-Analyse

Was ist unter Kosten, was unter Nutzen zu verstehen? Wer entscheidet darüber, ob etwas als Kosten- oder aber als Nutzenfaktor anzusehen ist? Es kann sich häufig sehr schwierig gestalten, die relevanten Kosten- und Nutzenfaktoren zu finden, die bei einem Entscheidungsproblem berücksichtigt werden müssen. So würde die Beschränkung der Höchstgeschwindigkeit volkswirtschaftlich wahrscheinlich mehr Nutzen als Kosten verursachen (geringere Umweltbelastung, weniger Verkehrsunfälle), doch für den einzelnen kann sich dieser Sachverhalt ganz anders darstellen (Berufsfahrer, die dadurch längere Arbeitszeiten in Kauf nehmen müssen etc.). Wir sehen also, dass es eine Metatheorie, der Kosten und des Nutzens nicht gibt. THOMMEN (1993, S. 107) versteht unter Kosten „die bewerteten Güter- und Dienstleistungsabgänge, die ihren Grund in der betrieblichen Leistungserstellung haben". In dieser Definition nicht enthalten sind die sogenannten externen Kosten, wie die Umweltverschmutzung. Externe Kosten können bei Projektdurchführung ebenfalls entstehen, führen zu keinem Güter- oder Dienstleistungsabgang und werden dennoch in einer Entscheidung Berücksichtigung finden, z.B. weil dies integraler Bestandteil der Unternehmenskultur ist. Müssen Kosten daher immer auch mit einem offensichtlichen Abgang verbunden sein? Die dargestellte Definition orientiert sich naturgemäß an betriebswirtschaftlichen Erfordernissen und ist von daher durchaus gerechtfertigt. Doch hilft uns das noch nicht zur Lösung der Frage: Was sind Kosten? Was ist Nutzen?

Eine pragmatische Lösung wäre die, zu bestimmen, welche Konsequenzen mit einem Faktor verbunden sind. Sind sie eher positiver Natur, würde man wohl von Nutzen sprechen, umgekehrt von Kosten. Oder man könnte die Meinung einzelner zu einer einzigen Meinung aggregieren (z.B. durch Wahl). Auch die Definition einer sozialen Wohlfahrtsfunktion kann vorgenommen werden, um dieses Definitionsproblem zu lösen.

Leider hilft uns keiner dieser Wege, das Analyseproblem, wie Kosten von Nutzen separiert werden können, dauerhaft und effektiv zu lösen. Die Schwierigkeit entsteht nicht zuletzt deshalb, weil es sich hierbei um eine Skala handelt, bei der nicht immer genau bestimmt werden kann, wo der „neutrale Punkt", der Nullpunkt zwischen Kosten und Nutzen (i.e. Endpunkte dieser fiktiven Skala), wo genau also die Umkehr von Kosten zum Nutzen zu finden ist. Dieser Punkt repräsentiert Neutralität, Absenz, Indifferenz usw.

Nun können Situationen auftreten, in denen die Objekte alle auf der einen oder anderen Seite dieses hypothetischen Nullpunktes der Skala liegen. In solchen Situationen sind wir demnach in der Lage, alle Objekte eindeutig zuzuordnen. Nehmen wir eine Reihe von Kostenfaktoren, die wir zueinander in Beziehung setzen. Das stellt kein wirkliches Problem dar, es kann ohne weiteres jedes Objekt mit jedem anderen verglichen werden. Dies ist allerdings dann nicht mehr möglich, wenn sowohl Kosten- als auch Nutzenfaktoren berücksichtigt werden müssen. Der unmittelbare Paarvergleich zwischen den Elementen kann nicht gelingen, eben weil wir nicht wissen, wo die Grenze zwischen ihnen zu ziehen ist.

Der einzig mögliche Weg aus diesem Dilemma scheint also die strikte Trennung in Kosten und Nutzen zu sein, d.h. die Aufstellung von Kosten- und Nutzenhierarchien, damit der Paarvergleich gelingen kann. Doch kann dabei ein weiteres Problem auftauchen, nämlich, dass eine Variable sowohl Kosten als auch Nutzen verursachen kann. In diesem Fall müsste die Variable in beide Hierarchien integriert werden.

Es zeigt sich also, dass es sehr wichtig ist, sich genau zu verdeutlichen, welche Faktoren bei einem Entscheidungsproblem Kosten verursachen und welche Nutzen bringen. Diese sollten sodann in eine strikte Trennung gebracht werden. Ist ein Entscheidungsproblem darüber hinaus mit Risiken verbunden, so empfiehlt es sich, auch für diese eine eigene Hierarchie zu erstellen. Doch hierzu später.

2) Mathematische Verknüpfung von Kosten/Nutzen Hierarchien

Angenommen, wir haben zwei Hierarchien erstellt, eine um die Kostenfaktoren im Hinblick auf die Alternativen des Entscheidungsproblems zu evaluieren und eine zweite für die Nutzenfaktoren. Nachdem wir die notwendigen Paarvergleiche bzw. die Eingabe metrischer Daten oder „ratings" durchgeführt haben, erhalten wir für jede Alternative ein Gewicht w. Nennen wir die Gewichte der Kostenhierarchie $w_c(A)$ für die Alternative A, $w_c(B)$ für B und $w_c(C)$ für C (c steht für cost) – bzw. $w_b(A)$, $w_b(B)$ usw.

bei der Nutzenhierarchie (b steht für benefit). Offensichtlich ist jene Alternative zu wählen, die das *beste Verhältnis* aufweist zwischen dem Nutzen, den sie stiftet und den Kosten, die sie verursacht. Wir können daher eine Verhältniszahl bilden, die uns darüber Aufschluss gibt:

$$bc_i = \frac{w_b(i)}{w_c(i)}$$

bc$_i$ ......Nutzen/Kosten-Index (benefit/cost)

Daraus geht hervor, dass die Frage, die bei der Evaluierung der beiden Hierarchien gestellt werden muss, lautet: Welche Alternative verursacht mehr Kosten bzw. mehr Nutzen. Nur dann macht obige Verhältniszahl Sinn.[85]

Ein Wert über 1 bzw. unter 1 sagt noch nichts über die Wirtschaftlichkeit einer Alternative aus, da ja nur *Prioritäten* und keine Absolutwerte miteinander verglichen werden. Die Wirtschaftlichkeit könnte nur dann auf Basis von *bc$_i$* sinnvoll interpretiert werden, wenn sämtliche Beurteilungen aufgrund von quantitativ messbaren Kosten in der jeweiligen Währungseinheit zustande kommen.

Die Anwendung des AHP wäre dann nicht mehr notwendig, denn das Charakteristikum des AHP ist ja gerade in der Einbindung qualitativer Kriterien zu sehen.

---

[85] Natürlich könnte ebenso gefragt werden „Was verursacht weniger Kosten?" worauf bc$_i$ das Produkt und nicht der Quotient aus w$_c$ und w$_b$ wäre. Doch wollen wir uns in der Folge der Einfachheit halber an die Regel halten, immer nach dem „mehr" zu fragen.

Fallbeispiel 26

Versetzen wir uns in die Lage des Leiters einer Beschaffungsabteilung, der ein Heizsystem für eine neue Produktionsstätte wählen muss. Durch Kaufgespräche ist die betraute Person zu der Einsicht gelangt, dass jede der möglichen Systeme bestimmte Vorteile aber auch Nachteile hat.

So weisen die Systeme (Gasheizung, Ölheizung, Wärmetauschpumpe usw.) einerseits unterschiedliche Anschaffungskosten auf, verursachen Service- und Wartungskosten, die sich z.T. deutlich voneinander unterscheiden, erfordern eine je nach System veränderte Anpassung an Umweltnormen usw.; nicht zu vergessen die laufenden Kosten für die einzelnen Energieträger. Dies ist die Kostenseite.

Andererseits erzielt man mit der jeweiligen Anlage einen unterschiedlichen Wirkungsgrad, die Verlässlichkeit stellt sich über das Jahr gesehen bei gleicher Betriebsdauer verschieden dar ebenso wie die Verfügbarkeit des Energieträgers.

Diese Kaufentscheidung stellt eine typische Situation dar, in der knappe Mittel möglichst optimal eingesetzt werden müssen und mit diesem Einsatz, der Allokation dieser Mittel, Vor- und Nachteile verbunden sein können. Gerade wegen der Langfristigkeit derartiger Entscheidungen und der Konsequenzen, die sich bei einer Fehlentscheidung über viele Jahre hinweg negativ auswirken können, scheint es ratsam, sehr sorgfältig an den Entscheidungsprozess heranzugehen.

Als Alternativen wurden folgende Heizsysteme gewählt:

- Erdgasheizung
- Erdölheizung
- Elektroheizung
- Wärmetauschpumpe
- Solaranlage/Sonnenenergie

Die Hierarchien der Kosten- und Nutzenfaktoren und Alternativen ergeben die folgenden Diagramme.

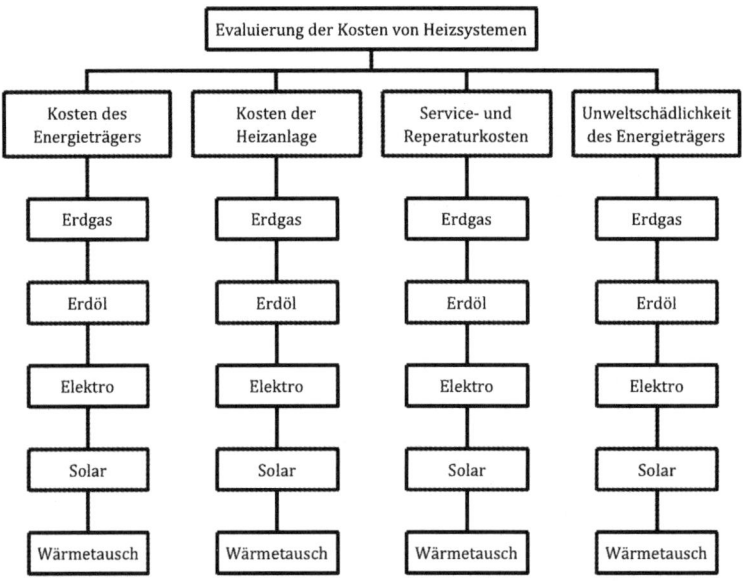

Abbildung 41: Modellhierarchie Kosten von Heizsystemen

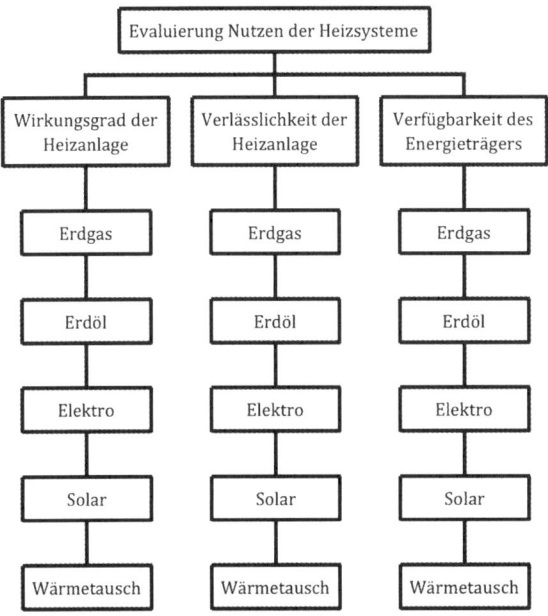

Abbildung 42: Modellhierarchie Nutzen von Heizsystemen

Die Alternativen (Heizsysteme) werden in einem ersten Evalua-
tionsschritt nach den eingesetzten Energieträgern unterschieden
(in einem zweiten Schritt könnte dann z.B. die konkrete Auswahl
eines Herstellers folgen; auch dies ein entscheidungstheoretisches Problem). Nach Evaluierung der beiden Hierarchien ermittelt der Leiter der Beschaffungsabteilung die folgenden Prioritäten (wobei sämtliche Beurteilungen auf Basis subjektiver,
qualitativer Paarvergleiche durchgeführt wurden):

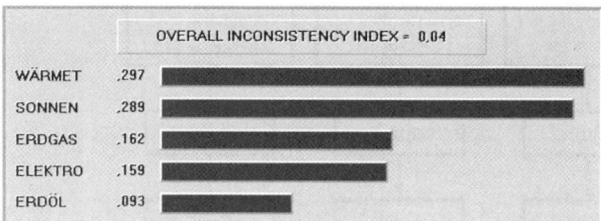

Abbildung 43: Gewichtung Kosten eines Heizsystems
(erstellt mit Expert Choice™)

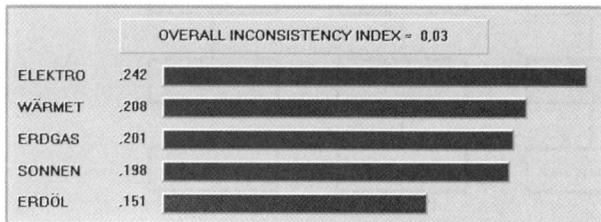

Abbildung 44: Gewichtung Nutzen eines Heizsystems
(erstellt mit Expert Choice™)

Die Konsistenzindices sind ausreichend niedrig, auch bei der
Sensitivitätsanalyse konnte keine gravierenden Instabilitäten
festgestellt werden. Aus den Prioritäten lassen sich die nach der
obenstehenden Formel Verhältniszahlen zwischen Kosten und
Nutzen errechnen.
Daraus lässt sich die in Tabelle 34 eingetragene Rangreihung
ableiten: Am besten wird in unserem Beispiel die Alternative

270

Erdöl vor Elektro und Erdgas bewertet. Aufgrund dieser Kosten/Nutzen-Analyse wird sich das Unternehmen daher eher für eine traditionelle Beheizungsmethode entscheiden. Naturgemäß ist auch dies eine stark vereinfachte Entscheidungshierarchie, die zahlreiche Faktoren (Amortisationsdauer, Lebensdauer, Zukunftsorientierung, soziale Verantwortlichkeit, Preisentwicklung der Energieträger usw.; z.T. sind dies *Risikofaktoren*) unberücksichtigt lässt. Doch soll das Modell lediglich eine Vorstellung davon vermitteln, wie eine Kosten/Nutzen-Analyse anhand des AHP durchgeführt werden kann. Einmal mehr: Dem geneigten Leser wird es angeraten, sich intensiv mit der *Erstellung* der Hierarchie auseinander zusetzen. Allein der Informationsgewinn, der dabei erzielt werden kann und der die anschließende Gewichtung maßgeblich vereinfacht, spricht für ein derartiges Vorgehen. Dadurch wird sichergestellt, dass kein wichtiges Merkmal vergessen wird und dass die Entscheidung auf Basis objektiver Informationen zustande gekommen ist.

Tabelle 34: w_b-w_c-Relation

Heizsystem	Kosten $w_c(i)$	Nutzen $w_b(i)$	bc_i	Rang
Erdgas	0,162	0,201	1,241	3
Erdöl	0,093	0,151	1,624	1
Elektro	0,159	0,242	1,522	2
Sonnenenergie	0,289	0,198	0,685	5
Wärmetausch	0,297	0,208	0,700	4

5.3 Kosten/Nutzen/Risiko-Analyse

Manchmal wird es notwendig sein, neben Kosten auch Risiken zu berücksichtigen. Risiken könnten z.B. sein: eine Technologie wird nicht mehr weiterentwickelt; eine gewählte Strategie erscheint nur mittelfristig günstiger, langfristig bringt sie aber wesentliche Nachteile mit sich; die Gesetzgebung ändert sich, wodurch sich die gewählte Alternative im nachhinein als schlechter herausstellt; Reaktionen der Konkurrenz usw.

Es durchaus realistisch, dass fossile Brennstoffe in der Zukunft stärker besteuert werden oder sich die Preise hierfür aufgrund von Versorgungsengpässen dramatisch erhöhen. Auch könnten alternative Energiequellen vom Gesetzgeber stärker gefördert werden, wodurch diese Heizsysteme naturgemäß besser zu beurteilen wären, als dies in obiger Analyse geschehen ist. Sollen daher auch Risiken berücksichtigt werden, so ist eine Erweiterung unserer Analyse um diese Faktoren notwendig. Dies geschieht am besten durch Aufstellung einer eigenen Risikohierarchie, aus der die Gewichtungsfaktoren $w_r(i)$ errechnet werden können. Ähnlich wie bei den Kosten müssen wir uns auch hier fragen, welche Alternative mehr Risiken in sich birgt. Aus der Verhältniszahl bc_i wird bcr_i. bcr_i wird durch die folgende Formel errechnet, in der sich der Nenner aus Produkt aus $w_c(i)$ und $w_r(i)$ errechnet.

$$bcr_i = \frac{w_b(i)}{w_c(i) \cdot w_r(i)}$$

Nimmt der Manager z.B. an, dass die Rohölpreise in Zukunft stark steigen werden und die gesetzlichen Restriktionen für fossile Brennstoffe zunehmen bzw. das Förderwesen von alternativen Energien verstärkt wird, so würde dies bedeuten, dass obige Analyse um diese Risiken erweitert werden müsste. Nehmen wir an, die Risikohierarchie besteht aus zwei Merkmalen: 1. höhere gesetzliche Restriktionen in der Zukunft und 2. steigende Preise in der Zukunft. Der Manager vermutet, dass die fossilen Brennstoffe in diesem Zusammenhang bedeutend höheren Risiken ausgesetzt sind als die alternativen Energiequellen. Wenn dem so ist, müssen erstere aufgrund der Risikobeurteilung höhere Gewichte bekommen (siehe Tabelle 35).

Daraus würde lässt sich eine andere Reihenfolge ableiten, da das Erdöl bezüglich dieser Risiken sehr schlecht bewertet werden würde, Sonnenenergie und Wärmetausch viel besser. Die Folge daraus: Nicht der Erdölheizung wird der Vorzug gegeben, sondern der Sonnenenergie oder einer elektrischen Heizung. Tatsächlich wurden fossile Brennstoffe mit einer höheren Risikobewertung versehen, weshalb jetzt alternativen Energien der Vorzug zu geben ist.

Tabelle 35: Berechnung Verhältnisratio bcr_i

Heizsystem	Risiken (r)	bcr_i	Rang
Erdgas	0,206	6,023	4
Erdöl	0,409	3,970	5
Elektro	0,200	7,610	2
Sonnenenergie	0,089	7,698	1
Wärmetausch	0,095	7,372	3

5.4 Gruppenentscheidungen

Die Besonderheit einer Gruppenentscheidung liegt sicherlich darin, dass verschiedene, häufig divergierende Interessen zu einer Kompromisslösung verdichtet werden müssen. Im Alltag geschieht dies häufig schon dadurch, dass sich stärkere Positionen gegenüber schwächeren durchsetzen. Naturgemäß sind die daraus abgeleiteten Entscheidungen nicht immer optimal, deshalb soll in diesem Kapitel gezeigt werden, wie eine Gruppenentscheidung mittels des AHP durchgeführt werden kann.

Fallbeispiel 27

Angenommen, eine Firma will sich neue PCs anschaffen. An der Entscheidung sind die Finanzabteilung, die unmittelbaren Nutzer der Computer (z.B. Sekretariate), die Beschaffungs- und EDV-Abteilung beteiligt. Nehmen wir weiter an, dass die Ziele der am Entscheidungsprozess beteiligten unterschiedlicher Natur sind:

Finanzabteilung: geringe Budgetbelastung
Nutzer: einfache Bedienung (Benutzerfreundlich-
keit, stabiles System)
Beschaffung: kurze Lieferzeit; Verlässlichkeit
EDV-Abteilung: PCs, die am neuesten technischen Stand
sind; einfach in der Wartung

Um zu zeigen, wie trotz der divergierenden Vorstellungen eine passable Lösung gefunden werden kann, ziehen wir eine sehr einfach gehaltene Entscheidungshierarchie heran.

Hauptziel: Ankauf von PCs, die den unterschiedlichen An-
sprüchen gerecht werden

Merkmale zur Lösung des Entscheidungsproblems: Kaufpreis, Bedienungsfreundlichkeit, erwartete Nutzungsdauer und technischer Stand. Als Alternativen nehmen wir wiederum A, B und C an. Die Entscheidungshierarchie hat demnach folgendes Aussehen:

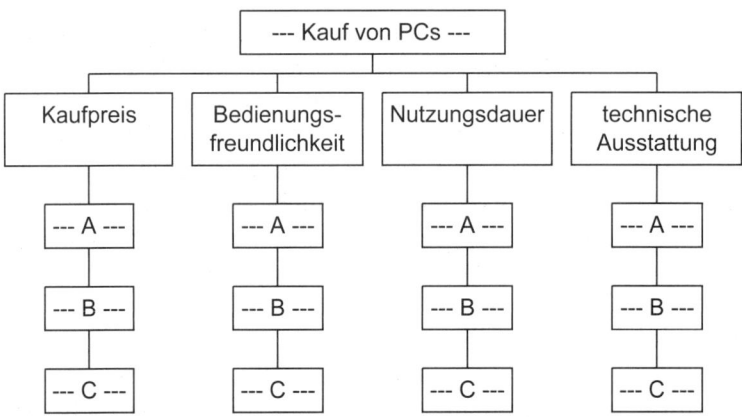

Abbildung 45: Entscheidungshierarchie PC-Kauf

Wie kann die Entscheidung in der Folge zustande kommen? Im Prinzip sind mehrere Wege denkbar:[86]

(1) Die am Entscheidungsprozess Beteiligten versuchen durch Diskussion und Kompromiss zu einer einheitlichen Evaluationsmatrix zu gelangen.

(2) Jeder der am Entscheidungsprozess Beteiligten gibt eine eigene Bewertung ab. Die *Bewertungen* werden durch einen mathematischen Algorithmus verdichtet. Diese gehen als Evaluationsmatrix in den AHP ein.

(3) Jeder der am Entscheidungsprozess Beteiligten gibt eine eigene Bewertung ab. Diese wird zu Gewichten nach obigem Schema errechnet. Die *Gewichte* aller Beteiligten werden durch einen mathematischen Algorithmus verdichtet.

(4) Zunächst wird festgelegt, wie wichtig jeder der am Entscheidungsprozess Beteiligten für die Entscheidung ist. Nachfolgend gibt jeder eine eigene Wertung ab. Die Wertungen werden durch eine mathematischen Algorithmus entweder nach Lösung (2) oder nach Lösung (3) *und* unter Berücksichtigung der Wichtigkeit der am Entscheidungsprozess Beteiligten verdichtet.

Lösung (1) kann stellt eine Lösung im Sinne von Verhandlungen (bargaining) dar und kann durchaus als die optimale Entscheidungsfindung in der Gruppe betrachtet werden. Sie verlangt von den Diskussionsteilnehmern ein recht hohes Maß an Diskussionskultur und Disziplin. Häufig scheitern derartige Problemlö-

---

[86] Natürlich ist es auch möglich, die Entscheidung an eine andere Instanz zu delegieren, die sich ein Bild von den Vorstellungen der Betroffenen macht und versucht, eine Entscheidung zu treffen, die einen tragbaren Kompromiss darstellt (im Sinne eines Mediators). Ebenfalls denkbar wäre die autoritäre Entscheidung der Führung. Strenggenommen handelt es sich dann um die Entscheidung einer einzelnen Instanz, die sich mit den notwendigen Informationen versorgt und auf Basis dieser Informationen entscheidet.

sungsansätze schon daran, dass sich bestimmte Diskussionsteilnehmer gegenüber anderen aufgrund von Persönlichkeitsstrukturen, Machtverhältnissen und ähnliche Faktoren durchsetzen. D.h. in so einem Fall geht der gefundene „Kompromiss" zulasten von Teilnehmern, die nicht in der Lage sind, sich entsprechend Gehör zu verschaffen oder die Hemmungen haben, dies zu tun, weil sie in der Betriebshierarchie eine schwächere Stellung innehaben. Durch Einsatz von Moderationstechniken können derartige Hemmnisse weitgehend abgebaut werden. Die Problemlösung mittels AHP läuft in diesem Fall wie jede Einzelentscheidung ab, wobei die gemeinsam erarbeitete Evaluationsmatrix als Basis zur Berechnung der Bedeutungsgewichte dient.

Kommt Lösung (1) aufgrund der erwähnten Probleme nicht in Frage, muss ein anderer Weg gefunden werden, wie die Urteile der einzelnen Gruppenmitglieder zu einer Gesamtentscheidung verdichtet werden können. Notwendigerweise müssen wir einen Algorithmus finden, wie die Urteile der beteiligten Gruppenmitglieder verdichtet werden können, woraus die Gewichte der Merkmale/Alternativen abgeleitet werden. Grundsätzlich bieten sich zur Zahlenverdichtung verschiedene Möglichkeiten an:

Mittelwert (MW)	=	arithmetischer MW: Quotient aus Summe der gültigen Messwerte geteilt durch Anzahl gültige Messwerte.
	=	geometrischer MW: n-te Wurzel aus dem Produkt aller Messwerte. Dieser Algorithmus empfiehlt sich bei AHP-Gruppenentscheidungen, wenn Einzelurteile verdichtet werden sollen.
Modalwert	=	der häufigste Messwert[87]: jene Urteile, die am häufigsten genannt wurden, werden gewählt

---

[87] Dieser Wert kann unter Umständen nicht berechnet werden, wenn kein Wert zumindest zweimal vorkommt.

Median	=	jener Wert, der sich in der Mitte aller Werte befindet; d.h. die Hälfte aller Werte einer (aufsteigend sortierten) Zahlenreihe ist kleiner dem Median, die andere Hälfte ist größer als der Median: jene Urteile werden berücksichtigt, die genau in der Mitte (im Zentrum) aller abgegebenen Urteile liegen[88]

Welcher Algorithmus soll nun herangezogen werden? Für den Mittelwert spricht, dass alle Urteile das gleiche Gewicht bekommen, es handelt sich daher um eine demokratische Form der Urteilsfindung. Beim Modalwert setzt sich die Mehrheit der übereinstimmenden Urteile gegenüber der/den Minorität/en durch. Allerdings ist es durchaus denkbar, dass beim einen oder anderen Paarvergleich überhaupt keine übereinstimmenden Urteile vorliegen. In diesem Fall wäre die Berechnung eines gültigen Modalwertes nicht möglich.

Anhand des Medians wird versucht, über die Mitte (das Zentrum) aller Urteile eine Lösung zu finden. Auch dies kann sich als vorteilhaft erweisen, vor allem wenn die Mitte recht dicht besetzt ist. In diesem Fall ist aber auch der Mittelwert in diesem Bereich zu finden.

Üblicherweise wird man sich daher an den Mittelwert halten. Er stellt eine demokratische Datenaggregation dar, da jede Bewertung das gleiche Gewicht erhält. Darüber hinaus wirken sich fehlende Werte nicht negativ aus, da sie keinen Einfluss auf die Höhe des Mittelwerts haben.

Allerdings muss aufgrund von methodischen Überlegungen der geometrische Mittelwert zur Anwendung gelangen, der arithmetische ist hierfür nicht geeignet, da nur über den geometrischen Mittelwert Axiom 1 (Kapitel C2.2, S. 175) erfüllt ist: $a_{ij} = a_{ji}^{-1}$ (dies gilt im Übrigen auch für Modalwert und Median).

---

[88] Dieser Wert ist dann nicht eindeutig bestimmbar, wenn die Zahlenreihe aus einer geraden Anzahl an Urteilen besteht.

In der Matrix zur Beurteilung von Kriterien/Zielsetzungen werden dann nicht die einzelnen Werte der Beurteiler eingefügt, sondern die *geometrischen Mittelwerte*. Die darin enthalten Werte repräsentieren die verdichteten Einzelurteile der vier beteiligten Instanzen.

Allgemein berechnet sich der *geometrische Mittelwert* aus der n-ten Wurzel des Produkts aller Messwerte:

$$G = \left(\prod_{i=1}^{n} x_i \right)^{1/n} = \sqrt[n]{x_1 \cdot x_2 \cdot \ldots \cdot x_n}$$

Der geometrische Mittelwert entspricht im Prinzip einer logarithmischen Transformation des arithmetischen Mittels und ist vor allem dann sinnvoll, wenn eine asymmetrische Verteilung der Messwerte vorliegt. Er sollte aber nur dann angewendet werden, wenn Absolutskalen zur Verfügung stehen. Diese Bedingung ist bei Verwendung der AHP-Skala erfüllt.

Für die Methodik des AHP ist die Verwendung des geometrischen und nicht des arithmetischen Mittelwerts zu empfehlen. Die Lösung (3) wird von Saaty nicht empfohlen, auch wenn die Verdichtung der für jeden einzelnen errechneten Prioritäten (z.B. über die Berechnung des Mittelwerts) meist ähnliche Ergebnisse bringt wie Lösung (2). Die Schwierigkeit des Lösungsansatzes (4) ist sicherlich darin zu sehen, wie valide Gewichtungsfaktoren für die am Entscheidungsprozess Beteiligten ermittelt werden können. Welche Variablen sollen diese bestimmen (z.B. Stellung der Entscheidungsträger in der Hierarchie der Organisation, Expertise, Eloquenz)? Im Prinzip ist schon dies wieder ein entscheidungstheoretisches Problem, das gelöst werden müsste (z.B. indem diese Gewichtungsfaktoren über eine gesonderte AHP-Hierarchie ermittelt und anschließend zur Gewichtung der Einzelurteile herangezogen werden).

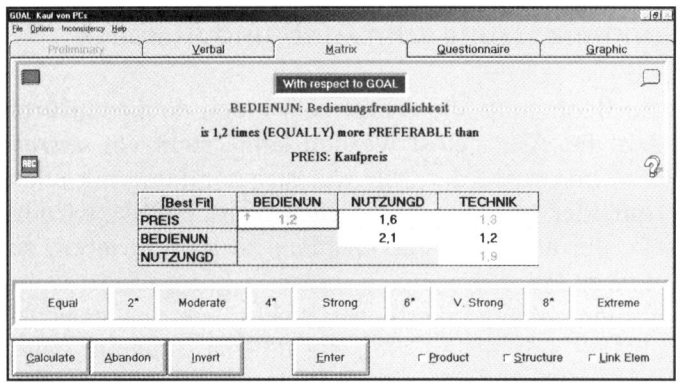

Abbildung 46: Dateneingabe von geometrischen Mittelwerten
(erstellt mit Expert Choice™)

Aufgrund dieser Argumente und der festen theoretischen Fundierung des *geometrischen Mittelwerts* bei AHP Gruppenentscheidungen, wird empfohlen, diesen Algorithmus zur Verdichtung der Paarvergleiche anzuwenden. Für alle anderen Überlegungen zu Gruppenentscheidungen wird auf die Spezialliteratur verwiesen (Möglichkeiten bei Teamentscheidungen, Homogenität usw.; vgl. MEIXNER und HAAS, 2002; MEIXNER, 2003).

Fallbeispiel 28

Im Rahmen der Entscheidungsfindung mittels AHP haben Sie von 4 Gruppenmitgliedern die folgenden Werte übermittelt bekommen und müssen diese verdichten: 7, 3, 5, 5, 6, 7. Welchen aggregierten Wert werden Sie verwenden? Welchen Wert müssten Sie ausschließen, um ein noch homogeneres Urteil zu ermitteln?

Lösung im Anhang, S. . 295ff.

6 Zusammenfassung zum AHP und Ausblick

Die wichtigste Bedingung, die erfüllt sein muss, damit ein Problem auf Basis des AHP gelöst werden kann, stellt ein *ausreichender Informationsstand* dar. Nur wer sich sorgfältig mit allen relevanten Umfeldern und Entscheidungsträgern befasst, wird in der Lage sein, ein aufgetretenes Problem zu strukturieren, zu analysieren und zu lösen.

In diesem Zusammenhang muss berücksichtigt werden, dass die meisten Probleme auftauchen, weil die interne Dynamik eines Systems nicht in ausreichendem Maße bekannt ist, um Ursache-Wirkungszusammenhänge identifizieren zu können. Wenn dies immer möglich wäre, könnte jedes Problem auf wenige Faktoren reduziert werden, und zwar auf jene, von denen wir dann wissen, dass bei diesen eine Intervention notwendig ist, um das angestrebte Ziel zu erreichen. Den Beitrag, den der AHP in diesem Zusammenhang leisten kann, ist der, dass er praktische Entscheidungen auf Basis unseres Wissens und unserer Intuition über die relative Wichtigkeit einer Variablen im Vergleich zu einer anderen ermöglicht. Ein ausreichender Detaillierungsgrad ist daher bei der Erstellung von Hierarchien unbedingt erforderlich, damit eine Entscheidung auf Basis möglichst aller relevanten Variablen getroffen werden kann. Hierzu scheint es ratsam,

- das Umfeld, in dem die Entscheidung getroffen wird, genau zu analysieren;
- die Merkmale/Attribute/Aufgaben, die zu einer Lösung des Problems beitragen können, zu identifizieren;
- den Personenkreis, der von dem Problem tangiert wird, umfassend festzulegen.

Die Erfassung von Zielen, Merkmalen, Aufgaben und betroffenen Personen in einer Hierarchie dient vor allem zwei Dingen: (1) Sie gibt einen globalen Überblick über eine komplexe Beziehung, die einer Situation innewohnt und (2) sie erlaubt dem Entscheidungsträger, Merkmale/Aufgaben/Alternativen von vergleichbarer Wichtigkeit miteinander in Beziehung zu setzten, d.h. zu *gewichten*.

Hierzu einige allgemeine Empfehlungen: Die Elemente sollten in *homogene Gruppen* eingeteilt werden (wenn möglich maximal neun Gruppenelemente), immer im Hinblick auf die nächsthöhere Hierarchieebene. Die einzige Einschränkung, die bei der hierarchischen Gliederung von Elementen besteht, ist, dass jedes beliebige Element einer Ebene mit *zumindest einem* Element der nächst-höheren Ebene in einer sinnvolle Beziehung steht. Nur so kann das globale Gewicht eines Elements auf die darunter liegende Ebene übertragen werden.

Die Erstellung einer Hierarchie ist vor allem *im Hinblick auf das zu lösende Problem* zu sehen. Daher kann es sinnvoll sein, dass bestimmte, besonders wichtige Merkmale wesentlich mehr in die Tiefe gehend, d.h. mit einem weitaus höheren Detaillierungsgrad, in die Hierarchie aufgenommen werden. Hingegen können Elemente von geringerem Interesse in geringerem Detaillierungsgrad und eher allgemein gehalten in einer höheren Hierarchieebene eingebracht werden. Dem Entscheidungsträger steht es somit frei, Hierarchieebenen einzuführen oder zu eliminieren, soweit dies dem Problemlösungsprozess dienlich ist.

Zusätzlich zur Festlegung der hierarchischen Struktur und zur Identifikation der Hauptfaktoren, die einen signifikanten Einfluss auf das Ergebnis einer Entscheidung haben, benötigen wir einen Weg, wie diese Faktoren beurteilt werden können – und zwar im Hinblick darauf, ob sie einen vergleichbaren Effekt auf das Ergebnis oder ob einige dominierend gegenüber den anderen sind oder ob ihr Einfluss so gering ist, dass sie sogar ignoriert werden können. Dies geschieht durch den Prozess der *Gewichtsbildung*.

Die Aufgabe, Gewichte zu ermitteln, macht es erforderlich, dass die Kriterien und die Subkriterien (i.e. Merkmale) sowie die Alternativen miteinander verglichen werden. Hierbei ist es besonders wichtig, dass die jeweiligen Merkmale und Alternativen im Hinblick auf die nächst-höhere Ebene auch wirklich vergleichbar sind (siehe Unterscheidung Mittel-/Sachziele im Kapitel B2.3, S. 83). Nur dadurch ist es möglich bei Durchführung aller notwendigen Beurteilungen auch Gewichte für jedes Merkmal hinunter bis zu den Alternativen zu errechnen. Wie die rechnerische Handhabung zur Ermittlung der Bedeutungsgewichte vonstatten geht, wurde bereits eingehend erläutert. Dabei kommt es aber nicht darauf an, die einzelnen Rechenschritte im Detail nachzuvollziehen, vielmehr sollte ein gewisses Grundverständnis vorhanden sein, wie aus der Beurteilung der Merkmale und Alternativen Gewichte errechnet werden können. Der Prozess selbst wird am besten softwaregestützt durchgeführt, nicht nur, weil wir uns dadurch die Rechenarbeit ersparen, sondern auch, weil die Beurteilung der Merkmale und Alternativen innerhalb der Software geschieht. Mittels dieser Unterstützung wird die Gefahr, einen wichtigen Paarvergleich zu übersehen, stark reduziert. Sollte sich im Laufe des Evaluationsprozesses herausstellen, dass bestimmte Kriterien oder einbezogene Alternativen einen nur sehr geringfügigen Einfluss haben bzw. ein marginales Gewicht zugewiesen bekommen, können diese Elemente ausgeschieden werden, weil sich ihr Fehlen nicht bemerkbar machen wird.

Schließlich, nachdem alle Urteile abgegeben, alle Paarvergleiche durchgeführt, alle quantitativen Daten in den Prozess Eingang gefunden haben und alle Bedeutungsgewichte errechnet wurden, müssen wir uns darüber im Klaren werden, wie stabil und eindeutig unsere Entscheidung ausfällt. Möglicherweise haben zwei oder mehrere Alternativen ein ganz ähnliches Gewicht erhalten. Eine eindeutige Zuordnung in Kategorien wie besser / schlechter ist daher kaum möglich; oder die geringfügige Veränderung des Gewichts eines bestimmten Merkmals beeinflusst die zu wählende Alternative maßgeblich. Diese Dinge sollten über die *Sensitivitätsanalyse* überprüft werden.

Wurden diese Dinge bei der Entscheidungsfindung mittels AHP berücksichtigt, so ist von einem wirkungsvollen und transparenten Prozess, wie eine Entscheidung zustande gekommen ist, auszugehen. Die so ermittelten Lösungsvorschläge können auch von am Entscheidungsprozess Unbeteiligten nachvollzogen und antizipiert werden; nicht zuletzt deshalb kann der AHP zur Strukturierung und Lösung von komplexen Entscheidungssituationen empfohlen werden.

Der AHP ist eine Methode, die darauf aufbaut, dass aus Paarvergleichen sowie anderen, diesen Vergleichen äquivalenten Informationen in einer Hierarchie Prioritäten abgeleitet werden können – immer im Hinblick auf ein darüber stehendes, generelleres Kriterium oder Attribut. Dabei wird ein hierarchischer Zugang gewählt, der auf der folgenden Prämisse beruht: Die Bildung der hierarchischen Struktur eines Problems erfordert es, dass *lineare Abhängigkeiten* zwischen zwei verbundenen Hierarchieebenen bestehen (vgl. SAATY, 1994, 426ff.).

Damit verbunden ist die Annahme, dass die oberen Hierarchieelemente von den darunter liegenden Elementen unabhängig sind. Die Struktur jeder Hierarchie entspricht im Prinzip einer Abfolge von eher generell gehaltenen und damit schwer kontrollierbaren Elementen (Ziele, Kriterien) bis hin zu eher eng gefassten Elementen, die leichter manipulierbar sind und auf der unteren Hierarchieebene durch die Alternativen eines Entscheidungsproblems repräsentiert werden. Allerdings kann diese lineare, von oben nach unten verlaufende Beziehung nicht immer antizipiert werden. Deshalb führt eine Betrachtung von Entscheidungssituationen hin zu einer umfassenderen Sichtweise: Die Modellierung in Form von „Netzwerken". Hierbei werden die vermuteten Abhängigkeiten nicht starr vorgegeben wie beim AHP.

Es werden vorab Überlegungen angestellt, in welcher Beziehung die Elemente stehen, die zur Lösung eines Entscheidungsproblems herangezogen werden. Dies führte letztendlich zu einer Weiterentwicklung des AHP hin zum sogenannten ANP – dem Analytic Network Process. Dieser aggregiert die obigen Überlegungen in Form einer anwendbaren Methode und stellt einen erweiterten, noch flexibleren Zugang zur Lösung von Entscheidungsproblemen dar.

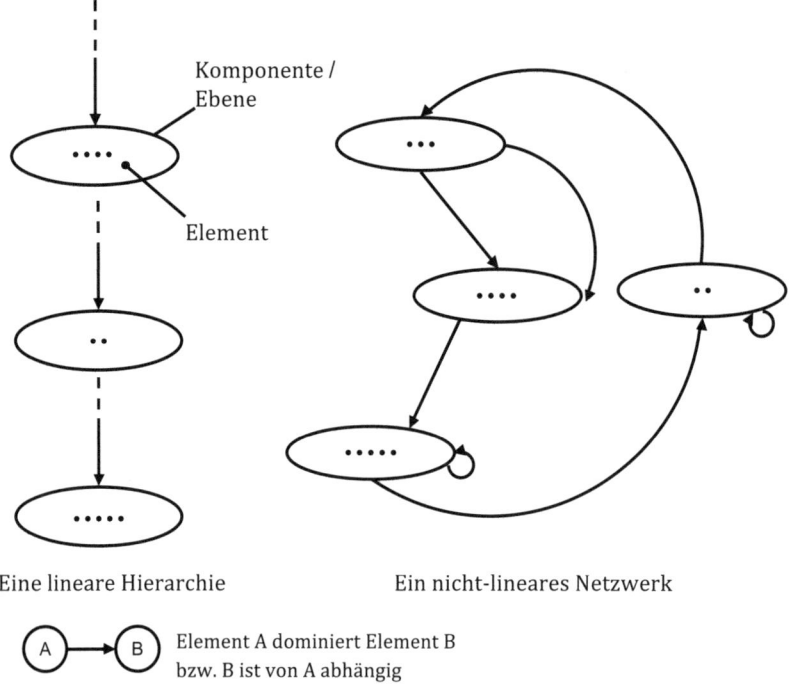

Eine lineare Hierarchie   Ein nicht-lineares Netzwerk

(A) ⟶ (B)   Element A dominiert Element B
            bzw. B ist von A abhängig

Abbildung 47: Strukturelle Unterschiede lineare Hierarchien und non-lineare Netzwerke
Quelle: SAATY, 1994, 427

Vielleicht ist dies die Zukunft der DSS. Wahrscheinlich repräsentieren derartige Methoden die Komplexität von Entscheidungssituationen, wie sie in unserer vernetzten, globalisierten Welt auftauchen, besser als lineare Modelle. Auch andere Methoden und Techniken könnten hierbei wertvolle Beiträge leisten (z.B. Forschungsergebnisse aus dem Bereich neuronaler Netzwerke, Fuzzy AHP usw.). Das Schlagwort hierbei ist Usability, d.h. die Notwendigkeit, dass auch diese Methoden so einfach und effizient, i.e. so benutzerfreundlich, eingesetzt werden können, wie der

AHP oder andere vergleichbare DSS. Offensichtlich birgt dieses Forschungsfeld bedeutende Potentiale, vor allem, weil es zunehmend schwieriger wird, rasche und gute Entscheidungen zu fällen, ohne sich dabei auf reine Intuition verlassen zu müssen. In diesem Sinne stellt der ANP[89] die logische Fortführung des AHP dar und wird bei praktikabler Anwendbarkeit sicherlich wertvolle Hilfestellung bei der Lösung schlecht strukturierter, komplexer Probleme bieten können.

Fallbeispiel 29

Zusammenfassendes Beispiel zur Anwendung des AHP
Problemstellung: Sie werden von der Unternehmensführung beauftragt, eine Investitionsentscheidung vorzubereiten. Dabei geht es um die Ersatzinvestition im Produktionsbereich. Die Maschine, die dabei ersetzt werden soll, ist sehr teuer und es kommen nur drei Hersteller infrage, die solche Maschinen herstellen. Zur Strukturierung und Bewertung dieses Entscheidungsproblems binden Sie den Leiter der Finanzabteilung und der Produktionsabteilung in die Entscheidungsfindung ein. Gemeinsam mit diesen erarbeiten Sie ein recht einfaches Entscheidungsmodell, das Sie mithilfe des AHP lösen wollen. Die Kriterien, die dabei ermittelt wurden sind:

K1: Investitionsvolumen in 1000 Euro
K2: laufende Betriebskosten (Energie in kWh)
K3: Reparatur- und Servicekosten in 1000 Euro pro Jahr (Servicevertrag)
K4: Produktionskapazität der Maschine in Stück pro Tag

Von den drei Herstellern bekommen Sie folgende Angebote übermittelt:

---

[89] siehe hierzu Web-Applikation http://www.superdecisions.com/

Maschine/Hersteller	A	B	C
K1 Investitionsvolumen	250	170	300
K2 KWh	4000	3500	5000
K3 Reparatur-/Servicekosten	30	30	50
K4 Produktionskapazität/Tag	2000	1700	3000

Sie bitten die beiden Abteilungsleiter eine Bewertung der Hierarchie mittels Paarvergleichen zwischen K1 – K4 durchzuführen.

Bewertung Leiter Finanzabteilung:
    K1 ist um den Faktor 2 wichtiger als K2
    K1 ist gleich wichtig wie K3
    K1 ist um den Faktor 3 wichtiger als K4
    K2 ist unwichtiger als K3 (Wert $1/3$)
    K2 ist unwichtiger als K4 (Wert $1/2$)
    K3 ist gleich wichtig wie K4

Bewertung Leiter Produktionsabteilung:
    K1 ist gleich wichtig wie K2
    K1 ist gleich wichtig wie K3
    K1 ist unwichtiger als K4 (Wert $1/4$)
    K2 ist um den Faktor 2 wichtiger als K3
    K2 ist unwichtiger als K4 (Wert $1/2$)
    K3 ist unwichtiger als K4 (Wert $1/5$)

Zunächst überlegen Sie, ob diese Evaluierungen konsistent sind. Sie stellen fest, dass dies nicht der Fall ist. Trotzdem verdichten Sie die beiden Urteile zur Bewertung der Prioritäten der Kriterien und lösen anschließend das Entscheidungsproblem.

a) Zu welchem Ergebnis werden Sie gelangen?
b) Warum sind die Urteile nicht konsistent (welche Bedingung ist hierfür nicht hinreichend erfüllt)?
c) Was könnte an der Hierarchie kritisiert werden im Hinblick auf Kosten und Nutzen?
d) Wie müsste eine Lösung aussehen, wenn Sie diese getrennt bewerten?

Ein Lösungsansatz findet sich im Anhang, S. 295ff.

(D) Expertensysteme

Abschließend stellen wir eine Verbindung zwischen dem *Wissensmanagement* und der *Entscheidungstheorie* her (vgl. MEIXNER, 2003). In den letzten 30 Jahren hat sich auf dem Sektor der Computertechnologie, der Informationsverarbeitung und der Telekommunikation Entscheidendes verbessert. Es ist heute leichter (auch über große Distanzen hinweg) zu kommunizieren, Informationen zu speichern, zu verarbeiten und auszutauschen. Gleichzeitig hat das Überangebot an irrelevanten Informationen deutlich zugenommen und es ist zunehmend schwieriger, die wesentlichen Informationen bei Bedarf zu erhalten (z.B. Informationsflut im Internet; 90-95% aller versandten Mail-Botschaften sind Spam[90] usw.). Methoden wie Management Information Systems (MIS) oder Decision Support Systems (DSS) werden deshalb von größerer Bedeutung, um eine Informations-verdichtung und effiziente Entscheidungsfindung zu ermög-lichen. Für die Entscheidungsunterstützung ist dabei die Anwendung unterschiedlichster Methoden denkbar. Diese ist eine wissensintensive Tätigkeit im Unternehmen (vgl. RAMESH und TIWANA, 1999, 213) und aus diesem Grund eng mit dem Wissensmanagement verbunden.

Bei Expertensystemen (XPS) wird das *Wissen* explizit im Ent-scheidungs- bzw. Planungssystem berücksichtigt. XPS sind damit ein ambitionierter Zugang zur Entscheidungsunterstützung und bergen große Potentiale zur Verbesserung der Entscheidungs-findung. Denn eine „neue Dimension erhält der Transfer von Sozialtechniken [91] durch **Expertensysteme**: Das sind wissens-

---

90 Siehe Fußnote 6, S. 18.
91 Hierzu gehören im weitesten Sinne auch die Methoden und Techni-ken der Entscheidungsunterstützung, vor allem jene, die bei der In-teraktion zwischen Menschen zum Einsatz kommen, z.B. GDSS zur Entscheidungsunterstützung.

basierte Computersysteme, die zu den Systemen mit künstlicher Intelligenz gezählt werden" (KROEBER-RIEL und WEINBERG, 1996, 41).

In einem XPS werden alle verfügbaren Erkenntnisse von externen und internen Experten genutzt, um eine möglichst effiziente, also rasche und den Kriterien des Entscheidungsprozesses entsprechende optimale Entscheidungsfindung zu gewährleisten. Naturgemäß erfordert es viel Erfahrung, damit ein derartiges System, angepasst an die unternehmensindividuellen Erfordernisse, zur Entscheidungsfindung auf Dauer herangezogen werden kann.

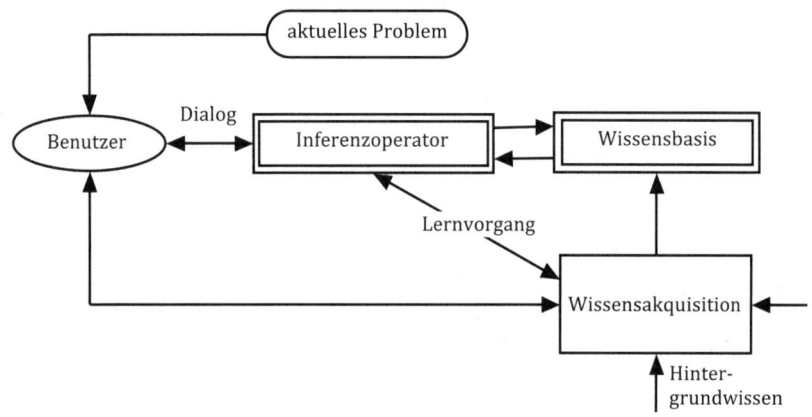

Abbildung 48: Struktur eines Expertensystems
Quelle: SCHNEEWEIß, 1992b, 179

Nach SCHNEEWEIß (1992b, 179f.) kann die Struktur eines XPS wie in Abbildung 48 dargestellt werden. Die Kernpunkte jeden XPS sind die *Wissensbasis* und der *Inferenzoperator*.
Die *Wissensbasis* enthält einerseits sämtliches problembezogenes Wissen (vgl. OSSADNIK, 1994, 227), dazu gehören permanente Fakten (z.B. Erfahrungen vergangener Projekte, Finanz- und

Marktdaten, Expertenwissen zu Prognosen usw.) sowie Strukturen (Regeln oder Relationen; Wirkungszusammenhänge zwischen den verschiedenen Variablen, Entscheidungsregeln usw.) und Metastrukturen (Relationen von Relationen; wie die Strukturen miteinander verknüpft sind). Unter den Strukturen sind insbesondere auch Heuristiken zu verstehen, d.h. Erfahrungen von kompetenten Personen, Daumenregeln, Vermutungen usw., die dazu beitragen, Faktenwissen besser nutzbar zu machen (vgl. NIESCHLAG et al., 1994, 934). Im modernen Sprachgebrauch würde man auch von einer (Meta-)Datenbank sprechen, in der sämtliche relevanten Informationen und Regeln gespeichert und bei Bedarf abrufbar sind bzw. vom System automatisiert zur Entscheidungsfindung herangezogen werden.

Der *Inferenzoperator* („inference" = Schlussfolgerung) dient dazu, die Wissensbasis mit dem konkreten Problem zu konfrontieren, selektiv das zur Problemlösung notwendige Wissen zu entnehmen und daraus entsprechende Lösungsvorschläge zu ermitteln. Mit diesem tritt das System in einen Dialog mit den Benutzer und verwertet – im Idealfall als selbstlernendes System – Wissen aus der Wissensbasis, neu akquirierte Informationen (= *Wissensakquisition*) und den im *Dialog* von Nutzern erhaltenen Informationen zu einer optimalen Entscheidungsfindung. Hierbei kann zusätzliches Wissen in den Prozess Eingang finden, das unter Umständen mit dem Problem selbst zunächst nicht in Verbindung steht (= *Hintergrundwissen*). Nach RAMESH und TIWANA (1999, 218ff.) ist ein effektives *Wissensmanagement* für eine zeitgemäße Unternehmenspolitik unbedingt erforderlich. Dies haben wir bereits eingangs dieses Buches detailliert erläutert. RAMESH und TIWANA (1999) argumentieren dabei mit aktuellen Tendenzen und Problemfeldern des Innovationsmanagements (eine Unternehmensbereich, der in der Vergangenheit immens an Bedeutung zugenommen hat), mit denen das Management konfrontiert ist:

- *Kürzer werdende Produkt-/Prozess-Lebenszyklen*: Wie kann das notwendige Wissen möglichst rasch an alle beteiligten Personen und Instanzen verteilt werden?
- *Bereichsübergreifende Kooperation*: Wie kann das bereichsspezifische Wissen auch anderen Funktionsbereichen zugänglich gemacht werden?
- *Institutionsübergreifende Kooperation*: Wie wird der Wissenstransfer im Sinne der Verteilung des Wissens über Organisationen hinweg organisiert?
- *Fluktuation innerhalb der Projektteams*: Wie wird sichergestellt, dass das Expertenwissen von Teammitgliedern auch bei deren Ausscheiden weiterhin zur Verfügung steht?
- *Wiederholte Fehler*: Wie kann die Wiederholung von Fehlentwicklungen, sub-optimalen Entscheidungen usw. verhindert werden?
- *Zukünftige Nutzung des generierten Wissens*: Wie kann sichergestellt werden, dass das generierte Wissen auch bei zukünftigen Projekten angewendet werden kann?
- *Wissenstransfer*: Wie kann es gelingen, das generierte Wissen auch anderen Unternehmensbereichen, die nicht unmittelbar mit der konkreten Fragestellung, dem Projekt etc. befasst sind, zugänglich zu machen?

Vor allem über die Anwendung moderner Computersysteme ist es möglich, diese Fragen zufriedenstellend zu beantworten. In den letzten Jahren hat die Entwicklung der Computertechnologie dem Einsatz von XPS breite Anwendungsmöglichkeiten geöffnet, von der Anwendung als selbstlernende Steuerungssysteme bis hin zu den ersten erfolgreichen Ansätzen künstlicher Intelligenz. LEE (2000) stellt beispielsweise ein Steuerungssystem vor, das mittels künstlicher Intelligenz die Prozesskontrolle einer Aquakultur übernimmt. Von KROEBER-RIEL und WEINBERG (1996) wird ein Expertensystem vorgestellt, das dazu dient, „Strategien und Techniken zur Konsumentenbeeinflussung – vor allem durch Werbung – zu entwickeln und zu testen" (KROEBER-RIEL und

WEINBERG, 1996, 42), i.e. das CAAS-Programm (Computer Aided Advertising System; siehe S. 135f.), das sich mittlerweile auch in der Praxis bewähren konnte. Im Bereich der Produktpolitik stellen STEIN und MISCIKOWSKI (1999) das FAILSAFE-System vor, das zur Qualitätssicherung eingesetzt werden kann: „FAILSAFE represented an effective and low-cost way to apply expert system technology to QA [= quality assistance] in the food industry. ... The system provided a number of savings and benefits to the company. ... The benefits included improved documentation of events, improved decision-making consistency, speed and quality" (STEIN und MISCIKOWSKI, 1999, 375). Die im Zusammenhang mit den qualitätssichernden Maßnahmen stehenden Vorteile umfassen auch eine geringere Anzahl an Kundenbeschwerden, Lernprozesse, die im Unternehmen angeregt wurden, und eine verbesserte Entscheidungsfindung im Team. Auch RAMESH und TIWANA (1999, 224ff.) stellen in ihrer Studie einen funktionsfähigen Prototypen für ein Wissensmanagement-System vor, das die oben angeführten Fragestellungen zufriedenstellend beantworten soll.

Noch ist es nicht möglich, für alle komplexen Managementaufgaben – Prozessplanung, Teambildung, Schaffung adäquater Kommunikationsstrukturen, Einrichtung einer Wissensdatenbank, Festlegung einer adäquaten Entscheidungsstruktur, Bereitstellung relevanter Informationen für die Entscheidungsfindung, Projektplanung usw. – Unterstützung durch ein *einziges selbstlernendes System* zu erhalten. Es ist auch fraglich, ob ein derartiges System nicht zu starr ausfallen würde oder auf zu wenig Akzeptanz seitens der Anwender stoßen würde, wenn es über alle Entscheidungsstufen hinweg „top-down" implementiert werden würde. Denn einerseits stellen Flexibilität und Intuition wesentliche Kennzeichen und Anforderungen von Managementprozessen dar – diese werden durch ein derartiges XPS eher negativ beeinträchtigt. Andererseits zeigt sich, dass derartige Systeme z.T. mit recht großen Akzeptanzproblemen zu kämpfen haben, „da insbesondere selbstbewusste, erfahrene Mitarbeiter eine erhebliche Abneigung gegen derartige elektronische Assistenten empfinden" (NIESCHLAG et al., 1994, 937).

So finden sich mittlerweile zahllose XPS-Anwendungen z.B. im Bereich der medizinischen Diagnose (siehe etwa SmartCare™/PS auf http://www.openclinical.org); im Bereich des Managements haben sie dagegen noch wenig Eingang gefunden.

XPS haben auch einige nicht zu vernachlässigende Nachteile: XPS sind für die Problemlösung nicht geeignet, ja können sich sogar kontraproduktiv auswirken, wenn sie Entscheidungen vollständig autonom ohne intelligente Kontrolle und Betreuung fällen oder keine konstante intelligente Suche nach Alternativlösungen betrieben wird. Denn jedes Expertensystem verfügt nur über die Daten, die im System eingespeist wurden, weist demnach einen begrenzten Datenumfang auf. Die Gefahr hierbei ist sicherlich, auf kreative Lösungsansätze, die auf Daten beruhen, die nicht im eigentlichen Entscheidungsumfang angesiedelt sind, zu verzichten und nur solche konservative Lösungsansätze hervorzubringen, die im Rahmen der Wissensbasis möglich sind. Denn das Wissenssystem stellt nicht die definierten Parameter in Frage, bestimmte Fälle, die in der Realität durchaus zutreffend sein können, sind für das Expertensystem einfach nicht denkbar (weil sie eben nicht in der Wissensbasis und in den Relationen enthalten sind). Möglicherweise sind dies auch Begründungsmuster dafür, dass XPS noch nicht oder nicht in größerem Umfang in die Managementpraxis Eingang gefunden haben.

Mittels XPS wird demnach die systematische Verknüpfung zwischen dem *Wissensmanagement* und der Entscheidungsunterstützung, dem *Decision Support*, realisiert. Ob dies auch verstärkt Eingang in traditionelle Managementprozesse findet, hängt aufgrund der erforderlichen hohen Rechenleistung sicherlich auch von der weiteren Entwicklung der Computertechnologie ab. Und hier wird sich wohl in den nächsten Jahren bzw. Jahrzehnten z.B. mit der Entwicklung sog. Quanten-Rechner noch Entscheidendes verändern.

Wir schließen damit unsere Ausführungen zu Wissensmanagement und Entscheidungsunterstützung. Allumfassende, einfache Lösungen kann es hier aufgrund der Anforderungen und hohen Komplexität nicht geben. Doch wie Thomas H. Davenport, ein bekannter Managementexperte, meinte: *„Effective management of knowledge requires hybrid solutions of people and technology"*. Im Vordergrund steht also eine gegenseitige Befruchtung zwischen menschlichen Verhaltensweisen und den technologischen Möglichkeiten, um effektive Managementprozesse in Gang zu setzten. Im Zentrum der Managementwissenschaften steht stets der Mensch, die Technologie dient vor allem der Unterstützung bei komplexen Managementaufgaben.

(E) Anhang

I   Lösungsansätze zu Fallbeispielen

I.I   Fallbeispiel 14, S. 208

$$P = \begin{pmatrix} 1 & 2 & 6 \\ ^1/_2 & 1 & 3 \\ ^1/_6 & ^1/_3 & 1 \end{pmatrix}$$

1.2   Fallbeispiel 17, S. 222

a) Vereinfachte AHP Methode zur Prioitätenschätzung

	A	B	C	A	B	C	r_i	w_i
A	1	2	6	0,6	0,6	0,6	1,8	0,6
B	0,5	1	3	0,3	0,3	0,3	0,9	0,3
C	0,167	0,333	1	0,1	0,1	0,1	0,3	0,1
c_i	1,667	3,333	10				3	1

b) Der Abteilungsleiter liegt richtig, die Bewertung ist konsistent, der Kollege liegt falsch:

$$\overset{2}{A} > \overset{3}{B} > C \ \Rightarrow \ \overset{2 \cdot 3 = 6}{A} > C$$

I.3 Fallbeispiel 18, S. 228

	$w_{\text{1. Ebene}}$	$w_{\text{2. Ebene}}$	w_{rel}
Kosten (K)	0,483		
Anschaffung (KA)		0,4	0,193
laufende Kosten (KL)		0,6	0,290
Leistung (L)	0,128		0,128
Raumangebot (R)	0,062		0,062
Aussehen (A)	0,328		
Sportlichkeit (AS)		0,5	0,164
Design (AD)		0,5	0,164

I.4 Fallbeispiel 19, S. 232

	A	B	C	
w_i	0,3	0,2	0,5	
A1:	3	7	6	
A2:	4	5	7	
Summe	7	12	13	

				$w_{\text{A1, A2}}$
A1:	0,43	0,58	0,46	0,48
A2:	0,57	0,42	0,54	0,52

Aufgrund dieser Bewertung würden Sie A2 wählen (allerdings weisen die geschätzten Prioritäten nur geringe Unterschiede auf; schon geringe Veränderungen von w_i würden eine andere Rangreihung ergeben).

I.5 Fallbeispiel 21, S. 243

Paarvergleich P_2 ist konsistent:

$$P_1 : a_1 \overset{2}{>} a_2 \overset{8}{>} a_3 \implies a_1 \overset{2\cdot 8 \neq 4}{>} a_3$$

$$P_2 : a_1 \overset{1,5}{>} a_2 \overset{2}{>} a_3 \implies a_1 \overset{1,5\cdot 2 = 3}{>} a_3$$

I.6 Fallbeispiel 28, S. 279

Verdichtung anhand des geometrischen Mittelwerts:

$$\sqrt[6]{7\cdot 3\cdot 5\cdot 5\cdot 6\cdot 7} = 5{,}3$$

Die Bewertung „3" müsste ausgeschlossen werden, der neue verdichtete Wert (5,9) stellt ein deutlich homogeneres Ergebnis dar.

$$\sqrt[5]{7\cdot 5\cdot 5\cdot 6\cdot 7} = 5{,}9$$

I.7 Fallbeispiel 29, S. 285: Lösungsansatz zum zusammenfassenden Beispiel zur Anwendung des AHP

Zunächst müssen Sie die Kriteriengewichtung ermitteln. Hierzu werden Sie die Paarvergleiche zu einer Paarvergleichsmatrix umwandeln. Aufgrund der Bewertungen des Leiters der Finanzabteilung ergibt sich folgende Matrix:

$$P_{\text{Finanz}} = \begin{pmatrix} 1 & 2 & 1 & 3 \\ {}^1/_2 & 1 & {}^1/_3 & {}^1/_2 \\ 1 & 3 & 1 & 1 \\ {}^1/_3 & 2 & 1 & 1 \end{pmatrix}$$

Für den Leiter der Produktionsabteilung ergibt sich folgende Matrix:

$$P_{\text{Produktion}} = \begin{pmatrix} 1 & 1 & 1 & {}^1/_4 \\ 1 & 1 & 2 & {}^1/_2 \\ 1 & {}^1/_2 & 1 & {}^1/_5 \\ 4 & 2 & 5 & 1 \end{pmatrix}$$

Wie schon aus diesen Paarvergleichen abgeleitet werden kann, ist dem Leiter der Finanzabteilung vor allem das Investitionsbudget wichtig (K1); für den Leiter der Produktion geht es natürlich vorrangig um das Leistungsvermögen der Maschine (K4). Damit sind natürlich einige deutliche Bewertungsunterschiede (z.B. zwischen K2 und K3) unvermeidlich. Dies stellt ein permanentes Problem bei Gruppenentscheidungen dar und könnte in einer weiteren Diskussion über die Paarvergleiche münden.

Sie entschließen sich, die Matrizen zu verdichten. Hierzu müssen Sie den geometrischen Mittelwert zwischen den beiden Paarvergleichen und daraus eine neue Paarvergleichmatrix bilden:

$$P_{geo} = \sqrt{P_{\text{Finanz}} \cdot P_{\text{Produktion}}} = \begin{pmatrix} 1 & 1{,}41 & 1 & 0{,}87 \\ 0{,}71 & 1 & 0{,}82 & 0{,}50 \\ 1 & 1{,}22 & 1 & 0{,}45 \\ 1{,}15 & 2 & 2{,}24 & 1 \end{pmatrix}$$

Mithilfe dieser verdichteten Werte können in der Folge die Prioritäten für die Kriterien abgeleitet werden (vereinfachter Algorithmus):

	K1	K2	K3	K4	K1	K2	K3	K4	r_i	W_{K1-K4}
K1	1,00	1,41	1,00	0,87	0,26	0,25	0,20	0,31	1,02	0,25
K2	0,71	1,00	0,82	0,50	0,18	0,18	0,16	0,18	0,70	0,17
K3	1,00	1,22	1,00	0,45	0,26	0,22	0,20	0,16	0,83	0,21
K4	1,15	2,00	2,24	1,00	0,30	0,35	0,44	0,36	1,45	0,36
c_i	3,86	5,64	5,05	2,81	1	1	1	1	4	

Diese Prioritäten können mit den quantitativen Informationen zur Problemlösung verknüpft werden. Hierzu müssen auch die quantitativen Information in Prioritäten umgerechnet werden. Allerdings muss hier zunächst überlegt werden, wie die einzelnen Werte zu interpretieren sind: K1 – K3 stellen Kosten dar; (*reziproken* Werte!); K4 ist ein Nutzenfaktor; hier können die Ausgangswerte in die Berechnungen eingehen:

Maschine/Hersteller	ursprüngliche Werte			rez.	Werte für AHP Prioritätenschätzung			Summe
	A	B	C		A	B	C	
K1	250	170	280	ja	0,0040	0,0059	0,0036	0,0135
K2	4000	3900	4500	ja	0,0003	0,0003	0,0002	0,0007
K3	30	50	50	ja	0,0333	0,0200	0,0200	0,0733
K4	2500	1700	3000	nein	2500	1700	3000	7200

Aus der Division zwischen den Werten für die AHP Prioritätenschätzung und der Gesamtsumme je Kriterium können die absoluten Werte in Gewichte umgerechnet werden. Diese werden anschließend mit den Gewichtungen der Kriterien multipliziert. Die Summe über alle Kriterien hinweg stellt dann das Ergebnis dar; auf diese Weise wurden Prioritäten für alle Alternativen A, B und C ermittelt:

W_{K1-K4}		$w_i(A\text{-}C)$			$w_{rel}(A\text{-}C)$		
		A	B	C	A	B	C
K1	0,25	0,297	0,437	0,265	0,08	0,11	0,07
K2	0,17	0,343	0,352	0,305	0,06	0,06	0,05
K3	0,21	0,455	0,273	0,273	0,09	0,06	0,06
K4	0,36	0,347	0,236	0,417	0,13	0,09	0,15
Summe					0,36	0,32	0,33
Rang					1	3	2

a) Aufgrund der höchsten Priorität entscheiden Sie sich für Maschine A.

b) Sie sind damit aber nicht ganz zufrieden, Sie stellen fest, dass die Urteile der Abteilungsleiter nicht konsistent sind:

$$P_{\text{Finanz}} = \begin{pmatrix} 1 & 2 & 1 & 3 \\ {}^1/_2 & 1 & {}^1/_3 & {}^1/_2 \\ 1 & 3 & 1 & 1 \\ {}^1/_3 & 2 & 1 & 1 \end{pmatrix}$$

Z.B. beim Leiter der Finanzabteilung: Wenn K1 im Vergleich zu K2 wichtiger eingestuft wird und als gleich wichtig wie K3, dann müsste der Vergleich K2 mit K3 dem reziproken Wert von K1:K3 (= $^1/_2$) entsprechen; die Abweichung zum tatsächlichen Wert ist gering ($^1/_3$), allerdings ist es ein Hinweis darauf, dass die Werte nicht vollständig konsistent sind. Von zwei Paarvergleichen kann nicht unmittelbar auf den dritten geschlossen werden (*Transitivitätsbedingung ist nicht erfüllt*). Eine Analyse der Konsistenz scheint erforderlich. Diese Analyse würde folgendes Ergebnis für die verdichtete 4·4-Matrix (geometrischer Mittelwert) bringen: CI = 0,01; CR = 0,014. Die Bedingung nach Saaty CR ≤ 0,1 ist damit erfüllt. Der Paarvergleich ist ausreichend konsistent.

c) Bei der Bewertung wurden Kosten und Nutzen in einer Hierarchie integriert, was prinzipiell möglich, aber nicht immer empfehlenswert ist. Werden diese Kriterien getrennt berücksichtigt, müssten zunächst für die Kostenkriterien K1, K2, K3 die Prioritäten bestimmt werden (z.B. über einen Paarvergleich) und dann über die Verhältniszahl bc_i mit dem Nutzenkriterium K4 in Beziehung gesetzt werden.

d) Hierbei könnten die Paarvergleiche zwischen K1 – K3 zur Bestimmung der Prioritäten der Kostenkriterien herangezogen werden (auch diese müssen aggregiert werden); da in der Hierarchie nur ein Nutzenfaktor enthalten ist, können diese quantitativen Informationen unmittelbar zur Prioritätenschätzung herangezogen werden. Aus dem Quotienten zwischen Nutzen zu Kosten kann dann bc_i berechnet werden. Im Detail sind hierbei die folgenden Schritte durchzuführen:

1) Reduzierte Paarvergleichmatrizen

$$P_{\text{Finanz}} = \begin{pmatrix} 1 & 2 & 1 \\ ^1/_2 & 1 & ^1/_3 \\ 1 & 3 & 1 \end{pmatrix}; P_{\text{Produktion}} = \begin{pmatrix} 1 & 1 & 1 \\ 1 & 1 & 2 \\ 1 & ^1/_2 & 1 \end{pmatrix}$$

2) Aus den reduzierten Paarvergleichen kann der geometrische Mittelwert gebildet werden; mittels diesen werden die Prioritäten für K1 – K3 geschätzt:

$$P_{geo} = \begin{pmatrix} 1 & 1,41 & 1 \\ 0,71 & 1 & 0,82 \\ 1 & 1,22 & 1 \end{pmatrix}; w_i = \begin{pmatrix} 0,37 \\ 0,28 \\ 0,35 \end{pmatrix}$$

3) Die Gewichte werden mit den Prioritäten der Kostenkriterien (Umrechnung der quantitativen Informationen) multipliziert:

$$P_{K1-K3} = \begin{pmatrix} 250 & 4000 & 30 \\ 170 & 3900 & 50 \\ 280 & 4500 & 50 \end{pmatrix}; w_{K1-K3} = \begin{pmatrix} 0,37 & 0,32 & 0,23 \\ 0,24 & 0,32 & 0,39 \\ 0,40 & 0,36 & 0,39 \end{pmatrix}$$

Die Summe entspricht dem kostenrelevanten Gesamtgewicht der Alternativen (je höher, umso mehr Kosten):

$$w_{c(A-C)} = \begin{pmatrix} 0,30 \\ 0,31 \\ 0,38 \end{pmatrix}$$

4) Das Nutzenkriterium K4 kann unmittelbar zur Bestimmung der Prioritäten herangezogen werden:

$$P_{K4} = \begin{pmatrix} 2500 \\ 1700 \\ 3000 \end{pmatrix}; w_{K4} = \begin{pmatrix} 0,35 \\ 0,24 \\ 0,42 \end{pmatrix}$$

5) Daraus kann schließlich die Verhältniszahl bc_i berechnet werden. Aufgrund dieser würde man sich für die folgende Rangreihung der Kaufpräferenzen entscheiden: A > C > B.

$$bc_i = \begin{pmatrix} 0,35 \\ 0,24 \\ 0,42 \end{pmatrix} \cdot \begin{pmatrix} 0,30 \\ 0,31 \\ 0,38 \end{pmatrix}^{-1} = \begin{pmatrix} 1,15 \\ 0,76 \\ 1,08 \end{pmatrix}$$

Wie sich zeigt, hat sich am Ergebnis damit nichts geändert, auch bei Trennung zwischen Kosten und Nutzen würde die Rangreihung die gleiche sein.

Sämtliche Prioritätenschätzungen wurden mittels der vereinfachten AHP Methode durchgeführt. Die Abweichungen zur exakten Methode sind gering, was aufgrund der Erfüllung der Konsistenzbedingung zu erwarten war.

2   Abkürzungsverzeichnis

AHP	Analytischer Hierarchieprozess
AI	Artificial Intelligence (Künstliche Intelligenz)
APV	Adjusted Present Value
bc	Benefit Cost
bcr	Benefit Cost Risk
d.h.	das heißt
DCF	Discounted Cash Flow
DSS	Decision Support Systems
EAI	Enterprise Application Integration
EDI	Electronic Data Interchange
EDV	Elektronische Datenverarbeitung
ERP	Enterprise Resource Planning
ETT	Entscheidungstabellentechnik
EIS	Executive Information System
GDSS	Group Decision Support System
i.e.	id est
i.d.R.	in der Regel
IT	Informationstechnologie
IKT	Informations- und Kommunikationstechnologie
KI	→ AI
KMU	Klein- und Mittelständische Unternehmen
MAUT	Multi Attribute Utility Theory
MAVT	Multi Attribute Value Theory
MCDSS	Multi Criteria Decision Support Systems
MIS	Management Information System
MSS	Management Science System
MScM	Management Science Modelle
PC	Personal Computer
rez.	reziprok
ROI	Return on Investment
RPI	Rich Personal Interaction
SQL	Structured Query Language

usw.	und so weiter
u.U.	unter Umständen
w	Weight
WM	Wissensmanagement
XPS	Expertensystem

3 Abbildungsverzeichnis

Abbildung 1: Das Wachstum der Weltbevölkerung und
wichtige Ereignisse der Technologiegeschichte   5
Abbildung 2: Adoptionsrate innovativer Technologien   17
Abbildung 3: New Economy vs. Old Economy   24
Abbildung 4: Entwicklungsstufen der IT in Unternehmen   28
Abbildung 5: Entwicklung der betrieblichen
Applikationsarchitektur   31
Abbildung 6: Anteile manueller Arbeit und „Kopfarbeit" am
Beispiel der USA   33
Abbildung 7: Auswahl der besten Bewerber   46
Abbildung 8: Kommunikationsmodell   48
Abbildung 9: Beispiel eines effektiven Rhythmus   53
Abbildung 10: Einfluss von RPI, Informationsredundanz,
mentalen Modellen und Vertrauen auf Teameffizienz
und Teameffektivität   56
Abbildung 11: Desktop- versus Portalansatz   64
Abbildung 12: Komponenten eines Corporate Portals   66
Abbildung 13: Häufige Evaluationstaktiken je nach
Komplexität   106
Abbildung 14: Evaluationstaktiken   111
Abbildung 15: Modell zur Auswahl der besten
Evaluationstaktik   114
Abbildung 16: Reihung der Evaluationstaktiken nach
Erfolgswerten   115
Abbildung 17: Management Support Systeme   128

Abbildung 18: Unterschiede MIS und DSS 130
Abbildung 19: Ein Entscheidungsunterstützungssystem 135
Abbildung 20: Erfolgsfaktoren für DSS 140
Abbildung 21: MAUT Bandbreitennormierung 159
Abbildung 22: Free Cashflow am Beispiel
  Neuproduktentwicklung mit Bewertungszeitpunkt t_0 164
Abbildung 23: Hierarchie des Entscheidungsproblems zur
  Urbanisierung einer Region 174
Abbildung 24: Schematische Darstellung Kauf eines PKW 194
Abbildung 25: Schematischer Ablauf AHP 199
Abbildung 26: Größenvergleich 202
Abbildung 27: AHP-Skala 204
Abbildung 28: Geometrische Figuren A, B, C 206
Abbildung 29: Allgemeine Schreibweise der
  Evaluationsmatrix 208
Abbildung 30: Größenvergleich – exakte Methode 217
Abbildung 31: Entscheidungshierarchie
  Neuproduktauswahl 220
Abbildung 32: Hierarchie „Unternehmensstrategie" 234
Abbildung 33: Modellhierarchie Produktauswahl 244
Abbildung 34: Sensitivitätsanalyse Kriterium „Kaufpreis" 246
Abbildung 35: Sensitivitätsanalyse Kriterium „Qualität" 247
Abbildung 36: Beispiel-Hierarchie „Ankauf von
  Produktionsanlagen" 252
Abbildung 37: Hierarchie Ziel-/Maßnahmenanalyse 254
Abbildung 38: Paarvergleich Ziel-/Maßnahmenanalyse 255
Abbildung 39: Modellhierarchie 260
Abbildung 40: Ratings – Beurteilung von Alternativen
  anhand von Ratingskalen 261
Abbildung 41: Modellhierarchie Kosten von Heizsystemen 268
Abbildung 42: Modellhierarchie Nutzen von Heizsystemen 269
Abbildung 43: Gewichtung Kosten eines Heizsystems 270
Abbildung 44: Gewichtung Nutzen eines Heizsystems 270
Abbildung 45: Entscheidungshierarchie PC-Kauf 274

Abbildung 46: Dateneingabe von geometrischen
   Mittelwerten   279
Abbildung 47: Strukturelle Unterschiede lineare
   Hierarchien und non-lineare Netzwerke   284
Abbildung 48: Struktur eines Expertensystems   288

4   Tabellenverzeichnis

Tabelle 1: E-Business Development Framework   29
Tabelle 2: Die Rollenbilder des Managers nach MINTZBERG
   (1995, 30)   42
Tabelle 3: Konsequenzentabelle   94
Tabelle 4: Evaluationstaktiken und Erfolgskennzahlen   113
Tabelle 5: Quantitative Analysemethoden   117
Tabelle 6: Subjektive Analysemethoden   119
Tabelle 7: Die Struktur einer Entscheidungstabelle   132
Tabelle 8: Beispiel einer Entscheidungstabelle
   (Fluggesellschaft)   134
Tabelle 9: Anspruch an DSS und Entscheidungssituation 143
Tabelle 10: Datenmatrix   153
Tabelle 11: Normierte Datenmatrix   153
Tabelle 12: Anspruch an das DSS, Entscheidungssituation
   und AHP   182
Tabelle 13: AHP-Skala   203
Tabelle 14: Umgekehrte Relation in der AHP-Skala   204
Tabelle 15: Größenvergleich; Paarvergleichsmatrix   207
Tabelle 16: Evaluationsmatrix   211
Tabelle 17: Gewichtsberechnung nach der
   Eigenvektormethode   212
Tabelle 18: Evaluationsmatrix (Beispiel Größenvergleich) 213
Tabelle 19: Paarvergleichsmatrix   221
Tabelle 20: Top down Beurteilung der 1. Hierarchieebene
   (Beispiel PKW-Kauf)   225

Tabelle 21: Beurteilung der 2. Hierarchieebene   226
Tabelle 22: Globale Gewichte (Beispiel PKW-Kauf)   227
Tabelle 23: Kennzahlen (Beispiel PKW-Kauf)   229
Tabelle 24: Gewichtsberechnung bei quantitativen Daten
(Beispiel PKW-Kauf)   230
Tabelle 25: Lokale Gewichte der Alternativen A, B und C
(Beispiel PKW-Kauf)   231
Tabelle 26: Globale Gewichte und Gesamtgewichtung der
Alternativen   232
Tabelle 27: Evaluierung Unternehmensstrategie   236
Tabelle 28: Ursprüngliche Gewichtsberechnung   239
Tabelle 29: Berechnung der Durchschnittsmatrix   240
Tabelle 30: Zufallskonsistenz R bei gegebener Matrixgröße   242
Tabelle 31: Berechnung von CI und CR für Fallbeispiel 13
(Größenschätzung)   242
Tabelle 32: Datenmatrix Paarvergleiche Ziel-
/Maßnahmenanalyse   256
Tabelle 33: Prioritäten Ziel-/Maßnahmenanalyse   257
Tabelle 34: w_b-w_c-Relation   271
Tabelle 35: Berechnung Verhältnisratio bcr_i 273

5   Glossar

Quellen: Internet, Web-Lexikon 2001, herausg. von der Lebensmittelzeitung (www.lz-net.de), Duden (vgl. WIPPERMANN, 2001), Eigendefinitionen

AHP – Analytischer Hierarchieprozess: Werkzeug zur Strukturierung und Lösung von komplexen Entscheidungsproblemen unter Anwendung hierarchischer Entscheidungsbäume.

Applikation: Eine Applikation ist ein Computer Programm, welches zur Erfüllung einer speziellen Aufgabe oder Nutzung entwickelt wurde.

Applicationsharing: Mehrere räumlich getrennte Personen arbeiten mithilfe spezieller Applikationen gleichzeitig an digitalen Daten (Textdokumente, Zeichnungen ...).

Avatar: Eine virtuelle, dem Menschen realistisch nachempfundene Figur.

Backoffice: Sammelbezeichnung für alle Prozesse, die bürointern ablaufen. In technischer Hinsicht bezeichnet man damit auch die Netzwerkstruktur (Server, E-mail-Verwaltung, Datenbanken), die der Büroarbeit zugrunde liegt.

Browser: Ein Client-Programm, mit dem Informationen von einem Server abgerufen werden können. Ein Browser wie z.b. Netscape™ oder Microsoft Internet Explorer™ ist ein Client-Programm, das die Seiten eines WWW-Servers anzeigen kann.

Client: Ein Programm, welches Abfragen von Daten, die auf einem Server liegen, ermöglicht. Kann, aber muss nicht IP-basiert sein.

Connected Smart Appliances: Intelligente Geräte, die durch die voranschreitende Miniaturisierung und in Verbindung mit elektronischen Services wie GPS oder SMS eine neue Form der vernetzten Computerdienste ermöglichen, z.b. Selbstbestückung von Regalen, intelligente Preisschilder, die Preisänderungen in Echtzeit übernehmen, Einkaufswagen, die während des Einkaufsvorgangs selbstständig die Rechung vorbereiten usw.

CPFR – Collaborative Planning, Forecasting and Replenishment: Gemeinsame Planung, Prognose und Auffüllung) Optimiert den kompletten Bestandsauffüllprozess und sorgt dabei für Transparenz in der gesamten Supply-Chain. Prognosen werden genauer, die Planung wird optimiert, der Workflow standardisiert.

DSS – Decision Support System: Werkzeug, das zum Zwecke einer besseren und transparenteren Entscheidungsfindung und zur Informationsverdichtung herangezogen wird, um so zu besseren Ergebnissen im Entscheidungsfindungsprozess zu gelangen. Ein typischen DSS ist der AHP.

DCF – Discounted Cash Flow: Wirtschaftlichkeitsanalyse, bei der zukünftige Zahlungsströme auf einen Zeitpunkt t_0 abgezinst und aufsummiert werden; wird z.B. zur ökonomischen Bewertung von Investitionsprojekten herangezogen und dient in diesem Sinne auch der Entscheidungsunterstützung.

ECR – Efficient Consumer Response: ECR ist ein strategisches Managementkonzept des Einzelhandels, welches durch möglichst effiziente Reaktion auf die Kundennachfrage eine Optimierung der Supply Chain anstrebt. In Abstimmung mit den Lieferanten und genauer Analyse der Verkaufszahlen, gestützt auf Scannerdaten, werden Prognosen über zukünftige Warenumsätze erstellt. ECR führt somit zu einer Reduktion der Lagerhaltungskosten durch vermehrte Just-in-Time-Lieferung.

EAI – Enterprise Application Integration: Bezeichnet IT-Projekte, die in einem ersten Schritt die heterogenen und vielfältigen Applikationen eines oder mehrerer Unternehmen analysieren, um darauf aufbauend ein Konzept zur Integration der vorhandenen Applikationen zu entwerfen. Technisch realisiert werden EAI-Projekte durch Verwendung des XML-Standards. Ziel ist ein einheitlicher unternehmensinterner Zugriff auf alle Applikationen und ein Wegfall unnötiger Doppeleingaben von Daten.

E-Procurement: Bezeichnet die elektronische Beschaffung von Unternehmen über E-Commerce-Systeme.

ERP – Enterprise Resource Planning: Bezeichnet unternehmensinterne Software, die nach Möglichkeit alle innerbetrieblichen Abläufe wie Warenwirtschaft, Lagerhaltung, Finanzbuchhaltung, Personal und Produktionsplanung nach integrierten Datenmodellen verknüpft. Funktionen zur Analyse und Prognose von Produktions- und Verkaufszahlen sind inkludiert. Ein Beispiel wäre SAP R/3.

Extranet: Ist ein nicht öffentlich zugänglicher Teil des Internets. Die Benutzer erhalten über Passwort-Eingabe Zugang zum Extranet. Wird meistens von einem Unternehmen zu Kommunikationszwecken mit seinen Partnern in der Wertschöpfungskette eingerichtet (siehe auch Intranet).

Expertensysteme: Systeme, die Erkenntnisse (Wissen) von externen und internen Experten zur Entscheidungs- und Planungsunterstützung nutzen; Systeme künstlicher Intelligenz.

Frontoffice: Sammelbegriff für die Schnittstellen zwischen Kunde und Unternehmen: Schalter, Empfangsbereich oder Verkaufsräume. Auch briefliche Kommunikation und die Website eines Unternehmens gehören dazu.

Groupware: Software, die über ein Unternehmensnetzwerk horizontale Kommunikation ermöglicht. Häufige Funktionen sind gemeinsame Adress- und Terminverwaltung, elektronische Anschlagbretter und zentrale Dokumentenverwaltung. Beispiel: Lotus Notes.

Homepage: Die „optische" Visitenkarte des Unternehmens. Zentrale Internetseite innerhalb einer Web-Applikation, auf die der Benutzer immer wieder zurückkehrt.

http – Hypertext Transfer Protocol: legt die Regeln zur technischen Kommunikation im Internet fest.

HTML – Hypertext Markup Language: ist eine Programmiersprache, die auf den HTTP-Regeln aufbaut. „Erklärt" einem *Browser*, wie eine HTML-Seite dargestellt werden soll. Erkenntlich sind Hypertext-Dokumente an der Endung *.htm oder *.html.

Hype: Irrationaler Überschwang, engl.: Täuschung, übertriebene Werbung; wird unter anderem für die irrationale Begeisterung an der Börse verwendet, die zu rasanten Kursanstiegen führen kann.

IT – Informationstechnologie: IT umfasst die Menge aller Hard- und Software, die zur Informationsverarbeitung und Kommunikation verwendet wird. Eine Teilmenge der IT umfasst jene Technologien, die auf dem Internet-Protokoll basieren.

IP – Internet Protokoll: Ziel bei der Entwicklung des Internets war, dass sowohl PCs als auch Großrechner mit unterschiedlichen Betriebssystemen miteinander kommunizieren sollten. Damit diese Kommunikation reibungslos abläuft, wurden Protokolle entwickelt, die unabhängig von Hardware- und Betriebssystemen funktionieren.

Internetprotokollfamilie: Unter Internetprotokollfamilie fasst man die beiden wichtigsten Protokolle zusammen – TCP und IP (Transmission Control Protocol und Internet Protocol). Auf diesen Protokollen basiert die Informationsübertragung im Internet. Datenpakete werden zu diesem Zweck über unterschiedlichste Wege durch das globale Netzwerk verschickt und anschließend im Browser des Empfänger wieder zusammengesetzt.

Intranet: Ist ein nicht öffentlich zugänglicher Teil eines unternehmensinternen Netzwerkes, welches auf dem Internet-Protokoll basiert. Die Mitarbeiter erhalten über das unternehmensinterne Netzwerk einen passwortgeschützten Zugang zum Intranet. Wird im Optimalfall als Enterprise Information Portal zur selektiven Information der Mitarbeiter eingesetzt (siehe auch Extranet).

Java, Java-Applet: Java ist eine von Sun entwickelte Programmiersprache und Web-Browser-Erweiterung. Java bedeutet im amerikanischen Englisch „Kaffee". Ein Java-Applet ist ein kleines Programm, welches der Browser auf den PC des Users lädt und dort selbstständig ausführt.

MCDSS – Multi Criteria Decision Support Systems: Entscheidungsunterstützungssysteme, die eine Entscheidungsfindung/Problemlösung unter Berücksichtigung einer Vielzahl von Kriterien ermöglichen. Typische MCDSS-Verfahren sind der AHP oder die Nutzwertanalyse.

Netiquettes: Bezeichnet dokumentierte Verhaltensregeln und soziale Konventionen für die Kommunikation via E-mail, Newsgoups, Chat Rooms oder Multi User Domains.

Nutzwertanalyse: Entscheidungsunterstützendes Verfahren, bei dem Alternativen anhand mehrerer Kriterien bewertet werden, woraus ein Präferenzindex errechnet werden kann, der – unter Berücksichtigung der Wichtigkeit jeden Kriteriums – zur Bewertung der Alternativen herangezogen werden kann.

Server: Computer, der auf eine Client-Anfrage Daten verschickt. Ein Webserver liefert einem Browser z.B. HTML-Seiten zur Darstellung am Monitor.

SOA – Simple Object Access Protocol: SOAP ist ein relativ neues Protokoll, welches sich am XML-Standard orientiert. Wurde entwickelt, damit Programme, die auf unterschiedlichen Betriebssystemen in verschiedenen Netzwerken laufen, miteinander kommunizieren können. Da SOAP ebenfalls auf dem HTTP-Protokoll basiert, liegt sein größter Wert in der unternehmens-übergreifenden Kommunikation, da es über das Internet verschiedene Unternehmen miteinander verbinden kann. Dieser Vorteil stellt gleichzeitig einen Sicherheits-Nachteil dar.

SPAM: Nicht angeforderte, unerwünschten E-mails bezeichnet man als SPAM. Man unterscheidet unerwünschte Werbe-E-mails (UCE – unsolicited commercial E-mail) unerwünschte nichtkommerzielle E-mails. Diese werden als „UBE" (unsolicited bulk E-mail) bezeichnet; Beispiele wären Kettenbriefe oder Falschmeldungen wie angebliche Virenwarnungen. Die Etymologie des Begriffs SPAM ist so kurios, dass ihr hier etwas mehr Raum als für ein Glossar üblich gegeben wird. Sie findet ihren Ursprung bei „Hormel Foods" (www.hormel.com) – ein Fleischverarbeitungsunternehmen, spezialisiert auf Dosenfleisch und Wurstwaren. Dieses hat 1937 den Begriff SPAM markenrechtlich schützen lassen. SPAM steht für „Shoulder Pork and hAM/SPiced hAM". Alltagssprachlich ins Internet eingeführt wurde der Begriff von Computerhackern, die die Anregung durch einen bestimmten Monty-Python-Sketch bekommen hatten. Sie verwendeten den Term ursprünglich zur Bezeichnung eines Programmabsturzes, der durch Input von exzessiv großen Datenmengen verursacht wurde. Der Sketch der britischen Komikertruppe Monty Pythons spielt in einem Restaurant. Die Kellnerin zählt eine Flut von SPAM-Produkten auf. „... egg and spam; egg, bacon and spam; egg, bacon, sausage and spam; spam, bacon, sausage and spam; spam, egg, spam, spam, bacon and spam; spam, sausage, spam, ...". Während im Hintergrund Wikinger folgenden Text singen: „spam, spam, spam, spam, spam, spam, baked beans, spam, spam, spam and spam". Durch diesen Sketch bekam die markenrechtliche Bezeichnung von Dosenfleisch eine neue Konnotation.

UDDI – Universal Description, Discovery and Integration Specifications: UDDI-Register erfassen und organisieren verfügbare Web Services. IT-Dienstleister und Unternehmen tragen sich selbstständig in die Register ein und veröffentlichen die von ihnen angebotenen Web-Services. Unternehmen und Endverbraucher können benötigte Web Services über das Verzeichnis durchsuchen und mit den anbietenden Unternehmen direkt Kontakt aufnehmen. UDDI kann als Internetversion der Branchenverzeichnisse des Telefonbuchs bezeichnet werden. UDDI soll Hilfe bieten bei der Suche nach dem richtigen Geschäftspartner, der qualitativen Beurteilung des Geschäftspartners und der Frage, welche Protokolle und Schnittstellenformate unterstützt werden?

URL – Uniform Resource Locator: Bezeichnet eine eindeutige Internetadresse. Diese kann verschiedenen Internetdiensten wie Hypertext, Gopher, News,

FTP oder E-mail zugeordnet werden. Beispiele wären www.bauernmarkt.at oder ftp.univie.ac.at.

Web-Applikation: Umfaßt Applikationen, die auf dem Internetprotokoll (TCP/IP) basieren. Web-Applikation werden mittels Browser aufgerufen und bedient, der in Interaktion mit einem Web-Server Informationen von diesem abrufen oder gegebenenfalls auch auf diesem ablegen kann.

WebEDI: Kostengünstige Möglichkeit für kleinere Unternehmen, EDI zu nutzen. Über einen internetfähigen Browser geben diese ihre Daten ein, die anschließend in die geschlossenen EDI-Dienste der Großunternehmen eingespeist werden.

Web Services: Web Services ist die allgemeine Bezeichnung für Software-Module, die aufbauend auf einzelnen W3C-(World Wide Web Consortium) Standards – i.e. XML, SOAP, UDDI und WDSL – über Internetprotokolle miteinander kommunizieren. Zweck von Web Services ist es, isolierte Applikationen unabhängig von proprietären Standards über ein Web-Interface miteinander zu verbinden. Ein Beispiel wäre die Verknüpfung unterschiedlichster Datenbanken, die Informationen über z.B. Mietautos, Flugtickets, Hotelzimmer und Pauschalangebote beinhalten, zur späteren Abfrage mittels Browser.

WSDL: Web Service Description Language – ist ein spezielles XML-Format, welches die Funktionalität von Applikationen, die mittels Web-Services aufgerufen werden können, beschreibt. Die Beschreibung gibt exakten Aufschluss über verwendete Protokolle, Adressen und Port-Nummern, die möglichen Prozeduren und Funktionen sowie die Formate für Input und Output.

WWW: World Wide Web, multimedialer Internetdienst, basiert auf HTML und TCP/IP.

XML: Extensible Markup Language. Erweiterung zu HTML, deren Bedeutung vor allem im Bereich der Web-Services und der Enterprise-Application-Integration gesehen wird. Beschreibungssprache für Dokumente, die strukturierte Informationen beinhalten. Definiert sowohl die Art der strukturierten Information als auch die Beziehung der Informationsfelder zueinander.

6 Literaturverzeichnis

ABRAHAMS, P. (2003): Information Technology – Cracking the Productivity Paradox. Financial Times, April 21, 6

ALT, R., FLEISCH, E. UND ÖSTERLE, H. (2002a): Business Networking – Chancen und Herausforderungen. In: ÖSTERLE, H., FLEISCH, E. und ALT, R. (Hrsg.): Business Networking in der Praxis: Beispiele und Strategien zur Vernetzung mit Kunden und Lieferanten. Berlin (u.a.): Springer, 1-14

ALT, R., PUSCHMANN, T. und REICHMAYR, C. (2002B): Strategien zum Business Networking. In: Österle, H., Fleisch, E. und Alt, R. (Hrsg.): Business Networking in der Praxis: Beispiele und Strategien zur Vernetzung mit Kunden und Lieferanten. Berlin, Heidelberg, New York, Barcelona, Hong Kong, London, Mailand, Paris, Singapur, Tokio: Springer, 77-101

APGAR, M. (1998): The Alternative Workplace: Changing Where and How People Work. Harvard Business Review, May-June, 121-136

ARBEL, A. und TONG, R.M. (1982): On the Generation of Alternatives in Decision Analysis Problems. Journal of Operational Research, Vol. 33, 377-387

BAZERMAN, M. H. (1998): Judgment in Managerial Decision Making. 4. überarb. Aufl., New York: John Wiley & Sons

BECERRA-FERNANDEZ, I., GONZALEZ und A., SABHERWAL, R. (2004): Knowledge management: challenges, solutions, and technologies. Upper Saddle River, New Jersey: Pearson, Prentice-Hall.

BECK, P. (1996): Unternehmensbewertung bei Akquisitionen. Wiesbaden: Deutscher Universitätsverlag

BECKER, J. (1993): Marketing-Konzeption. Grundlagen des strategischen Marketing-Managements. 5., verbesserte und ergänzte Aufl., München: Vahlen

BECKER, L. und EHRHARDT, J. (1996): Business Netzwerke. Wie die globale Informations-Infrastruktur neue Märkte erschließt. Stuttgart: Schäffer-Poeschel

BEHRINGER, S. (2002): Unternehmensbewertung der Klein- und Mittelbetriebe. 2. Auflage. Berlin: Erich Schmidt Verlag

BENOIT, B. (2003): Check out the Supermarket of the Future. Financial Times, Wednesday May 14, 8

BETTS, P. und HALL, W. (2002): Swiss cash cow in search of richer pastures. Interview with Peter Brabeck, Nestlé. Financial Times, Montag, 8. April 2002, 7

BLAKAR, R. (1984): Communication: A Social Perspective on Clinical Issues. New York: Columbia

BORTZ, J. und DÖRING, N. (1995): Forschungsmethoden und Exploration. 2. vollst. überarb. und aktual. Aufl., Berlin, Heidelberg, New York, Barcelona, Budapest, Hong Kong, London, Mailand, Paris, Tokyo: Springer

BOUTELLIER, R., GASSMANN, O., MACHO, H. und ROUX, M. (1998): Management of dispersed product development teams: the role of information technologies. R&D Management, vol. 28, 1, 13-25.

BRETSCHNEIDER, R., HAWLIK, J. und R. PAULI (1999): Maß genommen – Österreich in der Meinungsforschung. Wien: Holzhausen

CALANTONE, R.J., DI BENEDETTO, C.A. und SCHMIDT, J.B. (1999): Using the Analytic Hierarchy Process in New Product Screening. Journal of Product Inoovation Management, Vol. 16, 65-76

CHOO, E. U., SCHONER, B. und WEDLEY, W. C. (1999): Interpretation of criteria weights in multicriteria decision making. Computers & Industrial Engineering, 37, 3, 527-541

CHURCHILL, G. A. (1995): Marketing research. Methodological foundations. 6. Aufl. Fort Worth, Tex.: Dryden Press

COGGAN, P. (2001a): Unhappy returns for tech stocks – Gloom on anniversary of Nasdaq peak. Financial Times, March 10 / March 11, 1.

COGGAN, P. (2001b): Acopalypse now? Not just yet. Financial Times, March 24 / March 25, 18

COLEMAN, J. S. (1991): Soziales Kapital. In: COLEMAN, J. S. (Hrsg.): Grundlagen der Sozialtheorie. Band 1: Handlungen und Handlungssysteme. München: Oldenburg, 389-420

COOPER, R. G. (2002): Top oder Flop in der Produktentwicklung. Erfolgsstrategien: von der Idee zum Launch. Weinheim: Whiley-VCH Verlag GmbH

COWLEY, G. und KALB, C. (2003): Our Bodies, Our Fears. Newsweek, March 3, 41-45

CRAMTON, C. D. (2001): The Mutual Knowledge Problem and Its Consequences for Dispersed Collaboration. Organization Science, vol. 12, 3, 346-371

CRAMTON, C. D. (2002): Finding Common Ground in Dispersed Collaboration. Organizational Dynamics, vol. 30, 4, 356-367

DIAS, C. (2001): Corporate portals: a literature review of a new concept in Information Management. International Journal of Information Management, 21, 269-287

DRUKARCZYK, J. (2001): Unternehmensbewertung. 3., überarb. und erw. Aufl., München: Vahlen

DUECK, G. (2002): Wild Duck: empirische Philosophie der Mensch-Computer-Vernetzung. 2. überarb. und erg. Aufl., Berlin (u.a.): Springer

DYER, J.S. (1990): Remarks on the Analytic Hierarchy Process. Management Sciences. Vol. 36, No. 3, 249-258

DYER, R.F.; FORMAN, E.A., FORMAN, E.H. und JOUFLAS, G. (1988): Case Studies in Marketing Decisions using Expert Choice. http://www.expertchoice.com

DYER, R. F. und FORMAN, E. H. (1991): An Analytic Approach to Marketing Decisions. London: Prentice-Hall International Limited

EASON, K. (2001): Changing perspectives on the organizational consequences of information technology. Behaviour & Information Technology, 2001, vol. 20, 5, 323-328

EISENFÜHR, F. und WEBER, M. (2003): Rationales Entscheiden. 4. Aufl., Berlin u.a.: Springer

FISHER, R., Ury, W. und BRUCE M. (2000): Das Harvard-Konzept. Sachgerecht verhandeln – erfolgreich verhandeln.19. Aufl., Frankfurt/Main: Campus

FOGEL, R. W. (1999): Catching up with the economy. American Economic Review, 98, 1-21.

FRIEDRICHS, J.-C. (2001): Zinssätze in Wertermittlungen. Neue Entwicklungen und deren praktische Umsetzung. Schriftenreihe des Hauptverbandes der landwirtschaftlichen Buchstellen und Sachverständigen e.V., Sankt Augustin: Verlag Pflug und Feder

FRISTER, T. (2003): Studie der CSC Portalsoftwarevergleich. BEA, IBM, Microsoft, Oracle, SAP, Sun.

http://de.country.csc.com/de/kl/uploads/280_1.pdf [April 2003]

FUTURE NETWORK (2002): EAI – Enterprise Application Integration. Tagungsband, 24.09.2002, Wien: Selbstverlag

GASSMANN, O. und VON ZEDTWITZ, M. (2003): Trends and determinants of managing virtual R&D Teams. R&D Management, vol. 33, 3, 243-262

GORDON, R. J. (2000): Does the „New Economy" Measure Up to the Great Inventions of the Past? Journal of Economic Perspectives, vol. 14, 49-74

GRONOVER, S., SENGER, E. und RIEMPP, G. (2002) : Management multimedialer Kundeninteraktionen – Grundlagen und Entscheidungsunterstützung. i-com, 1, 25-31

GUMBEL, P. (2003): Nestlé's Quicker. Time, 3. Februar, 2003, 46-48

GUSSEK, F. (1992): Erfolg in der strategischen Markenführung, Wiesbaden: Gabler

HAAS, R. (2004): Usability Engineering in der E-Collaboration. Ein managementorientierter Ansatz für virtuelle Teams. Habilitationsschrift. Wiesbaden: Deutscher Universitätsverlag

HACHMEISTER, D. (2000): Der Discounted Cash Flow als Maß der Unternehmenswertsteigerung. BALLWIESER, W. und ORDELHEIDE, D. (Hrsg.): Betriebswirtschaftliche Studien Rechnungs- und Finanzwesen, Organisation und Institution, Bd. 26, Frankfurt, Berlin: Peter-Lang

HAEDRICH, G., KUß, A. und KREILKAMP, E. (1986): Der Analytic Hierarchy Process. Ein neues Hilfsmittel zur Analyse und Entwicklung von Unternehmens- und Marketingstrategien. WiSt, Heft 3, 120-126

HALLOWELL, E. M. (1999): The Human Moment at Work. Harvard Business Review, January-February, 58-66

HALL, E.T. (1997): Beyond Culture. Anchor Books

HAMMOND, J. S.; KEENEY, R. L. und RAIFFA, H. (1999): Smart Choices. A Practical Guide to Making Better Decisions. Boston: Harvard Business School Press

HARKER, P.T. (1989): The Art and Science of Decision Making. In: GOLDEN, B.L. (Hrsg.) The analytic hierarchy process: applications and studies. Berlin (u.a.): Springer, 3-36

HOCH, S., J. und SCHKADE D. A. (1996): A Psychological Approach to Decision Support Systems. Management Science 42 (1), 51-60

HOFREITHER, M. F. (2005): Von Malthus zum Treibhauseffekt – Landwirtschaft und Welternährung als Prognoseproblem. In: DARNHOFER, I., PENKER, M. und WYTRZENS, H.K. (Hrsg.), ÖGA Jahrbuch Band 10 - Agrarökonomie zwischen Vision und Realität 10, 1-32, Wien: Facultas Verlag.

HORX, M. (2000) Die acht Sphären der Zukunft: ein Wegweiser in die Kultur des 21. Jahrhunderts. 3. Aufl., Wien, Hamburg: Signum-Verlag

HUBER, G.P. (1991): Organizational learning: The contributing processes and the literatures. Special Issue: Organizational learning. Organizational Science, 2, 1, 88-115.

HUBER, T., ALT, R., BARAK, V. und ÖSTERLE, H. (2002): Entwurf einer Applikationsarchitektur für die Pharmaindustrie. In: ÖSTERLE, H., FLEISCH, E. und ALT, R. (Hrsg.): Business Networking in der Praxis: Beispiele und Strategien zur Vernetzung mit Kunden und Lieferanten. Berlin (u.a.): Springer, 165-183

HUMMELTENBERG, W. und PRESSMAR, P. (1989): Vergleich von Simulation und Mathematischer Optimierung an Beispielen der Produktions- und Ablaufplanung. OR-Spektrum (11), 217-229

HÜRTER, T. (2004): Schach mit Patenten. Technology Review. Juni 2004, 20-33.

HWANG, C.L. und YOON, K. (1981): Multiple Attribute Decision Making: Methods and Application. New York: Springer

JACKSON, T. (2001): The end of e-levitation. Financial Times, March 10-11, 7

JOWETT, P. (s.a.): Wie aktuell sind Discounted Cash-flow-Bewertungen? URL: http://www.zfu.ch/service/fartikel/fartikel_kv.htm (20.7.2003)

KAHNEMAN, D. und TVERSKY A. (2000): Choices, Values and Frames. Cambridge, New York: Cambridge University Press

KATZ, M. und SHAPIRO, C. (1985): Network Externalities, Competition, and Compatibility. American Economic Review, vol. 75, 3, 424-440

KELLAWAY, L. (2002) Experience fights back. The dotcom collapse has redressed the balance of power between generations. Financial Times, March 4, 16

KLING, R. (1991): Cooperation, Coordination and Control in Computer Supported Work. Communication of the ACM, vol. 34, 12, 83-88

KÖHNE, M. (2000): Landwirtschaftliche Taxationslehre. 3. Aufl., Berlin – Wien: Parey Buchverlag im Blackwell Wissenschaftsverlag

KONG F. und LIU, H. (2005): Applying Fuzzy Analytic Hierarchy Process to Evaluate Success Factors of E-Commerce. International Journal of Information And Systems Sciences, 1 (3-4), 406-412

KOTLER, P. und BLIEMEL, F.W. (1992): Marketing-Management: Analyse, Planung, Umsetzung und Steuerung. 7. neu bearb. und erw. Aufl., Stuttgart: Poeschl

KROEBER-RIEL, W. und WEINBERG, P. (1996): Konsumentenverhalten. 6., völlig überarb. Aufl., München: Vahlen (Vahlens Handbücher der Wirtschafts- und Sozialwissenschaften)

LAUX, H. (1998): Entscheidungstheorie. 4. neubearb. und erw. Aufl., Berlin: Springer

LEA, M. und SPEARS, R. (1992): Paralanguage and social perception in computer-mediated communication. Journal of Organisational Computing, 2, 321-341

LEE, P. G. (2000): Process control and artificial intelligence software for aquaculture. Aquacultural Engineering, 23, 1-3, 13-36

LEHNER, F. (2008): Wissensmanagement. Grundlagen, Methoden und technische Unterstützung.2. überarb. Aufl., München, Wien: Hanser Verlag.

LILIEN, G. L. und RANGASWAMY A. (1998): Marketing engineering : computer-assisted marketing analysis and planning. Reading, Mass.: Addison-Wesley

LÖHR, D. (1994): Die Grenzen der Ertragswertverfahrens – Kritik und Perspektiven. Frankfurt: Verlag Lang

LØKEN, E. (2007): Use of multicriteria decision analysis methods for energy planning problems. Renewable and Sustainable Energy Reviews 11 (2007) 1584–1595

MADHAVAN, R. und GROVER, R. (1998): From Embedded Knowledge to Embodied Knowledge: New Product Development as Knowledge Management. Journal of Marketing, vol. 62, October, 1-12

MALIK, F. (2001): Führen, leisten, leben : wirksames Management für eine neue Zeit. 11. Aufl., Stuttgart (u.a.): Deutsche Verl.-Anst.

318

MALIK, F. (2002): Die ökonomische Fata Morgana. Trend – Wirtschaftsmagazin, 7-8, 170-172

MALIK, F. (2000): „Führen – Leisten – Leben. Wirksames Management für eine neue Zeit". Deutsche Verlagsanstalt, Stuttgart

MAZNEVSKI, M. L. and CHUDOBA, K. M. (2000): Bridging Space Over Time: Global Virtual Team Dynamics and Effectiveness. Organization Science. 11, 5: 473-492

MEIXNER, O. und HAAS, R. (2002): Computergestützte Entscheidungsfindung: Expert Choice und AHP - innovative Werkzeuge zur Lösung komplexer Probleme. Frankfurt / Wien: Redline Wirtschaft bei Ueberreuter

MINTZBERG, H. (1991): Mintzberg über Management: Führung und Organisation, Mythos und Realität (Aus d. Amerikan. von Hans-Peter Meyer: Mintzberg on management). Wiesbaden: Gabler

MINTZBERG, H. (1995): Die Strategische Planung. Aufstieg, Niedergang und Neubestimmung. München: Hanser

MINTZBERG, H., AHLSTRAND, B. und LAMPEL, J. (1999): Strategy Safari: eine Reise durch die Wildnis des strategischen Managements. Wien: Ueberreuter.

MCKENNA, R. (1995): Relationship Marketing – Successful Strategies for the Age of the Customer. 6. Aufl., Reading, Massachusetts (u.a.): Addison Wesley

MEIXNER, O. (2003): Entscheidungsunterstützung und Wissensmanagement in der Neuproduktentwicklung. NPD-X: Ein Expertensystem zum betrieblichen Innovationsverhalten (zugl. Habilitation, Universität für Bodenkultur Wien). Stuttgart, WiKu-Verlag

MEIXNER, O. und HAAS, R. (2002): Computergestützte Entscheidungsfindung. AHP und Expert Choice – Innovative Werkzeuge zur Lösung von komplexer Probleme. Wien: Ueberreuter

MOXTER, A. (1980): Die Bedeutung der Grundsätze ordnungsgemäßer Unternehmensbewertung. ZfbF – Schmalenbachs Zeitschrift für betriebswirtschaftliche Forschung, 454–459, Düsseldorf: Verlag Verl.-Gruppe Handelsblatt

MÜHLFELDER, M., KLEIN, U., SIMON, S. und LUCZAK, H. (1999): Teams without trust? Investigation in the influence of video-mediated communication on the origin of trust among cooperating persons. Behaviour & Information Technology, vol. 18, 5, 349-360

NEFIODOW, L. A. (1991): Der fünfte Kondratieff: Strategien zum Strukturwandel in Wirtschaft u. Gesellschaft. 2. Aufl., Frankfurt am Main: Frankfurter Allgemeine Zeitung für Deutschland

NEGROPONTE, N. (1995): Total Digital. Die Welt zwischen 0 und 1 oder die Zukunft der Kommunikation. München: C. Bertelsmann

NICHOLSON, N. (1998): How Hardwired is Human Behavior? Harvard Business Review, July-August, 135-147

NIELSEN, J., COYNE, K. P., GOODWIN, C. (2002): Intranet Design Annual 2002. The Ten Best Intranets of the Year. http://www.NNgroup.com/reports/intranet/2002 [September 2002]

NIESCHLAG, R.; DICHTL, E. und HÖRSCHGEN, H. (1994): Marketing. 17. Aufl., Berlin: Duckner & Humbolt

NIKBAKHSH, M. (2002): Leithammel und Lemminge. Banken: Fehlerhafte Analysen, kühne Empfehlungen, wahnwitzige Prognosen. Profil – das unabhängige Nachrichtenmagazin, 17, 22. April 2002, 60-64

NONAKA, I. (1994): A dynamic theory of organizational knowledge creation. Org. Science, 5, 14-37

NONAKA, I. und TAKEUCHI, H. (1997): Die Organisation des Wissens: Wie japanische Unternehmen eine brachliegende Ressource nutzbar machen. Frankfurt/Main: Campus Fachbuch.

NUTT, P. C. (1998): How Decision Makers Evaluate Alternatives and the Influence of Complexity. Management Science 44 (8), 1148-1166

NUTT, P. C. (2001): A taxonomy of strategic decisions and tactics for uncovering alternatives. European Journal of Operational Research 132, 505-527

OLSON, G. M. und OLSON, J. S. (2000): Distance Matters. Human-Computer Interaction, vol. 15, 139-178

OPITZ, O. (1999): Mathematik. Lehrbuch für Ökonomen. 7., durchgesehen Aufl., München, Wien: Oldenburg

ORGANISATION FOR ECONOMIC CO-OPERATION AND DEVELOPMENT (OECD) (1997): The Economic and Social Impacts of Electronic Commerce: Preliminary Findings and Research Agenda. Paris, URL: http://www.oecd.org/dsti/sti/it/ec/news/index.htm (Juni 2003)

ORLIKOWSKI, W. J. (2002): Knowing in Practice: Enacting a Collective Capability in Distributed Organizing. Organization Science, vol. 13, 3, 249-273

OSSADNIK, W. (1998): Mehrzielorientiertes strategisches Controlling. Methodische Grundlagen und Fallstudien zum führungsunterstützenden Einsatz des Analytischen Hierarchieprozesses. Heidelberg: Physica-Verlag

OVERELL, S. (2000): Trusting that gut feeling. Financial Times, Friday, August 18, 16

OVERELL, S. (2002): Networking – Wheels of Commerce. Financial Times, September 23, 11

PENELOPE, O. (2002). A lingering goodbye to the checkout. Financial Times IT. Twice-Monthly Review of Information and Communication Technology, Wednesday, 3rd April. 2002, I-II

PÉREZ, J. (1995): Some Comments on Saaty's AHP. Management Science, vol. 41, No. 6, 1091-1095

PINKER, S. (2002): The blank slate: the modern denial of human nature. New York, NY: Viking

PLATT, A. und SCHIEBEL, W. (1993): Der Analytische Hierarchieprozess als Gestaltungsmethode zur Lösung schlecht-strukturierter, komplexer Probleme im logistischen Bereich. In: SCHIEBEL, W. (Hrsg.): Forschungsbericht Logistik, Institut für Absatzwirtschaft, Wirtschaftsuniversität Wien, Eigenverlag

POIRIER, C. C. und BAUER, M. J. (2000): E-Supply Chain – Using the Internet to Revolutionize your Business. San Francisco: Berett-Koehler Publishers

PROBST, G., ROMHARDT, K. und RAUB, S. (2003): Wissen managen – Wie Unternehmen ihre wertvollste Ressource optimal nutzen. 4. Aufl., Frankfurt am Main: Gabler Verlag.

PUTNAM, R. D. (2000): Bowling alone: the collapse and revival of American community. New York, NY (u.a.): Simon & Schuster

RADICATI GROUP (2003): Oracle Collaboration Suite: Next Generation Messaging and Collaboration. A White Paper by the Radicati Group, Paolo Alto, CA http://www.oracle.com/ip/deploy/cs/docs/ radicati_whitepaper.pdf [März 2003]

RAMESH, B. und TIWANA, A. (1999): Supporting Collaborative Process Knowledge Management in New Product Development Teams. Decision Support Systems, 27, 213–235

RAPPAPORT, A. (1999): Shareholder Value. Ein Handbuch für Manager und Investoren. 2. Aufl., Stuttgart: Schäffer-Poeschel Verlag

RATHJEN, G. (1997): Entscheidungstabellen in der Praxis. Software Entwicklung, Ausgabe 10

ROCCO, E. (1998): Trust breaks down in electronic contexts but can be repaired by some initial face-to-face contact. In: Proceedings of the CHI'98 Conference on Human Factors in Computing Systems, 496-502

RÖHRICHT, J. und SCHLÖGL, C. (2001): cBusiness. Erfolgreiche Internet-strategien durch Collaborative Business am Beispiel my SAP.com. München, Boston, San Francisco, Sydney, Mexico City, Madrid, Amsterdam: Addison-Wesley

RUSSEL, A. H. (1970): Cash flows in networks. Management Science, 16, 357-373

SAATY, T.L. (1980): The analytic hierarchy process: planning, priority setting, resource allocation. New York, NY (u.a.): McGraw-Hill

SAATY, T.L. (1990): Eigenvector and logarithmic last squares. European Journal of Operational Research, 156-160

SAATY, T. (1990): An Exposition of the AHP in Reply to the Paper "Remarks on the Analytic Hierarchy Process". Management Science 36, 259-268

SAATY, T.L. (1994): Highlights and critical points in the theory and application of the Analytic Hierarchy Process. European Journal of Operational Research, Vol. 74, 426-447

SAATY, T.L. (1995): Decision Making for Leaders. The Analytic Hierarchy Process for Decisions in a Complex World. Pittsburgh, Pa.: RWS Publications

SAATY, T. und E. H. FORMAN (1996): The Hierarchon: A Dictionary of Hierarchies. Expert Choice Inc., Pittsburgh

SAPSED, J., GANN, D., MARSHALL, N. und SALTER, A. (2003): From Here to Eternity? Challenges of Transferring Situated Knowledge in Dispersed Organizations. Paper, DRUID Summer conference 2003 on Creating, Sharing and Transferring Knowledge. 12.-14. June, Kopenhagen/DK

SCHNEEWEIß, C. (1990): Kostenwirksamkeitsanalyse, Nutzwertanalyse und Multi-Attributive Nutzentheorie. WiSt, H. 1, 13-18

SCHNEEWEIß, C. (1991): Der Analytic Hierarchy Process als spezielle Nutzwertanalyse. In: FANDEL, G. und GAL, T. (Hrsg.): Operations Research. Beiträge zur quantitativen Wirtschaftsforschung. Tomas Gal zum 65. Geburtstag, Berlin: Springer, 183-195

SCHNEEWEIß, C. (1992a): Planung. 1. Systemanalytische und entscheidungstheoretische Grundlagen. Berlin [u.a.]: Springer

SCHNEEWEIß, C. (1992b): Planung. 2. Konzepte der Prozeß- und Modellgenerierung. Berlin [u.a.]: Springer

SCHÖN, D.A. (1983): The reflective Practitioner. New York: Basic Books

SCHULZ VON THUN, F. (1991): Miteinander Reden. Störungen und Klärungen. Allgemeine Psychologie der Kommunikation. Reinbeck bei Hamburg: Rowohlt

SCHÜPPEL, J. (1996): Wissensmanagement. Organisatorisches Lernen im Spannungsfeld von Wissens- und Lernbarrieren. Wiesbaden: Deutscher Universitätsverlag.

SENGE, P.M. (1990): The Fifth Discipline: The Art and Practice of the Learning Organization. New York: Bantam Doubleday.

SIMON, H. (2000; Hrsg.): Das große Handbuch der Strategiekonzepte. Frankfurt/Main: Campus

STABELL, C. B. und FJELDSTAD, O. D. (1998): Configuring Value for Competitive Advantage on Chains, Shops and Networks. Strategic Management Journal, vol. 19, 413-437

STEIN, E. W. und MISCIKOWSKI, D. K. (1999): FAILSAFE: supporting product quality with knowledge-based systems. Expert Systems with Applications, 16, H. 4, 365-377

STREIMELWEGER, U. (2002): Arbeiten zu Hause, leben im Büro. Profil Extra – Office World. 33. Jg., 43, 80-82

TAYLOR, P. (2003): Realism helps internet entrepreneurs into the black. Financial Times, March 29/30, 20

THOMMEN, J.-P. (1998): Allgemeine Betriebswirtschaftslehre: umfassende Einführung aus managementorientierter Sicht. 2., vollst. überarb. und erw. Aufl. Wiesbaden: Gabler (Gabler-Lehrbuch)

TROUT, J. und RIFKIN, S. (1999): Die Macht des Einfachen: warum komplexe Konzepte scheitern und einfache Ideen überzeugen. Wien: Wirtschaftsverlag Ueberreuter

TSOUKAS, H. (1996): The Firm as a Distributed Knowledge System: A Constructions Approach. Strategic Management Journal, vol. 17, Winter Special Issue, 11-25

VAN BRUGGEN, G., H., SMIDTS A. und B. WIERENGA (1998): Improving Decision Making by Means of a Marketing Decision Support System. Management Science 44 (5), 645-658

VAN MANEN, M. (2002): Practice as Pathic Knowledge. http://www.phenomenologyonline.com/inquiry/69.html [August 2003]

VON NITSCH, R. (1993): Analytic Hierarchy Process und Multiattributive Werttheorie im Vergleich. WiSt, 3, 111-116

WATZLAWICK, P., BEAVIN, J. H. und JACKSON, D. D. (2003): Menschliche Kommunikation. Formen, Störungen, Paradoxien. 10. unveränderte Aufl., Bern, Stuttgart, Wien: Verlag Hans Huber

WEBER, K. (1993): Mehrkriterielle Entscheidungen. Wien, München: Oldenbourg Verlag

WEBER, K. (1995): AHP-Analyse. Zeitschrift für Planung (6), 185-195.

WEBER, K., NAGENBORG, M. und SPINNER, H.F. (Hrsg., 2002): Wissensarten, Wissensordnungen, Wissensregime. Beiträge zum Karlsruher Ansatz der integrierten Wissensforschung. VS Verlag für Sozialwissenschaften 2002. Opladen: Verlag Leske + Budrich

WIERENGA, B. und VAN BRUGGEN G.H. (1997): The Integration of Marketing Problem-Solving Modes and Marketing Management Support Systems. Journal of Marketing 61 (3), 21-37

WIERENGA, B., VAN BRUGGEN, G. H. und R. STAELIN (1999): The Success of Marketing Management Support Systems. Management Science 18 (3), 196-207

WENUSCH, H. (2001): Die Krux der Unternehmensbewertung und die Auswirkung auf die Rechtswissenschaft. Der Gesellschafter, 4, 182–188, Wien: Linde Verlag

324

WIPPERMANN, P. (Hrsg., 2001): Duden – Wörterbuch der New Economy. Mannheim: Brockhaus AG

Wöhe, G. (2005): Einführung in die Betriebswirtschaftslehre. 22. Aufl., München: Vahlen

YERGIN, D. (1999): Staat oder Markt : die Schlüsselfrage unseres Jahrhunderts. Frankfurt am Main: Campus

ZAHEDIM, F. (1986): The Analytic Hierarchy Process – A Survey of the Method and its Applications. Interfaces, Vol. 16, S. 96–108

ZERDICK, A., PICOT, A., SCHRAPE, K., ARTOPÉ, A. GOLDHAMMER, K. und LANGE, U., VIERKANT, E., LÓPEZ-ESCOBAR, E., SILVERSTONE, R. (1999): Die Internet-Ökonomie. Strategien für die digitale Wirtschaft. Berlin, Heidelberg, New York: Springer